基礎マスターシリーズ

電子回路の
基礎マスター

堀 桂太郎 監修
船倉 一郎 著

電気書院

監修者まえがき

　電気・電子工学を学びたい方々，また学ぶ必要のある方々の数は，年々増加しています．一方，私自身の学生時代を振り返ってみると，今ではさほど難しいと思わない事項であっても，当時は努力の甲斐無くさっぱり理解できなかったことなどが思い出されます．解っている人は，その人にとって当然の事柄であればあるほど，その事柄を質問者に説明する必要があることに気が付かないものです．

　このような思いから，初心者の方々の立場に立った基礎マスターシリーズの発行に取り組みました．執筆陣は，工業高校などにおいて，永きに渡り電気・電子の教育実践を行ってきた技術指導のプロフェッショナルです．加えて，技術教育について熱い情熱を持っておられる方々ばかりです．その中で，本書の執筆を担当された船倉一郎先生は，確かな専門的知識と教育力を兼ね備えた希有な人材です．読者の方々は，本書を活用することによって，船倉先生が行うわかりやすい授業を受けるのと同等の感覚で学習を進めることができることでしょう．

　私は，執筆者のケアレスミスなどによる誤記を取り除くために，細心の注意を払いながら点検作業を進めました．しかし，監修者の力量不足のために，不完全な箇所も少なからず残っていることでしょう．これについては，皆様のご叱責によって，機会あるごとに修正するように努力致す所存です．本シリーズが，読者の皆様の目標を達成するための一助となることを願ってやみません．

　最後になりましたが，本書を出版するにあたり，シリーズの企画を積極的に取り上げて頂いた田中久米四郎社長をはじめとする電気書院の皆様に厚く御礼申し上げます．特に，足繁く研究室に通って頂いた田中建三郎部長，編集にご尽力を頂いた出版部の久保田勝信氏に心から感謝致します．

2009 年 1 月

国立明石工業高等専門学校
電気情報工学科　堀　桂太郎

著者まえがき

　本書は，電子回路について学ぼうとしている学生や技術者の読者を対象とした解説書です．電子回路は，エレクトロニクス社会を支える基本的かつ必要不可欠な技術であり，各種の応用分野においても重要なものとなっています．

　このようなことから，電子回路は，電気・電子・通信工学を学ぶ方々にとって，電気磁気，電気回路同様に，重要な領域であることはもちろんですが，今日では，情報・機械・化学工学等のさまざまな工学の分野で学ぶ方々にとっても重要なものとなっています．

　本書は，電子デバイス，増幅回路の基礎，各種の増幅回路，発振回路，変調・復調回路，オペアンプ，電源回路の7章で構成され，基本的な半導体の原理やトランジスタやFETなどの素子の働きからはじまり等価回路，バイアス回路，負帰還回路，高周波回路，発振回路，変調・復調回路等，そしてオペアンプやスイッチングレギュレータ等についても幅広くまとめ，電子回路の基礎的な内容を理解できるようにしています．

　本書の特徴は次の通りです．
- できるだけ多くの図を用いてわかり易い説明を心がけました．
- イラストを用いて，読者が楽しんで学べるように工夫しました．
- 難しくならないように注意しながら，できるだけ詳細に計算過程を示し動作原理の数学的な裏付けを心がけました．
- 項目ごとに例題を，各章に章末問題を設けて，学習の理解を深めるように配慮しています．

　本書が，電子回路の学習の一助になれば著者として望外の喜びです．また，著者のケアレスミスによる誤記などもあるでしょうが，読者のご批判，ご叱正いただければ幸いです．

　最後に，本書を出版するにあたり非常にきめ細やかな御指導を頂いた監修者の国立明石工業高等専門学校 電気情報工学科 教授 堀 桂太郎先生，および電気書院出版部 久保田 勝信氏に厚く御礼申し上げます．

2009年1月
著者しるす

電子回路の基礎マスター 目次

第1章 電子デバイス

- 1-1 半導体 …………………………………………………… 2
- 1-2 ダイオード ………………………………………………… 8
- 1-3 トランジスタ ……………………………………………… 15
- 1-4 電界効果トランジスタ（FET）………………………… 22
- 1-5 集積回路（IC）…………………………………………… 30

第2章 増幅回路の基礎

- 2-1 基本的な増幅回路 ………………………………………… 34
- 2-2 等価回路 …………………………………………………… 41
- 2-3 バイアス回路 ……………………………………………… 55
- 2-4 RC 結合増幅回路 ………………………………………… 71
- 2-5 トランス結合増幅回路 …………………………………… 82
- 2-6 直接結合増幅回路 ………………………………………… 85

第3章 各種の増幅回路

- 3-1 負帰還増幅回路 …………………………………………… 88
- 3-2 電力増幅回路 ……………………………………………… 101
- 3-3 高周波増幅回路 …………………………………………… 112

第4章 発振回路

- 4-1 発振の原理 ………………………………………………… 122

- 4-2　LC 発振回路 ……………………………… 124
- 4-3　RC 発振回路 ……………………………… 129
- 4-4　水晶発振回路 ………………………………… 137
- 4-5　マルチバイブレータ（非安定形）…………… 140

第5章　変調・復調回路

- 5-1　変調方式 ……………………………………… 148
- 5-2　変調回路 ……………………………………… 157
- 5-3　復調回路 ……………………………………… 162
- 5-4　パルス符号変調 ……………………………… 169

第6章　オペアンプ

- 6-1　オペアンプ …………………………………… 174
- 6-2　増幅回路 ……………………………………… 176
- 6-3　演算回路 ……………………………………… 189
- 6-4　パルス発生回路 ……………………………… 195

第7章　電源回路

- 7-1　電源回路 ……………………………………… 200
- 7-2　安定化回路 …………………………………… 212

章末問題の解答………………………………………… 221
参考文献………………………………………………… 231
索引……………………………………………………… 232

●コラム●

- ネイピア数 e ……………………………………… 14
- 半導体の型名の付け方 …………………………… 21
- 信号表記の付け方 ………………………………… 40
- h_{fe} と h_{FE} の違い ………………………………… 56
- テブナンの定理 …………………………………… 59
- トランジスタのスイッチング動作 ……………… 142
- オペアンプの図記号 ……………………………… 175
- 単安定型マルチバイブレータ …………………… 196

第1章 電子デバイス

　この章では，各種の電子回路を学習していく際に必要となる電子デバイスの基礎知識について説明します．例えば，電子デバイスを作る半導体の性質や，ダイオード，トランジスタ，FETなど電子回路の主役となる素子の性質や使用方法について必要な基礎知識を理解しましょう．

1-1 半導体

(1) 半導体とは

半導体は，図1-1のように，銅やアルミニウムのように電気をよく流す**導体**と，ガラスやゴムのように電流をほとんど流さない**絶縁体**の中間の抵抗率を持つ物質ですが，半導体と導体や絶縁体との抵抗率の境界は明確ではありません．導体のようには電流が流れませんが，絶縁体のようには電流が流れにくくない物質が半導体なのです．その代表的なものがダイオード，トランジスタ，IC，LSIなどの材料として使用されるシリコン（Si）やゲルマニウム（Ge）です．ところで，すべての物質は，図1-2のSiの例に示すように，原子核の＋の陽子と同数の－の電子が原子核の周りに引き付けられて回っています（実際には，後述のように電子は立体的に回っています）．電子の回る軌道は，内側からK，L，M殻といいそれぞれ，2，8，18個の電子が存在できます．また，内側の電子ほど原子核と引きつけ合う力は強く，逆に，外側にある電子は，結びつ

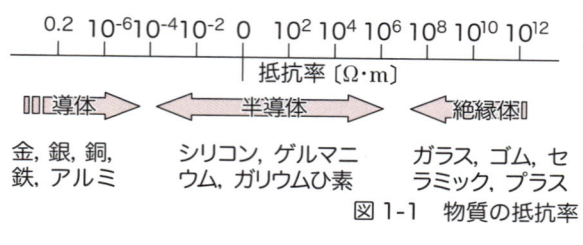

図1-1 物質の抵抗率

※抵抗率とは，長さ1m，断面積1m^{2}の導体の電気抵抗の値（単位は，Ω・m）です．

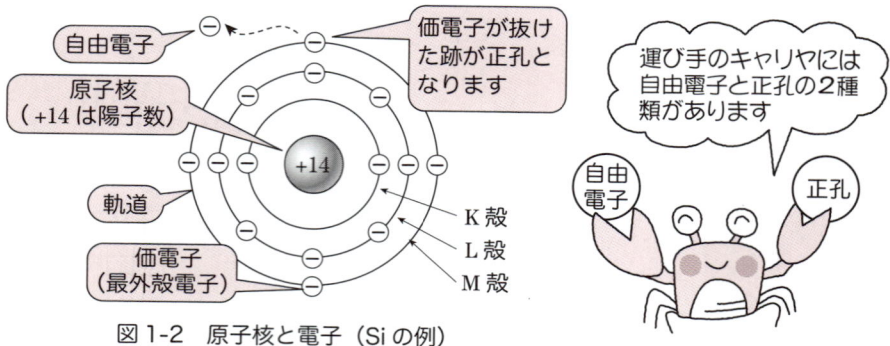

図1-2 原子核と電子（Siの例）

きが弱くなります．一番外側(最外殻)の電子は，**価電子**とも呼ばれ，光や熱，電界など外部からのエネルギーによって軌道から外れてしまうことがあります．このとき，軌道から外れた価電子を**自由電子**といい，その価電子の抜け跡を**正孔**または**ホール**といいます．価電子は，化学結合などの他の原子との結合やその物性にも深く関わっています．なお，物質に電流が流れやすいか流れにくいかは，電流を流す**キャリヤ**（自由電子，または正孔）がどの程度存在するかによって左右されます．

(2) **真性半導体**

半導体の不純物を取り除いて非常に高純度に精製したものを，**真性半導体**といいます．シリコン（Si）の場合，その純度は製造技術の進歩に伴い向上し，99.9999999999％にも達し，9が12個も並ぶことから12ナイン（twelve nine）ともいわれています．Si，Geは4価の元素なので，単独で原子が存在する場合と異なり，結晶は図1-3のように面心立方格子という立体的な**ダイヤモンド構造**となり，図1-4のように互いの原子の軌道が交錯して電子が存在できる領域がバンド状になります．価電子が存在できるところを**価電子帯**，自由電子の存在できるところを**伝導帯**といい，伝導帯の電子を，電気伝導を担うことから**伝導電子**ともいいます．軌道間の電子が存在できない領域を**禁制帯**といいます．伝導帯と価電子帯のエネルギー差を**エネルギーギャップ**（E_g）といい，Siの場合には，1.12eV程度になります．また，図1-3の個々の原子は，点線で示す正4面体の頂点にある他の4個の原子に囲まれていますが，それぞれの原子が各結合に価電子を1個出し合い電子対を構成する**共有結合**となり，非常に安定した状態になっています（**オクテット則**：共有結合は最外殻の電子が8個になると安定する法則）．

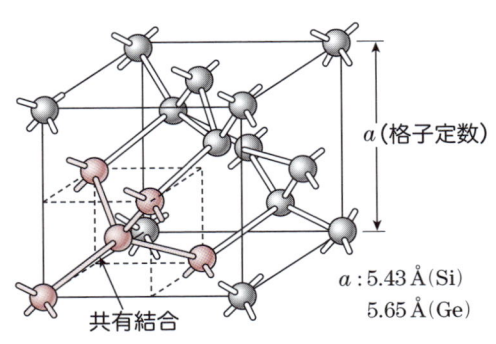

図1-3 ダイヤモンド構造

a（格子定数）
a：5.43Å（Si）
　　5.65Å（Ge）

共有結合

ダイヤモンドというよりもジャングルジムみたいだね

これを平面的に表したものが**図1-5**(a)です．ところで，この図のSiは安定していますが，図1-5(b)のように，熱，光や電界などのエネルギーが外部から加わると，価電子の一部が原子核の束縛を離れて自由電子となり，その後に正孔が発生し，これらがキャリヤとして働きます．しかし，低温ではキャリヤがほとんど存在せず絶縁体となります．また，常温でもわずかにしかキャリヤが存在せず，ほとんど電流が流れないので，そのままでは真性半導体は半導体製品に利用できません．

(3) n形半導体

半導体製品には，真性半導体に不純物を加えキャリヤを増やして電流を流れやすくした**不純物半導体**を使用します．このように半導体の性質を変える目的で，結晶に少量の不純物を添加することを**ドープ**（dope）といいます．真性半導体に，5個の価電子をもつⅤ族の不純物（P：リン，As：ひ素，Sb：アンチモン）を極微量加えた不純物半導体は，負の自由電子が多数キャリヤなのでnegative（負）が支配的な半導体ということから，頭文字

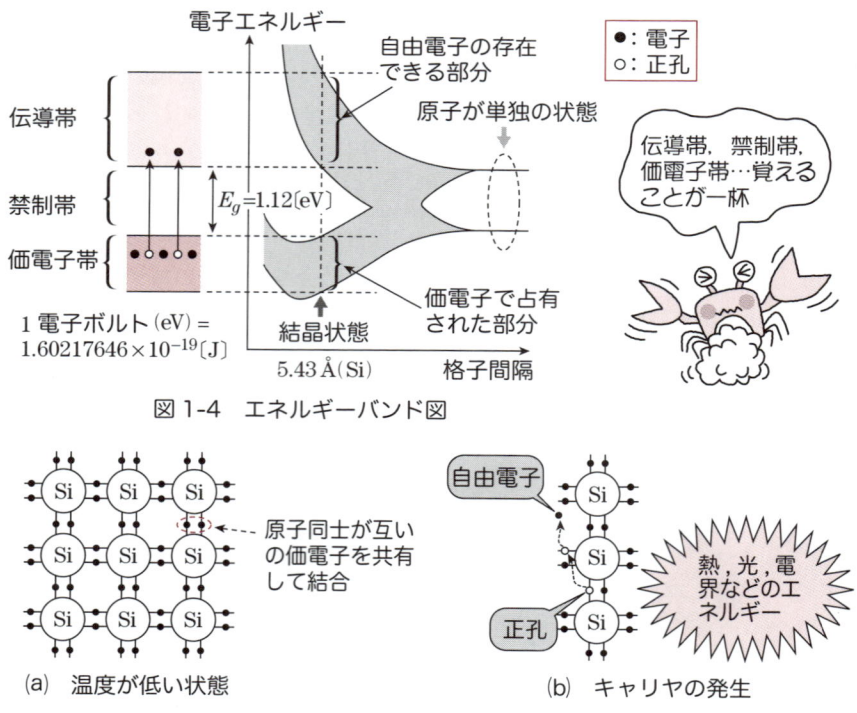

図1-4 エネルギーバンド図

図1-5 真性半導体
(a) 温度が低い状態
(b) キャリヤの発生

をとって**n形半導体**と呼びます．**図1-6**のように，Ⅳ族のSiの中では5個の価電子のうち，4個の価電子が共有結合に使用されます．このとき余った過剰な電子は原子核との結合度が弱く，常温でも容易に伝導帯に入り込んで自由電子となり，キャリヤとして働くために電流を流しやすくなります．加えた不純物は価電子が自由電子となることで陽イオンになりますが，自由電子が動き回ることで中和され，電気的に中性の状態になっています．このⅤ族の不純物を，電子を供給することから**ドナー**（donor）といいます．

過剰な電子が伝導帯に近い禁制帯に位置するこのエネルギー準位を**ドナー準位**といい，ドナーがAs（ひ素）の場合には49meV程度になり，Siの禁制帯の幅1.12eVに比べるとはるかに小さいので，ドナーから伝導帯への励起は簡単に起こることが分かります．なお，このドナー準位にできた正孔は禁制帯にあるため，電子が入り込むことができず，キャリヤとしての作用はありません．n形半導体では，正孔は少数キャリヤになります．

(4) p形半導体

真性半導体に，3個の価電子をもつⅢ族の不純物（B：ホウ素，Ga：ガリウム，In：インジウム）を極微量加えた不純物半導体を，正の正孔が多数キャリヤなのでpositive（正）が支配的な半導体ということから，頭文字をとって**p形半導体**と呼びます．**図1-7**のように，Ⅳ族のSiの中では，3個の価電子で3つの共有結合ができ，4個目の共有結合になるはずの価電子が存在する位置に正孔ができます．余った正孔は常温でも容易に自由電子を受け入れ，キャリヤとして働くためにn形半導体と同様に電流を流しやすくなります．このとき，不純物は正孔が自由電子と結合することで陰イオンになりますが，正孔が動き回ることで中和され中性の状態になっています．このⅢ族の不純物を，電子を受け

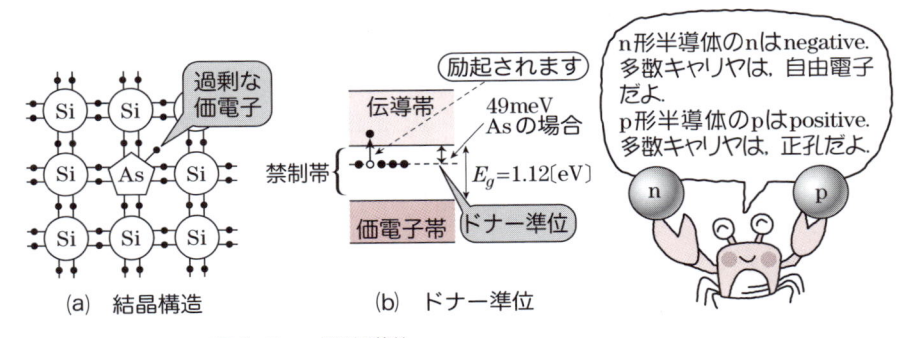

(a) 結晶構造 (b) ドナー準位

図1-6　n形半導体

1-1　半導体

入れることから**アクセプタ**(acceptor)といいます．過剰な正孔が価電子帯に近い禁制帯に位置するこのエネルギー準位を**アクセプタ準位**といい，ドナーがB（ほう素）の場合には，45meV程度になります．しかし，n形半導体同様に，Siの禁制帯の幅に比べるとはるかに小さいので，価電子帯からアクセプタ準位への励起は簡単に起こることが分かります．p形半導体では，自由電子は少数キャリヤになります．

(5) フェルミ準位

半導体の動作を考える上で，ドナー準位，アクセプタ準位以外の半導体のエネルギー準位として，キャリヤのもつエネルギーを平均した**フェルミ準位**（E_F）があります．真性半導体では，電子と正孔が1対1の割合で存在するので，図1-8(a)のように禁制帯の幅の$\frac{E_g}{2}$の位置となります．n形半導体の場合には，ドナーから励起され

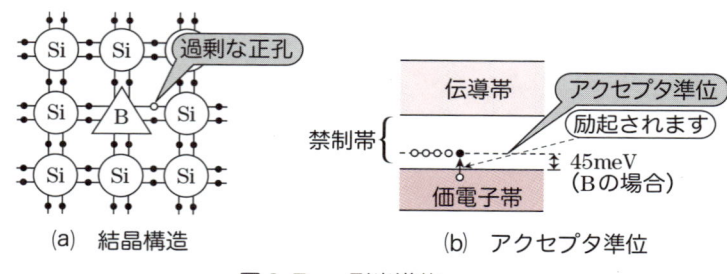

(a) 結晶構造　　(b) アクセプタ準位

図1-7　p形半導体

なるほど．でも少し難しいね．

電子を供給するからドナー，電子を受け入れるからアクセプタなんだ．

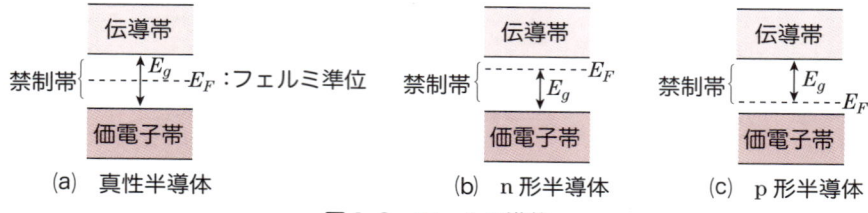

(a) 真性半導体　　(b) n形半導体　　(c) p形半導体

図1-8　フェルミ準位

た電子の分だけキャリヤが増加するので，フェルミ準位は図1-8(b)のように禁制帯の上部に位置するようになります．逆に，p形半導体の場合には，アクセプタへの電子の励起による正孔の分だけキャリヤが増加するので，フェルミ準位は図1-8(c)のように禁制帯の下部に位置するようになります．

例題 1-1 次のそれぞれの文章中の□に適する語句を記入しなさい．

① Si，Geなどの真性半導体は，(a)のダイヤモンド構造であり，それぞれの原子は(b)結合となり非常に安定しています．

② Si，Geなどの結晶は互いの原子の軌道が交錯して電子が存在できる領域がバンド状のエネルギー帯となります．ここで，価電子の存在できる領域を価電子帯，自由電子の存在できる領域を(a)帯，軌道間の電子が存在できない領域を(b)帯といいます．伝導帯と価電子帯のエネルギー差をエネルギーギャップといい，Siの場合には，1.12eV程度になります．

③ n形半導体に加えるV族のAs，Pなどの不純物で禁制帯にできるエネルギー準位を(a)準位といい，(b)帯に近い側に位置します．

④ p形半導体に加えるⅢ族のB，Gaなどの不純物により禁制帯にできるエネルギー準位を(a)準位といい，(b)帯に近い側に位置します．

⑤ 半導体のキャリヤのもつエネルギーを平均したエネルギー準位を(a)準位といいます．真性半導体では，電子と正孔が1対1の割合で存在するので，(b)帯の幅の $\frac{E_g}{2}$ の位置となります．

解答

① (a)面心立方格子 (b)共有結合
② (a)伝導 (b)禁制
③ (a)ドナー (b)伝導
④ (a)アクセプタ (b)価電子
⑤ (a)フェルミ (b)禁制

1-2 ダイオード

(1) ダイオードとは

ダイオード（diode）は，電流を一定方向にしか流さない**整流作用**を持つ半導体素子で，**図 1-9** に示すように p 形半導体と n 形半導体を接合した構造をしています．この結合を **pn 接合**といいます．これは単に 2 つの半導体を物理的に接着したものではなく，例えば，半導体の製造過程で不純物の種類，濃度を変えながら結晶状態を保つように p 形と n 形領域が連続的に遷移するように形成されたものです．ダイオードの外観と図記号を**図 1-10** に示します．電流の流れ込む端子を**アノード**（anode），流れ出す端子を**カソード**（cathode）といいます．

(2) ダイオードの動作原理

p 形，n 形のそれぞれの領域には，多数キャリヤとして正孔と自由電子が存在しますが，接合したことによって左右の半導体の多数キャリヤの濃度に不連続的な変化があります．このことから，接合面付近では**図 1-11** のように濃度が均一になろうとして，**拡散**という現象によって，自由電子と正孔が pn 接合面の境界をそれぞれ相互に通過し，**拡散電流**が発生します．これは，**図 1-12** のようにちょうど水だけ入ったコップにインクをスポイトで落としたときに，インクが広がるのと同じ現象です．

この拡散現象によって，接合面付近では，相互に移動した多数キャリヤは移動先では少数キャリヤであるた

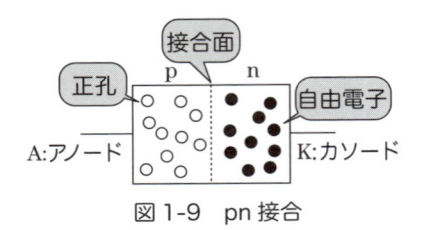

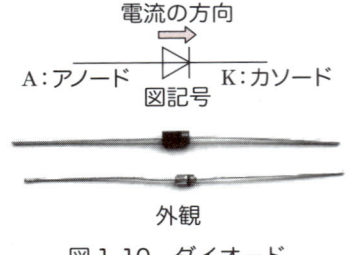

図 1-9　pn 接合

図 1-10　ダイオード

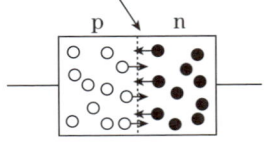

図 1-11　拡散によるキャリアの移動

め，移動先の多数キャリヤと**再結合**しキャリヤが消滅します．その結果，**図1-13**のように，キャリヤのない領域である**空乏層**が発生します．なお，その両側は**中性領域**と呼びます．このキャリヤの拡散は，両側の半導体のフェルミ準位 E_F が一致するまで継続します．これは，真ん中を仕切り液体の移動を妨げた容器に，それぞれ異なる水位まで液体を入れておき，その仕切りを取り除いたときに，水位が同じになるまで液体が移動するのに似ています．ところで，空乏層の n 形領域には，自由電子が移動したことによりイオン化したドナーが取り残され，p 形領域には正孔が移動したことによりイオン化したアクセプタが取り残されます．その結果，図 1-13 のように，それぞれ正，負に帯電して**電気二重層**が発生します．これらの固定電荷により空乏層の両端に電位差が生じて，キャリヤの拡散を妨げる eV_D のエネルギー障壁を**電位障壁**（Φ）といいます（**図 1-14**）．また，この障壁は，キャリヤの拡散で生じることから，こ

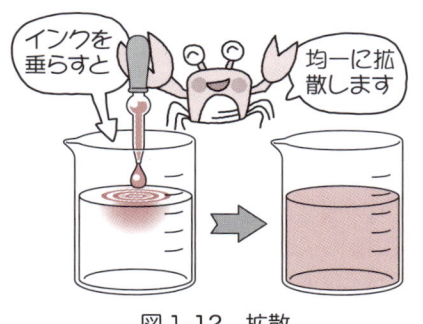

図 1-12 拡散

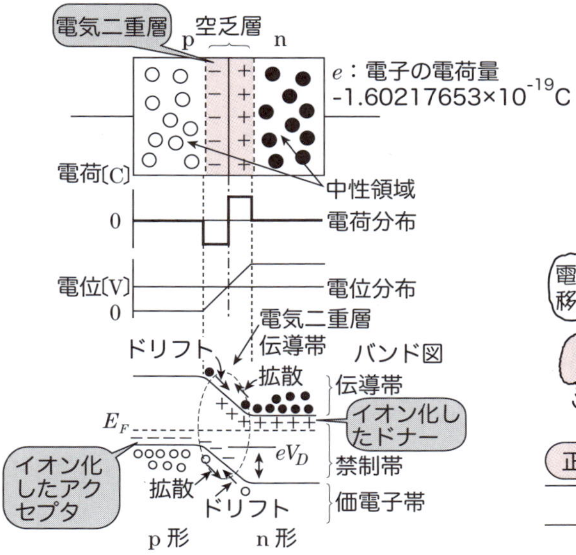

図 1-13 空乏層の発生

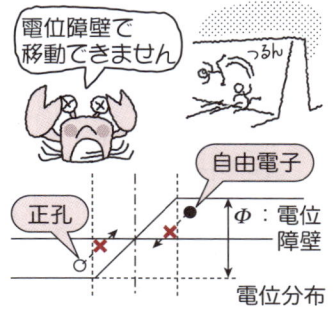

図 1-14 キャリヤの移動

の電位を**拡散電位** (V_D) ともいいます．この電位障壁によって，pn接合間のキャリヤの移動はできなくなります．この電位による電界によって，電子と正孔は，それぞれn形，p形領域へ引き戻されます．このとき発生する電流を，**ドリフト電流**といいます．熱平衡状態においては，拡散とドリフトによるキャリヤの移動が釣り合い，キャリヤの移動はないように見えます．なお，実際のpn接合では，一方の不純物濃度を他方に比べて非常に高くしてあるので，接合部の空乏層の幅は，低濃度側の不純物濃度が低いほど広がる傾向があります．

次に，ダイオードに図1-15のようにp形半導体に正の電圧を加えた場合を考えると，空乏層は狭くなり，電位障壁を打ち消す方向に電圧がかかり，平衡状態よりも電位障壁の値は小さくなります．同時に，加えた電圧により，n形半導体の中にある多数キャリヤの自由電子はp形半導体へ，逆に，p形半導体の中にある多数キャリヤの正孔は，n形半導体へ引きつけられて移動し拡散・再結合します．移動したキャリヤは電源から供給されるので，電流が連続して流れることになります．このような接続を**順方向電圧**，または，順方向にバイアスするといいます．逆に，図1-16のようにn形半導体に正の電圧を加えた場合には，空乏層がさらに広がるので，電位障壁

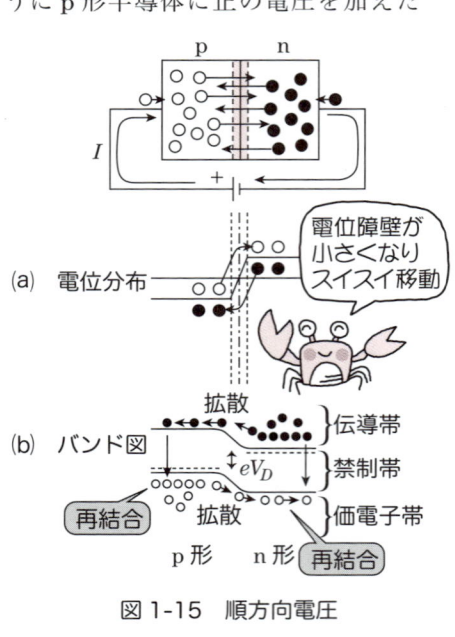

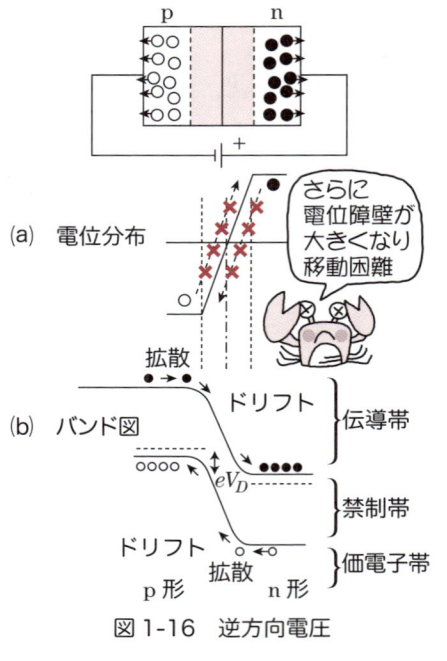

図1-15 順方向電圧

図1-16 逆方向電圧

も熱平衡状態よりさらに大きくなります．したがって，どちらの半導体の多数キャリヤも端子側に引き寄せられて移動することはできなくなります．また，空乏層の端に現れた少数キャリヤは空乏層の電界により加速されて相手側に引き込まれます．中性領域内から拡散によって供給される少数キャリヤは元々非常に少ないので，この場合に流れる電流はとても小さな値となります．このような接続を，**逆方向電圧**といいます．また，この逆方向電圧の大きさによって，空乏層の幅が変化しpn接合容量が変化する性質は，**可変容量ダイオード**にも用いられています．一般に，半導体中に少数キャリヤを導入することを**少数キャリヤの注入**といい，順方向にバイアスされたpn接合では，接合面を通して両方向から少数キャリヤの注入が行われます．

例題 1-2 次のそれぞれの文章中の□に適する語句を記入しなさい．

① ダイオードのpn接合面付近では多数キャリヤの濃度が均一になろうとして，[a]現象によって正孔と自由電子が相互に通過し，移動先の多数キャリヤと再結合してキャリヤのない[b]が発生します．

② pn接合面付近のキャリヤのない領域の両端に電位差が生じて，キャリヤの拡散を妨げるエネルギーの壁を[a]障壁，またこの電位を[b]電位ともいいます．

③ ダイオードに[a]電圧を加えると，n形半導体の多数キャリヤの自由電子はp形半導体へ，逆に，p形半導体の多数キャリヤの正孔はn形半導体へ引きつけられて移動し拡散・[b]します．

④ 順方向にバイアスされたpn接合では，接合面を通して両方向から[a]キャリヤの[b]が行われます．

⑤ 拡散電位により発生した電界によって電子と正孔をそれぞれn形，p形領域へ引き戻す[a]電流が発生しますが，熱平衡状態においては[b]と[c]によるキャリヤの移動が釣り合っているので見かけ上はキャリヤの移動はないように見えます．

解答
① (a)拡散　(b)空乏層
② (a)電位　(b)拡散
③ (a)順方向　(b)再結合
④ (a)少数　(b)注入
⑤ (a)ドリフト　(b)(c)拡散，ドリフト（順不同）

(3) ダイオードの特性

図1-17にSi，Geダイオードの電圧-電流特性の例を示します．Siの場合，順方向電圧を少しずつ上げると0.6V付近で順方向電流が急激に流れ始めます．

これは，順方向電圧により0.6Vを

超えた付近で空乏層がほとんどなくなり電位障壁が打ち消されて，多数キャリヤの移動を妨げるものがなくなるためです．Geの場合には，0.2V付近から順方向電流が流れ始めます．また，逆方向電圧を加えた場合には，空乏層が広がる方向に電圧が加わるのでほとんど逆方向電流は流れません．さらに，逆方向電圧を上昇させると急激に電流が流れダイオードが破壊に至ることがあります．この降伏現象が始まる電圧を（逆方向）**降伏電圧**，または**ブレークダウン電圧**といい，一般には数十から数百Vのかなり高い電圧になります．また，ダイオードの端子電圧V_Dと順方向の電流I_Dの関係は，式(1-1)に示す**整流方程式**で表されます．しかし，実際には，順方向電流が流れると，半導体自体の抵抗の影響により図1-17に示した点線のような曲線となります．ただし，I_Sは**逆方向飽和電流**（逆方向に流れる微小電流の最大値），qは電子の電荷量（$1.6021927 \times 10^{-19}$C），$k$はボルツマン定数（$1.38 \times 10^{-23}$J/K），$T$は絶対温度を示します．

$$I_D = I_S \left\{ \exp\left(\frac{qV_D}{kT}\right) - 1 \right\} \quad (1\text{-}1)$$

Siダイオードの場合，常温（$T = 300$K，27℃）で，V_Dが0.6V付近を上回ると急激に大きな電流が流れるので，式(1-2)のように表せます．このI_Dはとても大きな電流となることが分かります．

$$I_D \fallingdotseq I_S \exp\left(\frac{qV_D}{kT}\right) \quad (1\text{-}2)$$

このときダイオードに，わずかな抵抗分r_Dが発生します．これを**交流抵抗**，または，**動抵抗**といい，図1-18の特性図上のI_D，V_Dの変化分で$r_D = \dfrac{\triangle V_D}{\triangle I_D}$と表すことができますが，

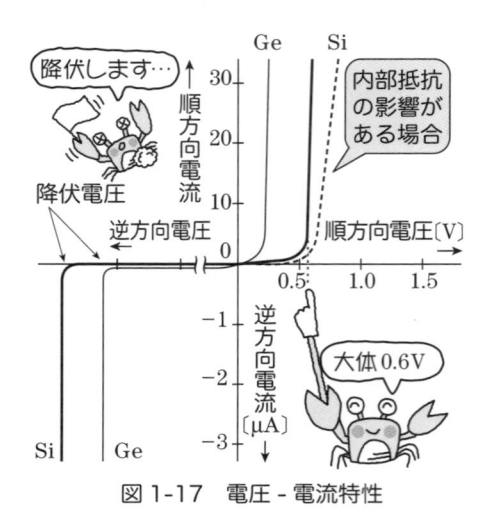

図1-17　電圧-電流特性

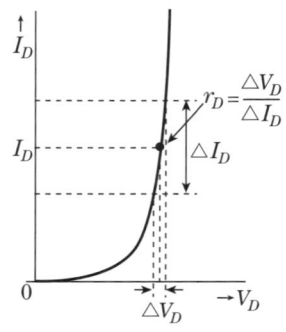

図1-18　ダイオードの交流抵抗

特性図上の位置によって，その値は変化します．逆方向の場合には，$V_D<0$ から，式（1-3）で表すことができ，微小な逆電流となることが分かります．

$$I_D \fallingdotseq -I_S \qquad (1\text{-}3)$$

なお，常温で，$V_D > 0.6\,\text{[V]}$ では r_D は式（1-4）で示すことができます．

$$r_D \fallingdotseq \frac{26}{I_D\text{[mA]}}\,[\Omega] \qquad (1\text{-}4)$$

例えば，1mA の順方向電流が流れた場合には，r_D は 26Ω 程度になります．

(4) ダイオードの回路

ダイオードに直流電源と抵抗を接続した**図1-19**(a)の回路について，キルヒホッフの法則から式（1-5）が成り立ちます．

$$E = V_D + V_R = V_D + I_D R \qquad (1\text{-}5)$$

この関係をダイオードの特性図に重ねて描くと，図1-19(b)のように，傾き $-\dfrac{1}{R}$ の直線になります．この直線をダイオードの**負荷線**といい，特性図と負荷線の交点が**動作点** Q（I_{DQ}，V_{DQ} の交点）になります．次に，**図1-20**のように，ダイオードに交流電源を接続した回路は，順方向と逆方向に流れる電流の大きさが大きく異なる性質を利用して交流から直流に変換できます．これを**整流作用**といい，このような回路を**整流回路**といいます（出力される波形は**脈流**といい完全な直流ではありません．さらに，回路を追加することで直流になります）．

ところで，逆方向に大きな電流が流れても降伏電圧がほとんど変化しないという性質を利用して，比較的低い電圧で**降伏現象（ツェナー効果，雪崩現**

図1-20　ダイオードの整流作用

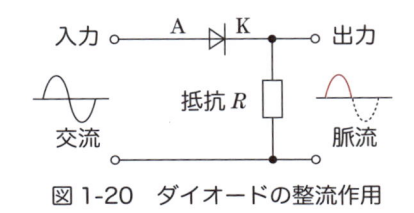

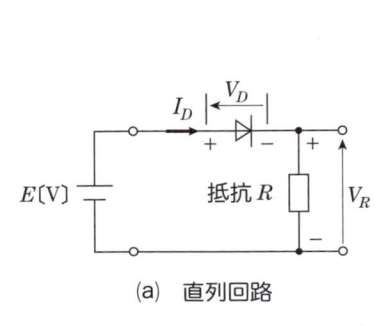

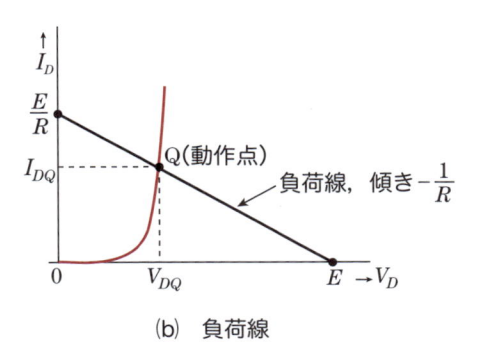

(a) 直列回路　　(b) 負荷線

図1-19　ダイオードと抵抗の直列回路

■ 1-2　ダイオード ■

象など）が発生するように製造し，定電圧源としたものを，**定電圧ダイオード**，または**ツェナーダイオード**といいます．この定電圧ダイオードは，**図1-21**に示すように定電圧電源などの基準電圧としてよく利用されます．

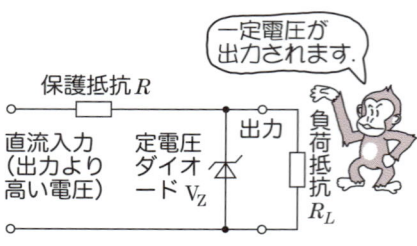

図 1-21　定電圧ダイオードの使用例

例題 1-3　逆方向飽和電流 I_S が 10μA の理想ダイオードに，室温で順方向電流 $I_D = 1\text{mA}$ が流れるときのダイオードの電圧降下 V_D（ダイオードの両端の電圧）を求めなさい．ただし，室温（27℃）での $kT/q = 0.026\text{V}$，$\ln 101 = 4.62$ とします．

解答

式（1-1）から，

$$I_D = I_S \left\{ \exp\left(\frac{qV_D}{kT}\right) - 1 \right\}$$

$$1 \times 10^{-3} = 10 \times 10^{-6} \times \left\{ \exp\left(\frac{V_D}{0.026}\right) - 1 \right\}$$

$$100 = \exp\left(\frac{V_D}{0.026}\right) - 1$$

上式より，

$$\frac{V_D}{0.026} = \ln 101 = 4.62$$

$$\therefore \ V_D = 4.62 \times 0.026 = 0.120 [\text{V}]$$

＜ネイピア数 e＞

整流方程式に出てくる exp は，指数関数 e^x を $\exp(x)$ と表したものです．e はネイピア数といい，その値は，2.7182818284… と，際限なく続きます．また，$\ln(x)$ は，底を e とする自然対数で，$\exp(x)$ と互いに逆関数になっています．

1-3 トランジスタ

(1) トランジスタとは

トランジスタ（transistor）は，小さな信号を大きくする**増幅作用**と信号を ON/OFF する**スイッチ作用**をもつ半導体素子です．トランジスタの外観の例を**図 1-22** に示します．

図 1-22 トランジスタの外観

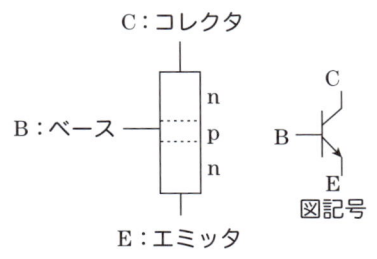

図 1-23(a)，(b)に示すように，2つの pn 接合をもつ三層構造で，キャリヤを集める**コレクタ**（collector），制御の土台となる**ベース**（base），キャリヤを放出する**エミッタ**（emitter）の3つの電極を持ち，ベース電流によりコレクタ電流を制御します．図記号の矢印の向きは，外部に電源を接続した場合の電流の流れを示しています．pn 接合の組合せによって **npn 形**トランジスタ，**pnp 形**トランジスタに分

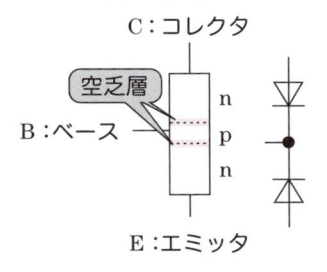

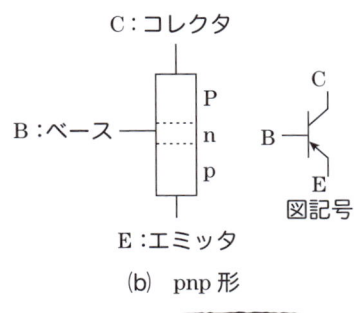

C：コレクタ
B：ベース
E：エミッタ
図記号
(a) npn 形

C：コレクタ
B：ベース
E：エミッタ
図記号
(b) pnp 形

空乏層
C：コレクタ
B：ベース
E：エミッタ
(c) トランジスタの空乏層

図記号のエミッタ（E）の矢印が電流の流れを示します．

図 1-23 トランジスタの構造と図記号

類されます．キャリヤを2種類もつことから**バイポーラトランジスタ**とも呼ばれます．また，図(c)のように外部に電源を接続しない状態ではダイオードを向かい合わせたようになり，pn接合付近に空乏層が発生します．

なお，図ではベースに厚みがありますが，実際は数μm程度に薄く作り，npn形では**不純物密度**（N_D：ドナーの密度，N_A：アクセプタの密度）の関係は次のようになっています．

$$\text{エミッタの }N_D > \text{ベースの }N_A > \text{コレクタの }N_D$$

エミッタの不純物濃度をベースより大幅に高くして，トランジスタの特性を向上しています．したがって，熱平衡時に，**図1-24**(a)のように，3領域のフェルミ準位 E_F が一致するのですが，濃度差があるためエミッタとコレクタのバンド図の高さに違いが生じます．次に，エミッタ接合に順バイアス，コレクタ接合に逆バイアスを加えた図1-24(b)のキャリヤの移動はバンド図上で次のようになります．

① エミッタ領域からベース領域へ電子が注入されます．

② 注入された電子は，ベース領域が薄いため拡散距離が足りず，拡散現象によって拡散しきれずにコレクタ領域へ到達します．

③ コレクタ接合は逆バイアスが印加されているため，電界により電子はドリフト現象によりコレクタ領域に引きつけられます．

(2) **トランジスタの動作原理**

次に，一般的なエミッタ接地の場合のnpn形トランジスタの動作原理を説明します．**図1-25**のようにnpn形トランジスタのコレクタ－エミッタ間に電源 V_{CE} を接続した場合，コレクタ－ベース間は逆方向電圧となるためコレクタからエミッタに電子は移動

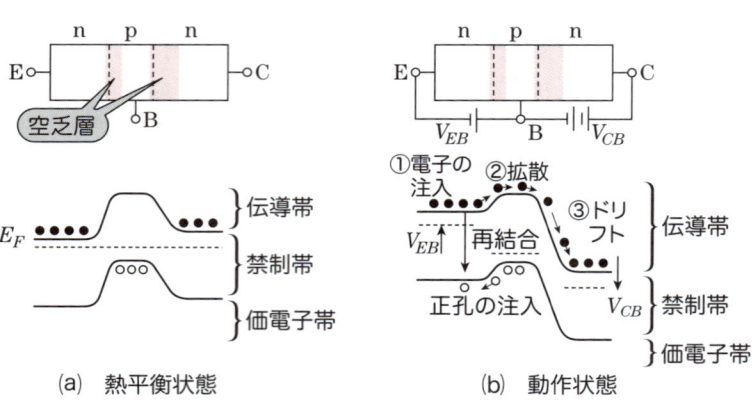

(a) 熱平衡状態

(b) 動作状態

図1-24 トランジスタのバンド図

できません．

次に，**図 1-26** のようにベース-エミッタ間に電源 V_{BE} を接続した場合の動作について，自由電子の動きを中心に順を追って説明します．

① 電位障壁が打ち消され，ダイオードの pn 接合同様に，エミッタからベースに自由電子が引きつけられます．

② エミッタの不純物濃度をかなり高くしてあるため，大量の自由電子がベース内に拡散しようとします．

③ ベースの厚みが非常に薄いのでほとんどの自由電子は拡散しきれず，正孔と再結合する前にコレクタ領域に達します．

④ この自由電子は，コレクタ-ベース間の電界によって加速され，コレクタ端まで到達します．

このように，エミッタからベースに流れ込む自由電子の量は，V_{BE} によって変化するので，結局は，コレクタ電流を V_{BE} によって制御できることになるわけです．また，①の自由電子のベース領域で再結合するキャリヤと③のコレクタ領域に到達するキャリヤの割合は一定となるので，コレクタ電流とエミッタ電流は比例すると考えることができます．なお，ベース-エミッタ間に流れる電流 I_B は数十 μA 程度ですが，それに比較してエミッタ-コレクタ間に流れる電流 I_C は非常に大きくなります．ところで，**図 1-27** の I_B, I_C, I_E の間には次の式（1-6）のような関係があります．

$$I_E = I_C + I_B \qquad (1\text{-}6)$$

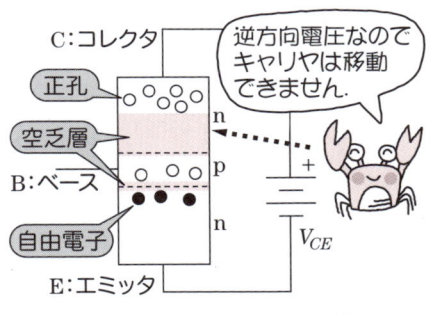

図 1-25　V_{CE} のみの接続

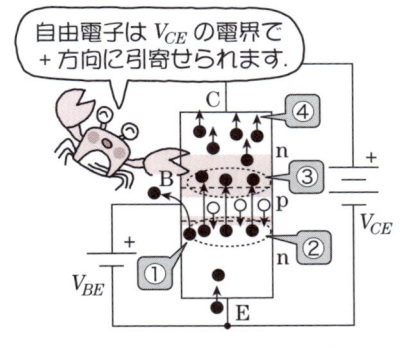

図 1-26　V_{BE}, V_{CE} の接続

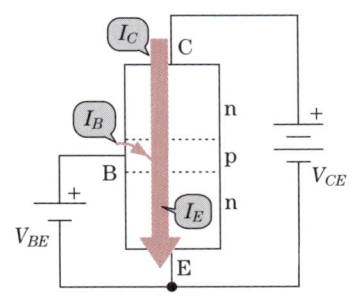

図 1-27　トランジスタの電流

一般に，I_B は I_E の 0.1〜5%，I_C は I_E の 95〜99% 程度なので，$I_B \ll I_E$ の関係から，$I_C ≒ I_E$ が成立します．不純物濃度が高いエミッタ-ベース間は低抵抗，逆に，コレクタ-ベース間は高抵抗なので，コレクタ-エミッタ間に流れる電流によって発生する電圧降下が大きく異なることから，電圧の増幅が行われることが分かります．以上の動作は，pnp 形トランジスタの場合も，多数キャリヤを正孔にし，加える電圧の向きを逆にすると同様に考えることができます．

(2) トランジスタの静特性

図 1-28 のように，トランジスタに直流電圧を加えたときの各端子に流れる直流電流や各端子間の直流電圧の関係を**静特性**といいます．これはトランジスタそのものの特性を示し，この電圧と電流の関係を表したものをトランジスタの**静特性曲線**といいます．一方，負荷を接続して求めた特性を**動特性**といいます．ここでは，各種の接地方式のうち，一般によく用いられるエミッタを共通の接地とした**エミッタ接地方式**について，静特性を説明することにします．

トランジスタの静特性には，

① V_{BE}-I_{BE} 特性（入力特性）
② V_{CE}-I_C 特性（出力特性）
③ I_B-I_C 特性（電流伝達特性）
④ V_{BE}-V_{CE} 特性（電圧帰還特性）

があります．

(a) V_{BE}-I_{BE} 特性（入力特性）

コレクタ-エミッタ間の電圧 V_{CE} を一定として，ベース電圧 V_{BE} を変化させたときのベース電流 I_B の変化を示すもので，**入力特性**ともいい，図 1-29 のようになります．B-E 間は順方向電圧となるため，pn 接合ダイオー

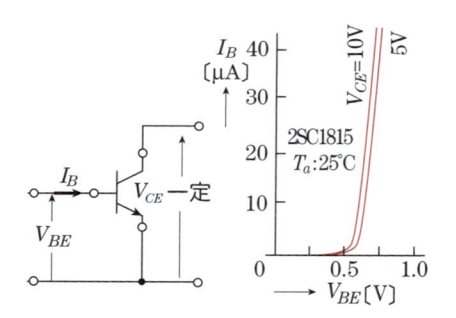

図 1-29 V_{BE}-I_{BE} 特性（入力特性，V_{CE} 一定）

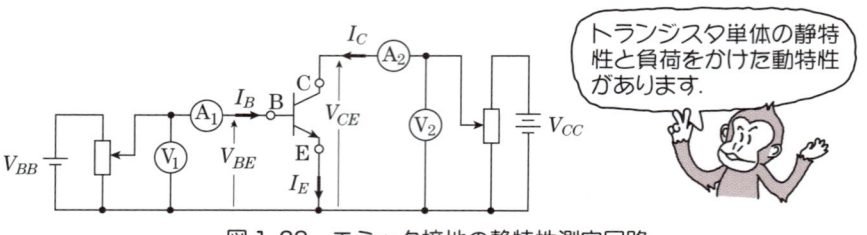

図 1-28 エミッタ接地の静特性測定回路

トランジスタ単体の静特性と負荷をかけた動特性があります．

ドの順方向の電圧−電流特性とかなり類似した特性となることが分かります．V_{BE}-I_B 特性から，V_{BE} が 0.6V 付近でエミッタ−ベース間の電位障壁がなくなり急激に I_B が流れ始めますが，V_{CE} が 10V，5V と変化しても特性はほとんど変化しません．

(b) V_{CE}-I_C 特性（出力特性）

ベース電流 I_B を一定として，コレクタ−エミッタ間の電圧 V_{CE} を変化させたときのコレクタ電流 I_C の変化を示すもので，**出力特性**ともいい，**図 1-30** のようになります．この特性図から，V_{CE} が 0〜0.5V 程度までは I_C が急激に増加し，それを過ぎて約 0.5〜1V を超えるとほとんど I_C は変化しなくなります．また，I_B を変化させることで図 1-30 のように複数の曲線となります．当然，この曲線間の I_B に対する曲線も存在しますが，一般に，このように代表的な I_B の値に対して特性を求めます．この特性から出力電圧 V_{CE} の変化に対して，出力電流 I_C がほとんど変化しないので，出力抵抗 $\dfrac{\triangle V_{CE}}{\triangle I_C}$ が大きいことが分かります．

トランジスタの増幅作用は，V_{CE} が約 0.5〜1V を超えて I_C がほとんど変化しない領域で行われます．V_{CE}-I_C 特性から，I_B が一定であれば，V_{CE} が変化しても I_C はほとんど変化なく一定となることから，I_B を変化させることで I_C を制御できることが分かります．

(c) I_B-I_C 特性（電流伝達特性）

コレクタ−エミッタ間の電圧 V_{CE} を一定として，ベース電流 I_B を変化させたときのコレクタ電流 I_C の変化を示すもので**電流伝達特性**ともいい，**図 1-31** のようになります．V_{CE} が変化しても特性はあまり変化しません．

(d) V_{BE}-V_{CE} 特性（電圧帰還特性）

ベース電流 I_B を一定として，コレクタ−エミッタ間の電圧 V_{CE} を変化させたときのベース電圧 V_{BE} の変化

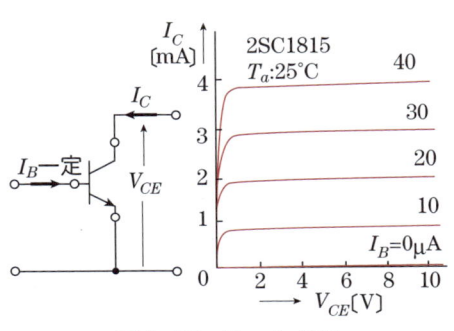

図 1-30　V_{CE}-I_C 特性
（出力特性，I_B 一定）

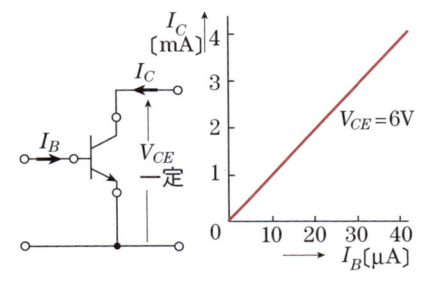

図 1-31　I_B-I_C 特性
（電流伝達特性，V_{CE} 一定）

を示すもので，**電圧帰還特性**ともいい，図 1-32 のようになります．V_{CE} が変化しても特性はあまり変化しません．このことは，出力 V_{CE} の電圧変化が入力の電圧 V_{BE} に影響しないことを示しています．一般には，(a)〜(c)の特性がメーカから提供されます．

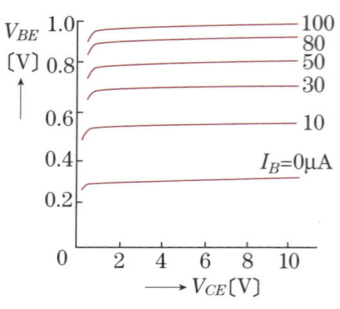

図 1-32　V_{BE}-V_{CE} 特性（電圧帰還特性，I_B 一定）

以上の 4 つの特性をまとめて，図 1-33 のように示すことができます．

(3) トランジスタの型名

トランジスタの型名は，JEITA（社団法人 電子情報技術産業協会）の規格 ED-4001「個別半導体デバイスの形名」に基づいて決められた型名と規格を JEITA に登録することになっています．（※次ページのコラム参照）

例題 1-4　次のそれぞれの文章中の□に適する語句を記入しなさい．

① npn 形のトランジスタでは，□(a)□の厚みは数 μm 程度に薄く作り，□(b)□の不純物濃度をベースより大幅に高くしてトランジスタの特性を向上しています．

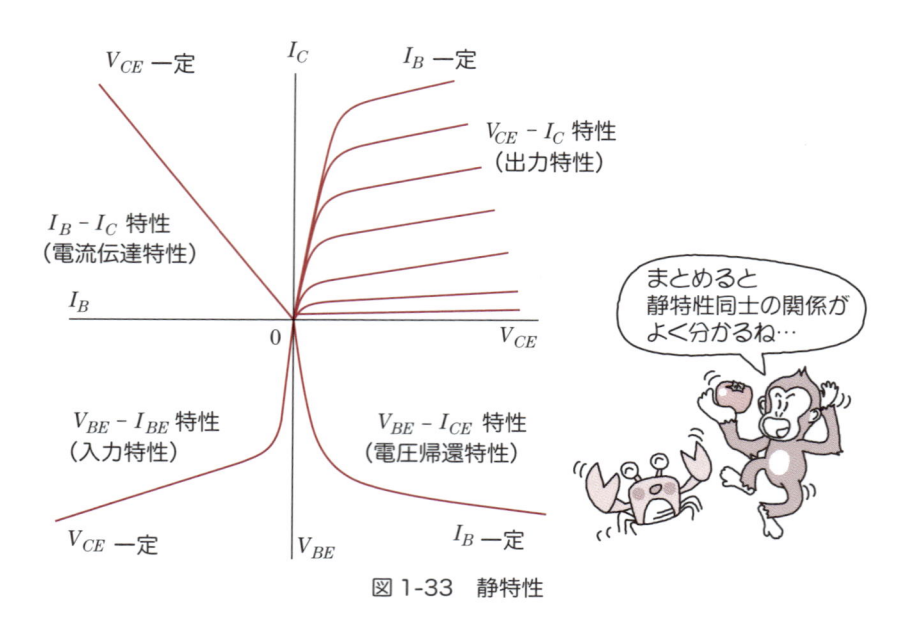

図 1-33　静特性

まとめると静特性同士の関係がよく分かるね…

② トランジスタの電流に関して，$I_E = $ [(a)] の関係があります．一般に，I_B は I_E の [(b)] ％，I_C は I_E の 95～99％程度です．

③ 入力特性では，B-E 間は順電圧となるため，[(a)] の順方向の電圧－電流特性とかなり類似した特性となり，V_{BE} が [(b)] V 付近で急激に I_B が流れ始めます．

④ 出力特性では出力電圧 V_{CE} の変化に対して，出力電流 I_C がほとんど変化しないので，[(a)] 抵抗が大きく，また，増幅作用は V_{CE} が約 0.5～1V を超えて [(b)] がほとんど変化しない領域で行われます．

⑤ トランジスタの型名 2SC2458 は，[(a)] 形で [(b)] 用であることを示しています．

解答
① (a) ベース　(b) エミッタ
② (a) $I_C + I_B$　(b) 0.1～5
③ (a) pn 接合ダイオード　(b) 0.6
④ (a) 出力　(b) I_C
⑤ (a) npn　(b) 高周波

＜半導体の型名の付け方＞

数字＋Ｓ＋文字＋数字［＋文字］

・最初の数字は，次のような意味で，**電極（ピン）の数**を表します．
　1：有効電極数 2…ダイオード　2：有効電極数 3…トランジスタ・FET
　3：有効電極数 4…4 極トランジスタ・FET（ゲートが 2 つあるもの）
・2 番目の S は，Semiconductor の**頭文字**を表します．
・3 番目の文字は，**種別**を表します．
　注意：高周波と低周波の区別はあまり明確ではありません．
　　A：pnp 形高周波用，B：pnp 形低周波用，C：npn 形高周波用，D：pnp 形低周波用，F：サイリスタ，H：単接合トランジスタ，J：p 形チャンネル FET，K：n 形チャンネル FET，M：トライアック
・4 番目の数字は，JEITA への**登録番号**を表します．
・5 番目の文字は，原型から変更したものと区別するときにつける**添字**（A，B，C，D，…）を表します．

1-4 電界効果トランジスタ（FET）

(1) 電界効果トランジスタ

電界効果トランジスタ（FET：field effect transistor） は，トランジスタと同様に，**増幅作用**と**スイッチ作用**を持つ素子で，その構造からトランジスタよりも高密度集積に適し，集積回路では主流となっています．トランジスタがベース電流でコレクタ電流を制御するのに対して，FETはゲートにかける電圧でソース－ドレーン間の電流を制御します．2種類のキャリヤのトランジスタを**バイポーラ（2極性）トランジスタ**といいますが，FETは，キャリヤを1種類しか使わないので**ユニポーラ（単極性）トランジスタ**とも呼ばれます．

バイポーラトランジスタが，入力側の電流で出力を制御する電流制御形の低入力インピーダンス素子であるのに対して，ユニポーラトランジスタは，入力側の電圧で出力を制御できる高入力インピーダンスの電圧制御形の素子です．図1-34(a)，(b)に示すように，内部構造によって，キャリヤの排出という意味の**ドレーン（drain）**，キャリヤを制御する門の意味の**ゲート（gate）**，キャリヤの源の意味の**ソース（source）**の3つの電極を持つ**接合形FET**と，ゲートを2つ持つ**絶縁ゲート（MOS：metal oxide semiconductor）形FET**に分類され，さらに，キャリヤに応じて**nチャネル**と**pチャネル**に分けられます．また，MOS形FETには，構造・動作の違いによって**エンハンスメント（enhancement）形**と**デプレッショ**

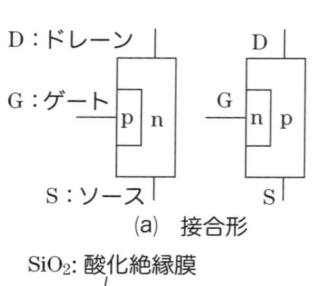

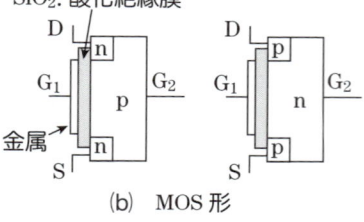

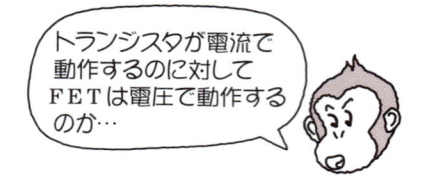

(a) 接合形

(b) MOS形

図1-34　FETの構造

> トランジスタが電流で動作するのに対してFETは電圧で動作するのか…

ン（depletion）形があります．

それぞれの特性は**図 1-35** のようになり，デプレッション形は，ゲート-ソース間電圧 V_{GS} が 0V 付近を超えるとドレーン電流 I_D が最大になるタイプで，ゲートはソースに対してマイナスの電圧になるように使います．

エンハンスメント形は，V_{GS} が 0V のときに I_D が 0（実際には完全に 0 にはならない）で，V_{GS} が + になると I_D が流れるタイプです．エンハンスメント形が一般によく用いられます．FET の外観の例を**図 1-36** に，FET の図記号を**図 1-37** に示します．図記号では，D-S 間の**伝導チャネル**（キャリヤの通過する経路）の動作を実線か破線かで表しています．図の矢印の向きは FET 内に構成される pn 接合を表していますが，ゲートには逆方向の電圧を加えるので電流 I_G は流れません．

(2) FET の動作原理

(a) 接合形 FET

n チャネルの接合形 FET の動作原理を説明します．**図 1-38** (a) のようにドレーン-ソース間に電源 V_{DS} を接続し，$V_{GS} = 0$ とした場合，ドレーン-ゲート間は pn 接合に逆電圧がかかった状態となり，ゲートの周辺に空乏層が発生します．キャリヤである自由電子は，この空乏層を避けるようにドレーンに到達し，このときキャリヤの通る経路を**チャネル**といいます．ドレーン電流 I_D は V_{DS} の上昇に比例して増加し，同時に空乏層も広がります．

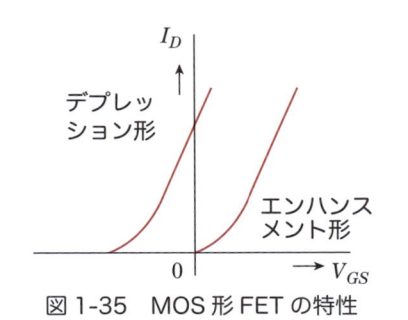

図 1-35　MOS 形 FET の特性

図 1-36　FET の外観

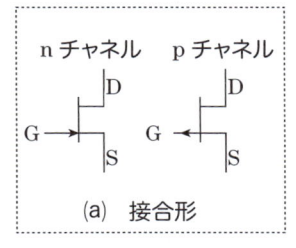

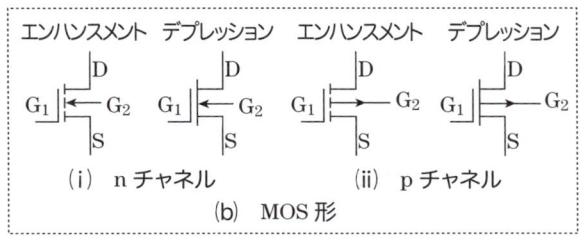

図 1-37　FET の図記号

(a) 接合形

(b) MOS 形
(i) n チャネル　(ii) p チャネル

しかし，チャネルを完全にふさぐわけではないので，ある電圧に達すると電流は飽和してほぼ一定となります．このときの電圧を**ピンチオフ電圧** V_P，**飽和電流**を I_{DSS} といいます．

次に，図1-38(b)のようにゲート電源を接続するとゲート－ソース間のpn接合部に逆電圧がかかり，さらに空乏層が広がりチャネルが狭まるので，図1-38(a)に比べると I_D が流れにくい状態となります．最後に，逆電圧 V_{GS} をさらに大きくすると，図1-38(c)のようにn形の層一杯に空乏層が広がり，ついにはチャネルをふさいでしまうのでキャリヤの移動がなくなり，I_D はほとんど流れなくなってしまいます．このように，電圧 V_{DS} が一定で $I_D = 0$ となるようなゲート－ソース電圧 V_{GS} を**ゲート・ピンチオフ電圧**，または，**カットオフ電圧** $V_{GS\,(off)}$ といい，FETはゲート電圧 V_{GS} を変えることでドレーン電流 I_D を制御できるのです．

(b) エンハンスメント形のMOS形FET

図1-39(a)のように，エンハンス

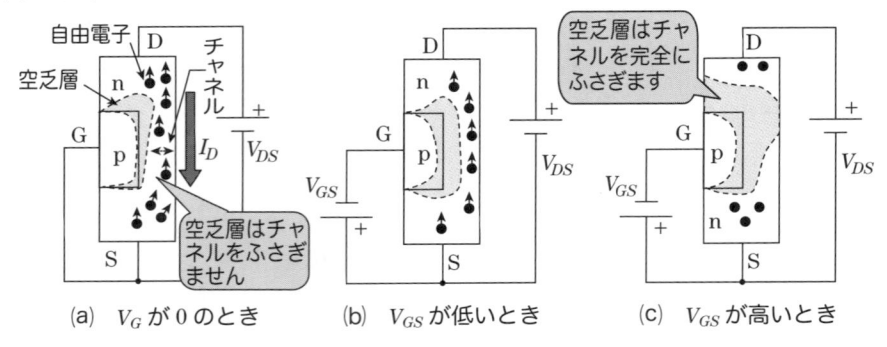

(a) V_G が0のとき (b) V_{GS} が低いとき (c) V_{GS} が高いとき

図1-38 接合形FETの動作

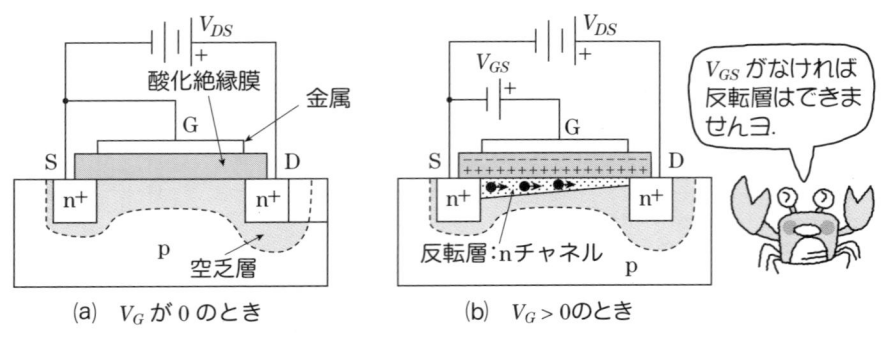

(a) V_G が0のとき (b) $V_G > 0$ のとき

図1-39 エンハンスメント形のMOS形FETの動作

メント形のnチャネルのMOS形FETは，ドレーン-ソース間に電源V_{DS}を接続した状態では空乏層ができ，キャリヤはドレーン-ソース間を移動できません．しかし，図1-39(b)のように，ゲートに電圧V_{GS}を加えると絶縁膜表面の金属側に負の電荷，半導体側に正の電荷がそれぞれ誘起されます．この正の電荷により，絶縁膜付近の半導体表面に存在していた正孔が反対側に押しやられ，負電荷を持つイオン化したアクセプタが残り空乏層が形成されます．逆に，絶縁膜に接したp形半導体表面には電子が誘起され，伝導電子のある**反転層**が形成されます．

さらにV_{GS}を上昇しても，反転層の伝導電子濃度が高くなるだけで空乏層の幅自体は変化せずに，誘起される負の電荷，正の電荷がそれぞれ増加します．やがて伝導電子濃度がp形半導体内部の正孔濃度に等しくなると，絶縁膜付近は図1-39(b)のようにnチャネルとなり，ドレーンからソースへの電流が流れ始めます．このときのI_DはV_{GS}の増加の2乗に比例した特性を示します．なお，反転層ができてI_Dが流れ出す電圧を**しきい値電圧（スレッショルド電圧）**V_{Tn}といい，pチャネルの場合は，V_{Tp}で表します．

次に，nチャネルが形成されI_Dが流れている状態でV_{DS}を上昇させていくと，空乏層が広がりますが，I_DはV_{DS}にほぼ比例して増加するので，FETは線形領域で動作していることを示します．さらにV_{DS}を上昇させていくと，やがてV_{DS}がV_{GS}を打ち消して図1-40のようにチャネルが維持できなくなり切断され始めます．このときの電圧V_{DS}を**ピンチオフ電圧**V_Pといいますが，V_{GS}による電界をV_{DS}による電界が打ち消し始める電圧なので，このときのV_{GS}とほぼ等しくなります．この関係からV_{DS}が上昇するとピンチオフ電圧も変化しますが，$V_{DS} > V_P$の飽和状態までなると図1-41のように完全にチャネルは切断されてしまいます．

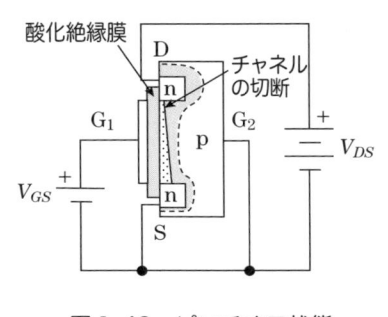

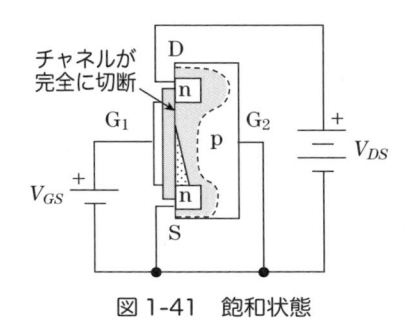

図1-40　ピンチオフ状態

図1-41　飽和状態

1-4　電界効果トランジスタ（FET）

このように，ゲート電圧によってチャネルの幅を変化させることでドレーン電流 I_D を制御することができるわけです．

(c) **デプレッション形の MOS 形 FET**

図 1-42 のように，**デプレッション形**のn チャネルの MOS 形 FET の構造もエンハンスメント形とほぼ同じですが，p 形シリコンの表面の一部にあらかじめ多量に不純物を拡散することでn チャネルを形成します．あるいは，p 形シリコンを水蒸気中で加熱して生成した酸化膜の中に生じたイオンの作用によって，酸化膜の下のシリコン表面に自由電子を蓄積させ，自然に反転層を形成してn チャネルとします．いずれの場合も，あらかじめn チャネルが形成されているため，ゲート電圧 $V_{GS} = 0$ でもドレーン電流 I_D が流れることになり，$V_{GS} < 0$ とすることで図 1-42 のようにp 形の反転層ができてチャネルが狭くなるので，I_D が流れにくくなります．逆に，$V_{GS} > 0$ とすると，n チャネルの幅が広がり I_D が流れやすくなります．なお，p チャネルの場合には，自由電子を正孔に置き換えるとほぼ同じような動作原理となります．

(3) **FET の静特性**

(a) **接合形 FET の静特性**

トランジスタの静特性の測定と同様に，**図 1-43** のように，FET の静特性を測定できます．また，この電圧と電流の関係を表したものを FET の**静特性曲線**といいます．ここでは，一般的な接合形 FET について，静特性を求めることにします．FET の特性は，ドレーン電流 I_D，ドレーン - ソース間電圧 V_{DS}，ゲート - ソース間電圧 V_{GS} の 3 つのパラメータで表されます．FET の静特性には，

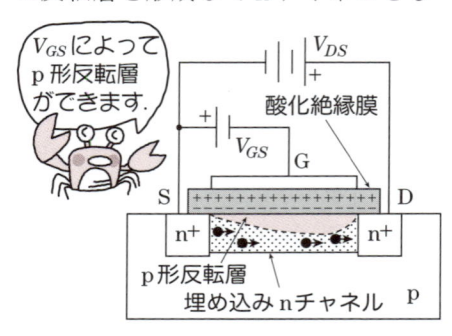

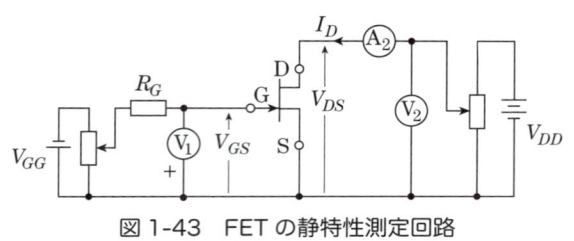

図 1-42　デプレッション形の MOS 形 FET

図 1-43　FET の静特性測定回路

① V_{GS}-I_D 特性（伝達特性）
② V_{DS}-I_D 特性（出力特性）

があります．ソース接地方式についてそれぞれの特性を説明します．

① V_{GS}-I_D 特性（伝達特性）

ドレーン－ソース間電圧 V_{DS} を一定として，ゲート－ソース電圧 V_{GS} を変化させたときのドレーン電流 I_D の変化を示すもので，**伝達特性**ともいい図 1-44(a)のようになります．I_{DSS} にはばらつきがあるので，一般のデータシートには複数の特性が示されています．$I_D \fallingdotseq 0$ となるときの V_{GS} を**ゲート・ピンチオフ電圧** V_P，または，**ゲート・カットオフ電圧** $V_{GS\,(off)}$ といいます．また，$V_{GS} = 0$ のときの I_D の飽和電流を I_{DSS} で表します．制御電圧である V_{GS} を変化させることで，出力電流の I_D が変化できることが分かります．

② V_{DS}-I_D 特性（出力特性）

V_{GS} を一定として V_{DS} を変化させたときの I_D の変化を示すもので，**出力特性**といい図 1-44(b)のようになります．$V_{GS} = 0\text{V}$ 一定にして V_{DS} を増加させると，このように I_D は増加しますが，空乏層の幅が広がり I_D が増加しなくなります．このときの V_{DS} をピンチオフ電圧 V_P といいますが，V_{GS} による電界を V_{DS} による電界が打ち消し始める電圧なので，ゲート・ピンチオフ電圧 V_P とほぼ等しくなります．V_{GS} が V_P を超えるまでは**線形領域**であり，徐々に I_D が増加し，V_P を超えると I_D が飽和して増加せず一定となり**飽和領域**となります．つまり，$V_P + V_{GS}$ の軌跡に対して，線形領域と飽和領域に分かれることになります．飽和領域では，V_{GS}-I_D 特性の近似式は，式（1-7）で示されます．

$$I_D = I_{DSS}\left(1 - \frac{V_{GS}}{V_P}\right)^2 \quad (1\text{-}7)$$

n チャネルの接合形 FET の静特性の実際の例（2SK30ATM）を図 1-45，図 1-46 に示します．この

(a) V_{GS}-I_D特性　　(b) V_{DS}-I_D特性

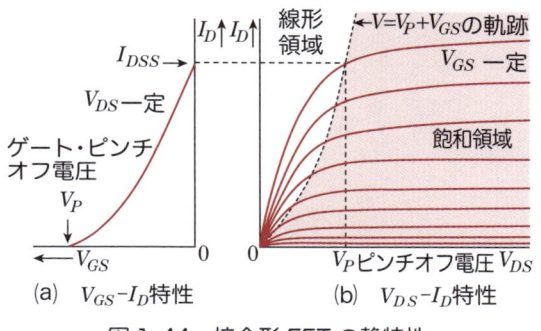

図 1-44　接合形 FET の静特性

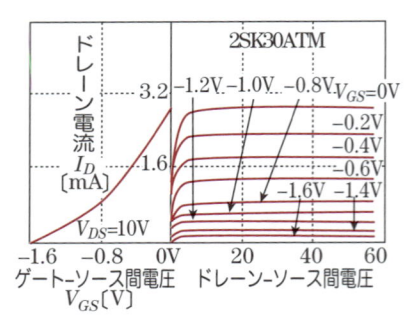

図 1-45　静特性

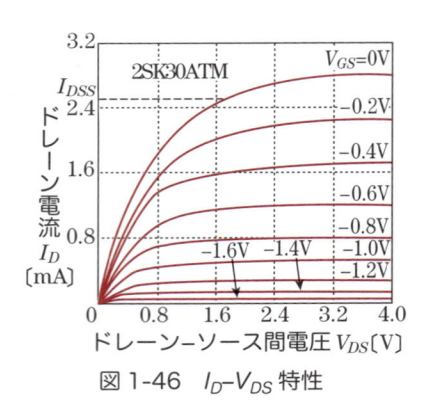

図 1-46　I_D-V_{DS} 特性

例では，カットオフ電圧 $V_{GS(off)}$ は -1.6V となります．

(b) **エンハンスメント形の MOS 形 FET の静特性**

エンハンスメント形の MOS 形 FET の直流特性は，**図 1-47**，**図 1-48** のようになります．図に示すように，$V_{GS} = 0$ V の場合には，接合形 FET とは異なりドレーン電流 I_D は流れません．大きな電力を扱うことのできるパワー MOS 形 FET は，エンハン

スメント形が一般的です．

(c) **デプレッション形の MOS 形 FET の静特性**

デプレッション形の MOS 形 FET の直流特性は，**図 1-49**，**図 1-50** のようになります．これらの直流特性は，接合形 FET とほぼ同じです．図に示すように $V_{GS} = 0$ V の場合でも，V_{DS} を加えると接合形 FET と同様にドレーン電流 I_D が流れます．

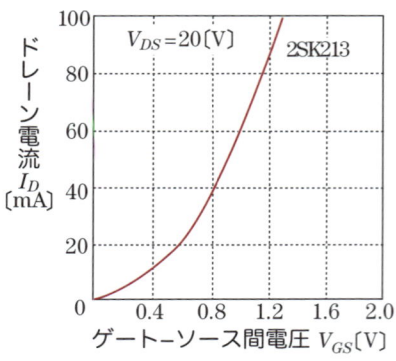

図 1-47　エンハンスメント形 MOS-FET の I_D-V_{GS} 特性

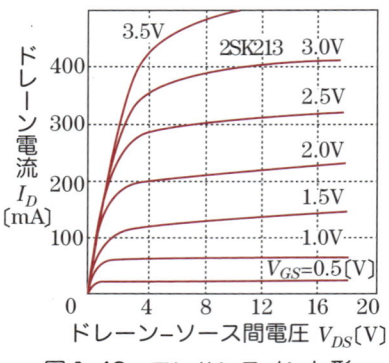

図 1-48　エンハンスメント形 MOS-FET の I_D-V_{DS} 特性

28　　第 1 章　電子デバイス

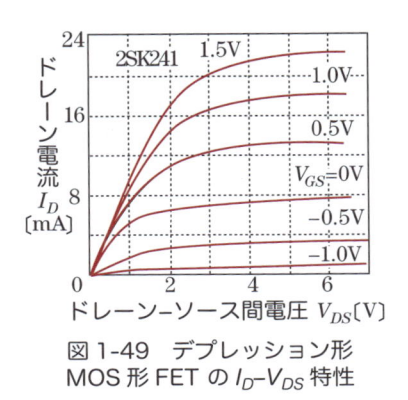

図1-49 デプレッション形MOS形FETのI_D-V_{DS}特性

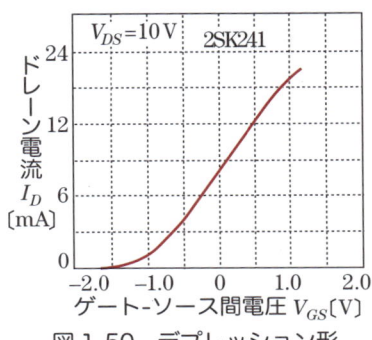

図1-50 デプレッション形MOS形FETのI_D-V_{GS}特性

(d) MOS形FETと接合形FETの比較

MOS形FETと接合形FETを比較すると，次のような違いがあります．

- MOS形FETの方が入力インピーダンスが高い．
- 製造技術上，微細な構造のものが比較的作りやすく集積回路に適している．
- 絶縁膜が静電破壊に弱い．
- 高周波特性のよいMOS形FETをつくることができます．

例題 1-5 次のそれぞれの文章中の□に適する語句を記入しなさい．

① 2種類のキャリヤを使用するトランジスタを [(a)] トランジスタといい，FETはキャリヤを1種類しか使わないので [(b)] トランジスタといいます．

② MOS形FETの [(a)] 形は，V_{GS}が0V付近を超えるとドレーン電流I_Dが最大になるタイプで，[(b)] 形はV_{GS}が0VのときにI_Dが0で，V_{GS}が+になるとI_Dが流れるタイプです．

③ nチャネルのエンハンスメント形のMOS形FETは，正の電圧V_{GS}を加えると絶縁膜表面に接したp形半導体表面に電子が誘起され [(a)] が形成されて [(b)] チャネルとなります．

④ nチャネルの [(a)] 形のMOS形FETは，p形シリコンの表面に多量に不純物を [(b)] ・拡散しnチャネルを形成します．

⑤ V_{DS}-I_D特性でV_{GS}がV_Pを超えるまでは，[(a)] 領域なので徐々にI_Dが増加し，V_Pを超えるとI_Dが飽和して増加せず一定となる [(b)] 領域になります．

解答

① (a) バイポーラ (b) ユニポーラ
② (a) デプレッション (b) エンハンスメント
③ (a) 反転層 (b) n
④ (a) デプレッション (b) ドープ
⑤ (a) 線形 (b) 飽和

1-5 集積回路（IC）

(1) 集積回路とは

集積回路は，トランジスタ，ダイオードなどの能動素子や，抵抗，コンデンサなどの受動素子を集約して基板上に配置し，特定の機能を果たす電子回路を1つの小型パッケージにまとめた半導体素子で，**IC**（integrated circuit）と言われます．1959年頃に考案され，その後，半導体製造技術の進歩により，回路規模，性能，機能が向上し，現在では様々な機器に組み込まれています．

ICは，すべての回路を拡散技術で同一の基板上に一括して製作した**モノリシックIC**（monolithic IC，単一的なIC）と拡散技術と薄膜技術で製作した個々の回路素子を，蒸着や銅線で接続し，1つのパッケージに納めた**ハイブリッドIC**（hybrid IC，複合型のIC）に大別できます．集積回路には，次のような特徴があります．

- 非常に小型．実装密度が極めて高い．トランジスタ，ダイオード，抵抗，コンデンサなどの素子を1cm^{2}当たり10^4個程度実装する．
- 信頼性が極めて高い．素子間を結ぶ配線の接続点が少なく，個別部品の集合に比べて信頼性が高い．
- また，製造工程の自動化により安定した品質管理が可能で製品の品質を一定に保てる．
- 経済的．同一の回路を多数使用するCPUなど，大量生産に向いたものは価格が安くなる．

ここでは，モノリシックICの製法について説明します．

(2) ICの製法

シリコン集積回路は，シリコンウェーハという厚さ300～500μmのシリコン単結晶の表面に作成します．シリコン単結晶は図1-51に示すグラファイト製のるつぼで溶かしたSiをゆっくりと引き上げる**CZ法**（引き上げ法）やコイルのヒータでシリコンの一部を溶かしながら不純物を移動させて純度をあげる**FZ法**（浮遊帯溶融法）がありますが，CZ法によるものが多く用いられます．モノリシック

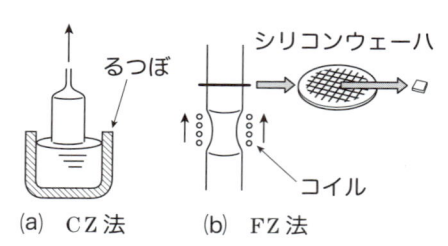

(a) CZ法　　(b) FZ法

図1-51　CZ法とFZ法

ICの製作法は，単純に言うと，シリコンウェーハから作成した半導体基板上に，回路素子や配線など微細な回路を定着させる拡散技術によって行われます．ICの外観の例を図1-52に示します．

拡散法によるIC内のトランジスタの製作の流れを図1-53に示します．ここでは，基板表面の不要な部分の除去を化学反応や物理的効果で取り除く**エッチング**や，光を利用してSi基板上に必要な図形を作成する**フォトリソグラフィ**などの技術を組み合わせてSiO_2膜の除去が行われます．図1-54に，具体的なIC回路の例として2入力TTL NAND回路の例を示します．一般に，1チップに収められた素子数が1000～10万程度のものを**LSI**（large scale itegrated circuit），10万を超えるものをVLSI（Vは，veryの頭文字），1000万を超えるものをULSI（Uは，ultraの頭文字）と呼んで区別していたこともありましたが，こうした区別は現在ではほとんど使われていません．

① p形Si基板の表面に酸化膜（SiO_2）の形成
② 酸化膜除去による窓空け
③ ドナー不純物の拡散によるコレクタとなるn層の形成
④ 再成長させた酸化膜除去による窓空け
⑤ アクセプタ不純物の拡散によるベースとなるp層の形成
⑥ 再成長させた酸化膜を除去し窓空け
⑦ エミッタとなるn形の拡散と金属端子を取り付け，全面酸化膜で保護皮膜作成

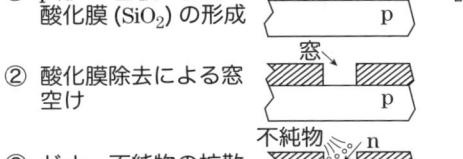

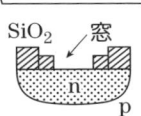

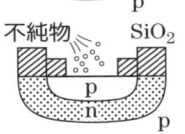

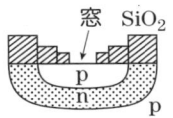

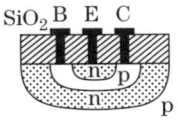

図1-53 拡散法によるIC製造過程

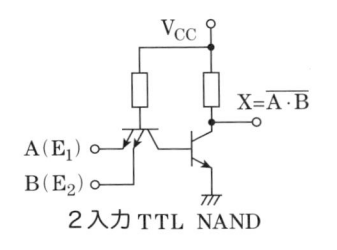

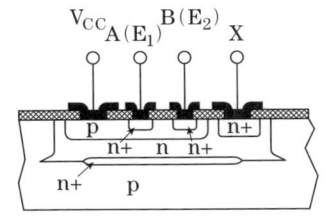

2入力 TTL NAND

図1-52 ICの外観

図1-54 ICの構造例

1-5 集積回路（IC）

章 末 問 題 1

1 次の文章の☐に適する数字や語句などを記入し文章を完成しなさい．

　半導体の不純物を取り除いて非常に高純度に精製したシリコンなどの☐価の☐半導体に，☐族の不純物，例えば，リン，ひ素，アンチモンを極微量加えた不純物半導体を，負の自由電子が多数キャリヤであることから negative が支配的な半導体という意味の頭文字をとって，☐形半導体と呼びます．

2 価電子帯，伝導帯，禁制帯について説明しなさい．

3 真性半導体は非常に純度が高いにもかかわらず常温では電流を非常に流しにくく，不純物を混ぜた不純物半導体の方が電流を流しやすくなる．この理由を説明しなさい．

4 図 1-19 (a) の回路で，$E = 3\text{V}$，$R = 75\Omega$ のときの動作点 Q における I_{DQ} と V_{DQ}，および動作抵抗 r_D を求めなさい．ただし，ダイオードの V_D-I_D 特性は**図 1-55** とする．

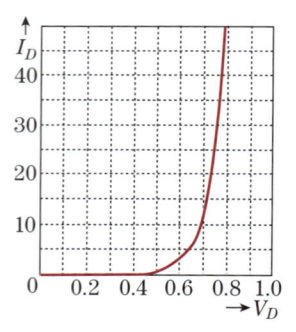

図 1-55　V_D-I_D 特性

5 FET のピンチオフ電圧について説明しなさい．

6 CZ 法と FZ 法をそれぞれ説明しなさい．

第2章 増幅回路の基礎

　この章では，電子回路の基本となるトランジスタやFETを使用した増幅回路の基礎やバイアス回路やトランジスタ，FETの動作を理論的に捉えるための等価回路などについて説明します．また，基本的な増幅回路として，RC結合増幅回路とトランス結合増幅回路などについても学習します．

2-1 基本的な増幅回路

(1) 増幅回路とは

増幅回路は，図2-1のように，電源から供給されたエネルギーを入力された電気信号で制御し，大きな出力の電気信号に変換する働きをもった電子回路のことです．トランジスタやFETなどの増幅作用を持つ半導体素子を用いることで，電流や電圧および電力を大きくすることができます．例えば，トランジスタを用いると，ベース電流の小さな変化を，コレクタ電流の大きな変化として取り出すことができますし，FETを用いた場合には，ゲート電圧の小さな変化を，ドレーン電流の大きな変化として取り出すことができます．ここでは，図2-2のようなエミッタ接地方式に交流信号を加えた増幅回路について，第1章で説明したトランジスタの静特性を基に，増幅動作を説明します．この回路では，無信号の状態で図2-3(a)のように，直

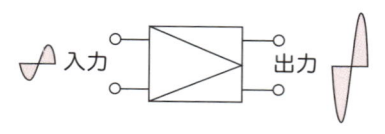

図2-1 増幅回路

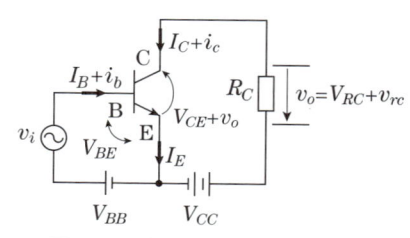

図2-2 交流信号を加えた回路

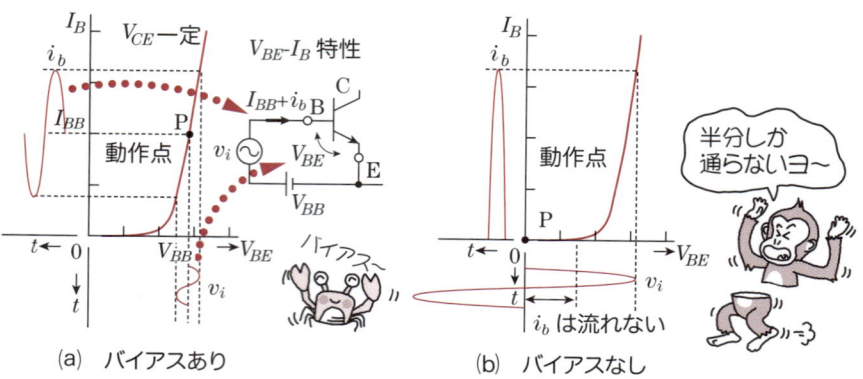

(a) バイアスあり (b) バイアスなし

図2-3 バイアスの効果

流のベース電流 I_B が流れるように電源 V_{BB} を設定します．これを**ベース・バイアス電源**，または，単に**バイアス電源**といいます（詳しくは，2.3 バイアス回路で説明します）．バイアス電源がない場合には，図 2-3 (b) の V_{BE}-I_B 特性から分かるように，V_{BE} が 0.6 V 付近まで I_B が流れないので，入力信号の負の部分の I_B が出力されず，正しく増幅できません．それでは，**図 2-4** のように，バイアス電源を適切に設定した状態で増幅動作を考えることにします．

① 信号入力 v_i を加えると，直流分 V_{BB} と交流分 v_i が重畳した波形 $V_{BB} + v_i$ がベースに加わり，バイアス電圧 V_{BB} を中心に交流分 v_i が変化します．このときの中心となる点 P を**動作点**といいます．

② 次に，波形 $V_{BB} + v_i$ が加わることで V_{BE}-I_B 特性によって，直流分 I_{BB} と交流分 i_b が重畳したベース電流 $I_{BB} + i_b$ が流れます．

③ ベース電流 $I_{BB} + i_b$ が流れることで，V_{CE}-I_C 特性によって，直流分 I_C と交流分 i_c が重畳したコレクタ電流 $I_C + i_c$ が流れます．このとき，ベース電流の変化 i_b をコレクタ電流の変化 i_c として取り出すための直線のことを**負荷線**といいます．

④ コレクタ電流 I_C が変化することによって，同時に，コレクタ電圧 V_{CE} も変化するので，直流分 V_{CE} と交流分 v_o の重畳した出力電圧 $V_{CE} + v_o$ が，やはり負荷線を利用して取り出せることになります．

なお，エミッタ接地方式の場合，出力信号 v_o は，入力信号 v_i が増加するときに減少し，v_i が減少するときに増加するので，位相が反転していること

(a) V_{BE}-I_B 特性　　(b) V_{CE}-I_C 特性

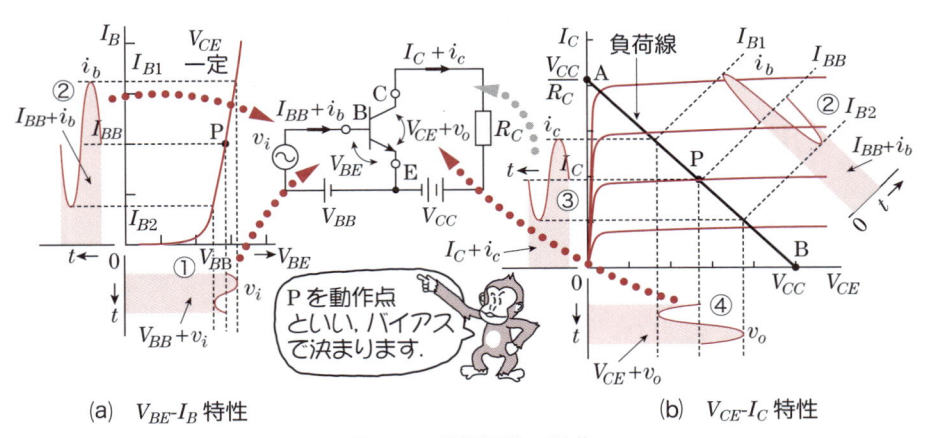

図 2-4　増幅回路の動作

2-1　基本的な増幅回路

が分かります．次に，図2-2の回路について，もう少し具体的に式を用いてその動作を調べてみます．直流分に着目すると，コレクタ抵抗 R_C にかかる電圧 V_{RC} とコレクタ-エミッタ間の電圧 V_{CE} は式（2-1），式（2-2）で表されます．

$$V_{RC} = I_C \times R_C \qquad (2\text{-}1)$$

$$\begin{aligned}V_{CE} &= V_{CC} - V_{RC} \\ &= V_{CC} - I_C \times R_C \end{aligned} \qquad (2\text{-}2)$$

また，交流入力 v_i を直列に加えた場合には，交流分を英小文字で表すと，式（2-2）から次の式（2-3）が導き出されます．

$$V_{CE} + v_o = V_{CC} - (I_C + i_c) \times R_C \qquad (2\text{-}3)$$

式（2-2）と式（2-3）から交流分のみに着目すると，式（2-4）が導き出されます．

$$v_o = -i_c \times R_C \qquad (2\text{-}4)$$

つまり，コレクタ電流 i_c はベース電流 i_b よりかなり大きいことから，コレクタ抵抗 R_C を適切な大きな値にすることで，入力電圧 v_i よりも大きな出力電圧 v_o が得られるので，電圧増幅も可能であることが分かります．

(2) 交流信号の取り出し方

交流分（信号成分）と直流分が重畳した状態から出力信号の交流成分を取り出すためには，出力信号の直流分を遮断するために**図2-5**のように，**結合コンデンサ** C_C（coupling condenser）を直列に挿入します．コンデンサの値は，周波数特性に影響するので，対象となる信号の周波数で十分リアクタンスが小さくなるようにします．

(3) トランジスタの接地方式

トランジスタの3つの端子のうち，どれを接地または共通にするかによって，**図2-6**に示す原理図のように，トランジスタでは，**エミッタ接地方式**，**ベース接地方式**，**コレクタ接地方式**の

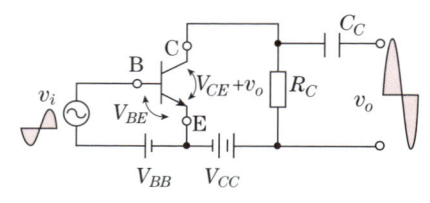

図2-5 結合コンデンサ

(a) エミッタ接地 (b) ベース接地 (c) コレクタ接地

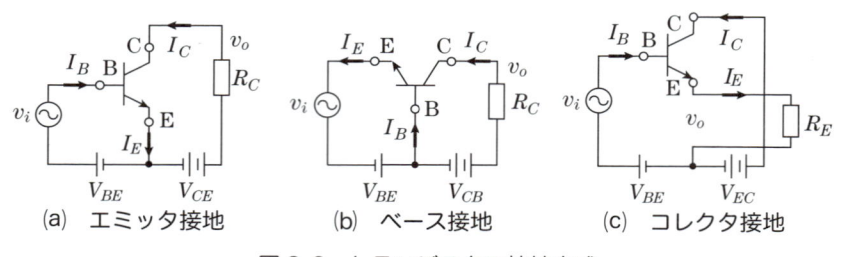

図2-6 トランジスタの接地方式

3つの方式があります．いずれの回路も v_i が入力，v_o（R_C，または R_E の端子電圧）が出力になります．実際の回路では，この図に必要な抵抗やコンデンサなどの素子を組み合わせて増幅回路を構成します．それぞれのトランジスタの接地方式の特徴を**表 2-1** に示します．この表で大・中・小という表現は，それぞれの接地方式との比較で示したもので，絶対的な値ではありません．

(a) エミッタ接地方式

エミッタ接地方式の基本的な原理図を図 2-6(a)に示します．この接地方式は，表 2-1 に示すように，中程度の電圧増幅，電流増幅および電力増幅が可能です．入力・出力インピーダンスは中ぐらいで，他の 2 つの方式と異なり，入力と出力の位相が反転します．また，周波数特性は他の方式と比較するとあまり良くないのですが，トランジスタ自体の性能の向上に助けられ，周波数特性が改善されたことにより，現在では最もよく用いられる接地方式です．

(b) ベース接地方式

ベース接地方式の基本的な原理図を図 2-6(b)に示します．この接地方式は，入力電流と出力電流がほぼ等しいので電流増幅はできませんが，中程度の電圧増幅と電力増幅が可能です．入力イ

表 2-1　トランジスタの各接地方式の特徴

	エミッタ接地	ベース接地	コレクタ接地
入力インピーダンス（R_i）	中（数 kΩ）	低（数十 Ω）	高（数十 kΩ 以上）
出力インピーダンス（R_o）	中（数 kΩ）	高（数百 kΩ）	低（数百 Ω）
電圧増幅度（A_v）	中（数千倍）	大（負荷抵抗が大きいとき）	なし（≒1）
電流増幅度（A_i）	中（数倍～数十倍）	なし（≒1）	大（数十倍）
電力利得（P_G）	中（数百倍）	中（数百倍）	小（数十倍）
入出力波形の位相	逆相	同相	同相
周波数特性	普通	良い	良い
備考	最もよく利用される．	—	エミッタホロワともいう．バッファ回路に使用する．

ンピーダンスに比べて出力インピーダンスが非常に高く，入力と出力の位相は同相となります．なお，電圧利得を得るためには，負荷インピーダンスを大きくする必要があります．また，周波数特性が良いことから，以前はラジオなどの高周波増幅回路によく使用されていましたが，トランジスタ自体の性能の向上により，入力インピーダンスが低くて使い勝手の悪いベース接地方式はあまり使用されなくなっています．

(c) コレクタ接地方式

コレクタ接地方式の基本的な原理図を図 2-6(c)に示します．コレクタ接地方式は，**エミッタホロワ**とも呼ばれます．ベース接地方式とは逆に大きな電流増幅が可能ですが，電圧増幅はできません．入力インピーダンスがかなり高く，出力インピーダンスが低いという理想的な増幅器の条件を満たしています．出力の位相が反転して入力に戻る負帰還の働きで，ひずみが少なく周波数特性も良くなります．また，入力と出力の位相は同相となります．なお，入力と出力の干渉がないことから，回路間の干渉をなくすための**バッファ回路**としても使用されます．

(4) FET の接地方式

トランジスタ同様に，図 2-7 に示すように，FET では，**ソース接地方式**，**ゲート接地方式**，**ドレーン接地方式**の 3 つの方式があります．それぞれの FET 接地方式の特徴を**表 2-2** に示します．表 2-1 と同様に，この表で大・中・小という表現は，それぞれの接地方式との比較で示したもので，絶対的な値ではありません．

(a) ソース接地方式

ソース接地方式の基本的な原理図を図 2-7(a)に示します．トランジスタのエミッタ接地方式に相当します．表 2-2 に示すように，電圧増幅，電流増幅，電力増幅のいずれも大きくなります．入力電流が流れないので，入力インピーダンスは理論的には無限大になり，出力インピーダンスは中ぐらいです．エミッタ接地方式と同様に，他の

(a) ソース接地　　(b) ゲート接地　　(c) ドレーン接地

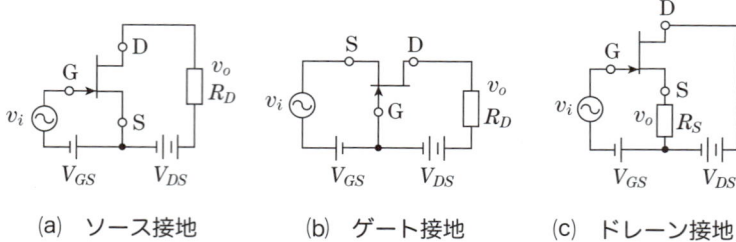

図 2-7　FET の接地方式

表 2-2　FET の各接地方式の特徴

	ソース接地	ゲート接地	ドレーン接地
入力インピーダンス（R_i）	無限大	小	大
出力インピーダンス（R_o）	中	中	低
電圧増幅度（A_v）	大	大	なし（≒1）
電流増幅度（A_i）	大	なし（≒1）	大
電力利得（P_G）	大	中	中
入出力波形の位相	逆相	同相	同相
周波数特性	普通	良い	良い
備　　　考	最もよく利用される．	—	ソースホロワともいう．バッファ回路に使用する．

方式と異なり，入力と出力の位相が反転します．また，周波数特性は他の方式と比較するとあまり良くないのですが，FET 自体の性能の向上に助けられ，周波数特性が改善されたことにより，現在では最もよく用いられる接地方式です．

(b)　ゲート接地方式

ゲート接地方式の基本的な原理図を図 2-7(b)に示します．入力電流と出力電流がほぼ等しいので電流増幅はできませんが，電圧増幅は大きいので，電力増幅が可能です．入力インピーダンスに比べて出力インピーダンスが非常に高く，入力と出力の位相は同相となります．なお，電圧利得を得るためには，負荷インピーダンスを大きくする必要があります．周波数特性は良いので，高周波増幅回路に向いています．しかし，入力インピーダンスが低くて使い勝手が悪いので注意が必要です．

(c)　ドレーン接地方式

ドレーン接地方式の基本的な原理図を図 2-7(c)に示します．エミッタホロワと同様に，ドレーン接地方式は，**ソースホロワ**とも呼ばれます．ゲート接地方式とは逆に大きな電流増幅が可能ですが，電圧増幅はできません．入力インピーダンスが高く，出力インピーダンスが低いという理想的な増幅器の条件を満たし，負帰還の働きでひずみが少なく周波数特性も良くなります．また，入力と出力の位相は同相となります．さらに，エミッタホロワと同様に，入力と出力の干渉がないことから，回路間の干渉をなくすためのバッファ回路としても使用されます．

―┌ <信号表記の付け方> ―――――――――――――――――――――――

本書では，大文字は直流，小文字は交流を表し，次の添字で内容を説明します．

第1添字 　(1)　記号の補足　　例：A_{GND}
　　　　　　(2)　電極の位置　　例：I_C
　　　　　　(3)　伝達の方向　　　i：入力　r：逆方向　f：順方向　o：出力　例：h_{fe}

第2添字 　接地電極，接地方式などを示します　　例：V_{CBO}, h_{fe}

第3添字 　(1)　第1，第2添字以外の電極の状態
　　　　　　　　S：第3電極を接地電極に短絡
　　　　　　　　R：第3電極と接地電極との間に規定の抵抗を接続
　　　　　　　　O：第3電極を開放．例：V_{CBO}
　　　　　　(2)　素子の電気的状態
　　　　　　　　　　（sat）：素子が飽和状態　　（off）：素子が遮断状態　　例：$V_{CE(sat)}$

V_{BE}　▷ 直流電圧
（大文字／大文字）　第2添字は，E点から見たB点の電圧を表し，一方の点が明確な場合は第1添字で表します．

I_B　▷ 直流電流
（大文字／大文字）　第1添字は，I_Bの場合，B点を流れている電流を表します．

V_{be}　▷ 交流電圧の実効値
（大文字／小文字）

I_b　▷ 交流電流の実効値
（大文字／小文字）

v_{BE}　▷ 直流分を含む変化する電圧の瞬時値
（小文字／大文字）

i_B　▷ 直流分を含む変化する電流の瞬時値
（小文字／大文字）

v_{be}　▷ 変化する電圧の交流分の瞬時値
（小文字／小文字）

i_b　▷ 変化する電流の交流分の瞬時値
（小文字／小文字）

2-2 等価回路

(1) 等価回路とは

トランジスタや FET のように増幅作用のある部品を**能動素子**といい，抵抗やコンデンサのように増幅作用のない部品を**受動素子**といいます．能動素子の動作を調べる場合には，信号電圧や信号電流間に成り立つ関係などを電気的な動作の等しい素子で置き換えると，物理的な動作を考えなくてもよくなり，回路動作を解析しやすくなります．このように，電気的な動作の等しい素子で置き換えた回路を**等価回路**といいます．増幅回路は，図2-8(a)の入力端子と出力端子がそれぞれ2つある四端子回路網で表すことができ，等価回路で表せば動作を解析することができます（出力電流 i_2 の向きに注意してください）．ただし，h_i，h_f，h_r，h_o は式 (2-5) のように定義され，この定数を **h パラメータ**（hybrid parameter），または **h 定数**といいます．なお，式 (2-5) の無名数とは，単位がないことを意味します．また，出力端短絡や入力端開放は，交流動作に対するものですから，図2-8(c)のように大容量のコンデンサを出力側に接続したり，図2-8(b)のように入力端に測定周波数でリアクタンスが十

(a) 四端子回路網

(b) 入力端開放　(c) 出力端短絡

(d) 等価回路による置換

図2-8　四端子回路網

等価回路は小信号の増幅の回路に用います．

$$h_i = \left(\frac{v_1}{i_1}\right)_{v_2=0} \quad \text{出力端短絡の入力インピーダンス〔Ω〕}$$

$$h_f = \left(\frac{i_2}{i_1}\right)_{v_2=0} \quad \text{出力端短絡の電流増幅率（無名数）}$$

$$h_r = \left(\frac{v_1}{v_2}\right)_{i_1=0} \quad \text{入力端開放の電圧帰還率（無名数）} \quad (2\text{-}5)$$

$$h_o = \left(\frac{i_2}{v_2}\right)_{i_1=0} \quad \text{入力端開放の出力アドミタンス〔S〕}$$

※添字の i, r, f, o はそれぞれ input, reverse, foward, output の意味です．エミッタ接地のパラメータの場合には末尾に e を付けて，h_{ie}，h_{re}，h_{fe}，h_{oe}，として表します．

分大きなインダクタンスを接続するなどして実現します．

ところで，この入出力の関係は，式(2-6)，式(2-7)で表すことができます．

$$v_1 = h_i i_1 + h_r v_2 \quad (2\text{-}6)$$
$$i_2 = h_f i_1 + h_o v_2 \quad (2\text{-}7)$$

この h 定数でトランジスタのエミッタ接地回路を置き換えると，図2-8(d)の等価回路となります．なお，ここで用いる**図2-9**の図記号はそれぞれ**理想電圧源**（⊕と⊖の符号のあるもの），**理想電流源**を表し，理想電圧源は，内部抵抗＝0，負荷に関係なく電圧一定，理想電流源は，内部抵抗が∞，負荷に関係なく電流一定と考えます．トランジスタは非線形な素子ですが，**図2-10**のように，直流バイアスを与えて特性曲線上の動作点を中心に線形領域で動作させる場合には，直線の傾きが h パラメータを表すので，傾きが分かればトランジスタの動作特性を考えることができます．エミッタ接地の場合の h パラメータのそれぞれの定義を**表2-3**に示します．h パラメータの値は，トランジスタの種類で異なりますし，同じ型名のトランジスタでも，I_C，V_{CE}，周囲温度や製品ごとのばらつきによる違いもあります．

具体的な h パラメータの例を**表2-4**，**図2-11**に示します．コレクタ電流 I_C の値によって，h パラメータが変動することが分かります．なお，この他に，y パラメータ，z パラメー

⊕ 内部抵抗：0　　内部抵抗：∞
　電圧一定　　　　電流一定
⊖

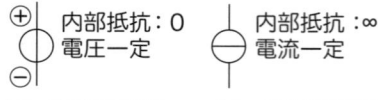

(a) 理想電圧源　　(b) 理想電流源

図2-9　理想電源

網かけは線形領域

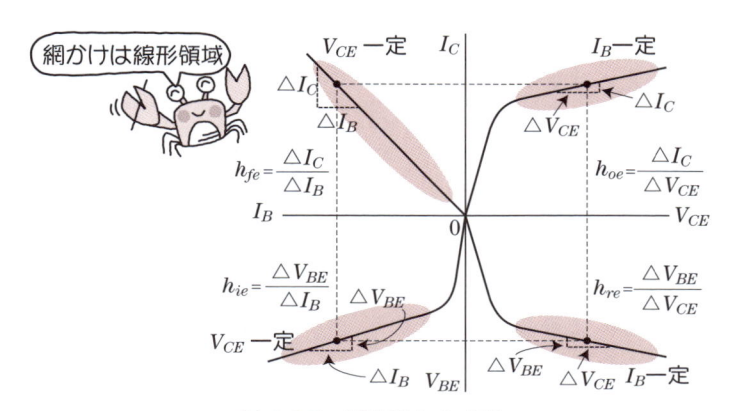

図 2-10 静特性と h 定数

表 2-3 静特性における h パラメータの定義

名 称	式	説 明
入力インピーダンス	$h_{ie} = \dfrac{\triangle V_{BE}}{\triangle I_B}$ 〔Ω〕 (V_{CE} 一定)	V_{BE}-I_B 特性の傾きを示します。添え字 i は input（入力）を表します。
電流増幅率	$h_{fe} = \dfrac{\triangle I_C}{\triangle I_B}$ (V_{CE} 一定)	I_B-I_C 曲線の直線部の傾きを示します。添え字の f は forward（順方向）を表します。
電圧帰還率	$h_{re} = \dfrac{\triangle V_{BE}}{\triangle V_{CE}}$ (I_B 一定)	V_{CE}-V_{BE} 特性の傾きを示します。添え字 r は reverse（逆方向）を表します。
出力コンダクタンス	$h_{oe} = \dfrac{\triangle I_C}{\triangle V_{CE}}$ 〔S〕 (I_B 一定)	V_{CE}-I_C 特性の傾きを示します。添え字 o は output（出力）を表します。

表 2-4 h パラメータの例

h_{ie}	h_{fe}	h_{re}	h_{oe}
12kΩ	300	2.5×10^{-4}	50μS

※2SC1815（I_C = 10mA, V_{CE} = 12V, T_a = 25℃）

タ，T パラメータなど用途に適したパラメータが存在します．ここで，エミッタ接地のトランジスタの h パラメータについて整理すると，**図 2-12**(a) の等価回路は，同図(b)となります．

h パラメータのうち，h_{re}，h_{oe} は，回路動作に比較的影響が少なく，省略できる場合が多く，その場合には，同図(c)の簡易等価回路を用いることができます．エミッタ接地回路の場合，式

(2-6),式 (2-7) は,式 (2-8),式 (2-9) と表されることになります.

$$v_1 = h_{ie}i_1 + h_{re}v_2 \quad (2\text{-}8)$$
$$i_2 = h_{fe}i_1 + h_{oe}v_2 \quad (2\text{-}9)$$

また,ベース接地回路のエミッタ電流とコレクタ電流の比を**ベース接地電流増幅率**(α) といい,h_{fb}(**ベース接地の電流増幅率**)と等しく,ほぼ1 (0.980〜0.995) の値をとります.そして,エミッタ接地回路のベース電流とコレクタ電流の比を**エミッタ接地増幅率**(β) といい,h_{fe} と等しく,50〜300程度の値となります.さらに,α と β の間には式 (2-10) の関係があります.

$$\beta = \frac{\alpha}{1-\alpha} \quad (2\text{-}10)$$

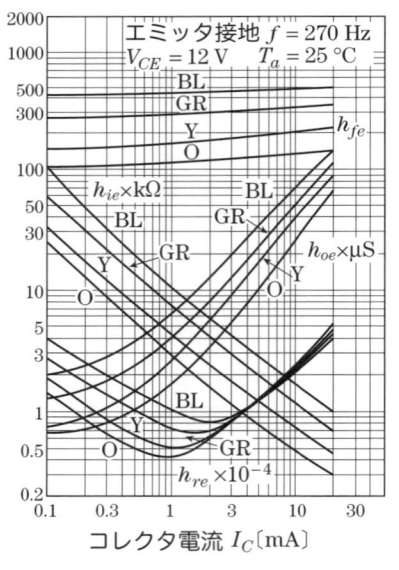

図2-11 h パラメータの例(東芝セミコンダクター社 2SC1815 データシートより)

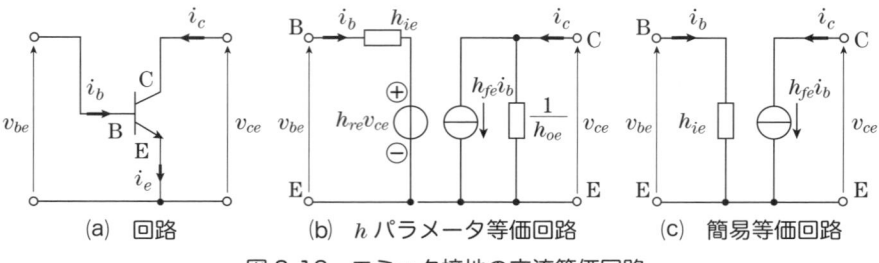

図2-12 エミッタ接地の交流等価回路
(a) 回路　(b) h パラメータ等価回路　(c) 簡易等価回路

第2章 増幅回路の基礎

(2) 等価回路による動作量の計算

等価回路の h パラメータを用いると，図 2-13(a)に示す増幅回路は図 2-13(b)となり，回路の特性などを表す入力抵抗 R_i，出力抵抗 R_o，電流増幅度 A_i，電圧増幅度 A_v，および電力増幅度 A_p などを計算で求められます．これらの値は，接続する信号源の内部抵抗 R_g や負荷抵抗 R_L の値によって変化し，そのときの値を**動作量**といいます．次に，エミッタ接地回路のそれぞれの動作量を具体的に求めることにします．なお，ここでは，式(2-8)，式(2-9)を次の式 (2-11)，式 (2-12) として再掲します．ただし，v_1, v_2, i_1, i_2 をそれぞれ v_i, v_o, i_i, i_o としています．

$$v_i = h_{ie}i_i + h_{re}v_o \quad (2\text{-}11)$$

$$i_o = h_{fe}i_i + h_{oe}v_o \quad (2\text{-}12)$$

(a) 入力抵抗 R_i

入力抵抗 R_i は，式 (2-13) から計算できます．

$$R_i = \frac{v_i}{i_i} \quad (2\text{-}13)$$

また，出力抵抗 R_o に関して式 (2-14) が成り立ちます．

$$v_o = -i_o R_L \quad (2\text{-}14)$$

式 (2-12) を式 (2-14) に代入し整理すると，式 (2-15) となります．

$$v_o = -i_o R_L = -(h_{fe}i_i + h_{oe}v_o)R_L$$

$$v_o = -\frac{h_{fe}R_L}{1 + h_{oe}R_L}i_i \quad (2\text{-}15)$$

次に，式 (2-15) を式 (2-11) に代入して，v_o を消去し整理すると，式 (2-17) となり入力抵抗 R_i が求められます．

$$v_i = h_{ie}i_i + h_{re}\left(-\frac{h_{fe}R_L}{1 + h_{oe}R_L}\right)i_i$$

$$= \left(h_{ie} - \frac{h_{re}h_{fe}R_L}{1 + h_{oe}R_L}\right)i_i \quad (2\text{-}16)$$

$$\therefore R_i = \frac{v_i}{i_i} = h_{ie} - \frac{h_{re}h_{fe}R_L}{1 + h_{oe}R_L}$$

$$= h_{ie} - \frac{h_{re}h_{fe}}{h_{oe} + \frac{1}{R_L}}$$

$$= \frac{h_{ie} + (h_{ie}h_{oe} - h_{fe}h_{re})R_L}{1 + h_{oe}R_L}$$

$$= \frac{h_{ie} + \triangle h R_L}{1 + h_{oe}R_L} \quad (2\text{-}17)$$

ただし，$\triangle h = h_{ie}h_{oe} - h_{fe}h_{re}$

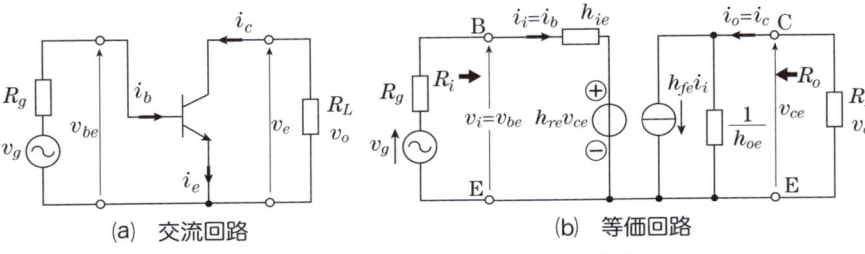

(a) 交流回路　　(b) 等価回路

図 2-13　等価回路による動作量の計算

(b) **出力抵抗 R_o**

入力電圧と信号源の関係の式（2-18）と，式（2-11）を等しいとおいて整理すると，式（2-19）となります．

$$v_i = -i_i R_g \qquad (2\text{-}18)$$

$$-i_i R_g = h_{ie} i_i + h_{re} v_o$$

$$(h_{ie} + R_g) i_i = -h_{re} v_o \qquad (2\text{-}19)$$

式（2-12）を変形して，式（2-19）に代入して i_i を消去し，整理すると，式（2-20）となります．

$i_o = h_{fe} i_i + h_{oe} v_o$ を変形し，

$$i_i = \frac{i_o - h_{oe} v_o}{h_{fe}}$$

これを式（2-19）に代入．

$$(h_{ie} + R_g)\left(\frac{i_o - h_{oe} v_o}{h_{fe}}\right) = -h_{re} v_o$$

$$\therefore R_o = \frac{v_o}{i_o}$$

$$= \frac{h_{ie} + R_g}{h_{oe} h_{ie} - h_{re} h_{fe} + h_{oe} R_g}$$

$$= \frac{h_{ie} + R_g}{h_{oe} R_g + \triangle h} \qquad (2\text{-}20)$$

(c) **電流増幅度 A_i**

式（2-14）を式（2-12）に代入して整理すると，式（2-21）が成り立ちます．

$$i_o = h_{fe} i_i + h_{oe}(-i_o R_L)$$

$$\therefore A_i = \frac{i_o}{i_i} = \frac{h_{fe}}{1 + h_{oe} R_L} \qquad (2\text{-}21)$$

(d) **電圧増幅度 A_v**

式（2-14）と式（2-12）から式（2-22）が成り立ちます．

$$-\frac{v_o}{R_L} = h_{fe} i_i + h_{oe} v_o \qquad (2\text{-}22)$$

また，式（2-11）を変形して式（2-11）′ とし，式（2-22）に代入して整理すると，式（2-23）となります．

$$i_i = \frac{v_i - h_{re} v_o}{h_{ie}} \qquad (2\text{-}11)'$$

$$-\frac{v_o}{R_L} = h_{fe} \cdot \frac{v_i - h_{re} v_o}{h_{ie}} + h_{oe} v_o$$

$$\therefore A_v = \frac{v_o}{v_i}$$

$$= \frac{-h_{fe} R_L}{h_{ie} + (h_{ie} h_{oe} - h_{fe} h_{re}) R_L}$$

$$= \frac{-h_{fe} R_L}{h_{ie} + \triangle h R_L} \qquad (2\text{-}23)$$

信号源電圧 v_i の内部抵抗 R_g を含める場合には，h_{ie} の代わりに，$h_{ie} + R_g$ とすれば求まります．なお，負の符号は，入出力の位相が180°異なることを意味しています．

(e) **電力増幅度 A_p**

$$\therefore A_p = |A_v A_i|$$

$$= \left|\frac{-h_{fe} R_L}{h_{ie} + \triangle h R_L} \times \frac{h_{fe}}{1 + h_{oe} R_L}\right|$$

$$= \frac{h_{fe}^2 R_L}{(h_{ie} + \triangle h R_L)(1 + h_{oe} R_L)}$$

$$(2\text{-}24)$$

以上の結果は，どの接地方式にも成立するので，ベース接地では，h_{ib}, h_{fb}, …，コレクタ接地では，h_{ic}, h_{fc}, …と置き換えます．なお，これらの式は厳密ですが複雑であるため数値計算

が煩雑になるので，一般には，図2-12(c)の簡易等価回路を用いて，**表2-5**に示す近似式が用いられます．

(3) その他の接地回路のパラメータ

図2-14に，エミッタ接地回路，ベース接地回路，コレクタ接地のhパラメータを示します．各接地のhパラメータは相互に変換できます．エミッタ接地のhパラメータで変換したその他の接地のhパラメータを**表2-6**に示します．ここでは，エミッタ接地のhパラメータからベース接地のhパラメータを求めてみます．まず，エミッタ接地とベース接地における電圧と電流の関係は図2-14(a),(b)から式（2-25）の関係が成り立ちます．

表2-5 hパラメータによる動作量（エミッタ接地回路）

動作量	理論式	近似式およびその条件
入力抵抗 R_i	$\dfrac{h_{ie} + \triangle h R_L}{1 + h_{oe} R_L}$ $\triangle h = h_{ie} h_{oe} - h_{fe} h_{re}$	h_{ie} ただし，$h_{re} \ll 1$, $h_{oe} \ll \dfrac{1}{R_L}$, または $R_L \fallingdotseq 0$
出力抵抗 R_o	$\dfrac{h_{ie} + R_g}{h_{oe} R_g + \triangle h}$	$\dfrac{1}{h_{oe}}$ または，∞ ただし，$R_g \gg h_{ie} > h_{fe} h_{re}$, または $R_g \fallingdotseq \infty$
電流増幅度 A_i	$\dfrac{h_{fe}}{1 + h_{oe} R_L}$	h_{fe} ただし，$h_{oe} R_L \ll 1$, または $R_L \fallingdotseq 0$
電圧増幅度 A_v	$\dfrac{-h_{fe} R_L}{h_{ie} + \triangle h R_L}$	$-\dfrac{h_{fe}}{h_{ie}} R_L$ ただし，$h_{re} \ll 1$, $h_{oe} \ll \dfrac{1}{R_L}$
電力増幅度 A_p	$\dfrac{h_{fe}^2 R_L}{(h_{ie} + \triangle h R_L)(1 + h_{oe} R_L)}$	$\dfrac{h_{fe}^2 R_L}{h_{ie}}$ ただし，$h_{re} \ll 1$, $h_{oe} \ll \dfrac{1}{R_L}$

(a) エミッタ接地
$v_{be} = h_{ie} i_b + h_{re} v_{ce}$
$i_c = h_{fe} i_b + h_{oe} v_{ce}$

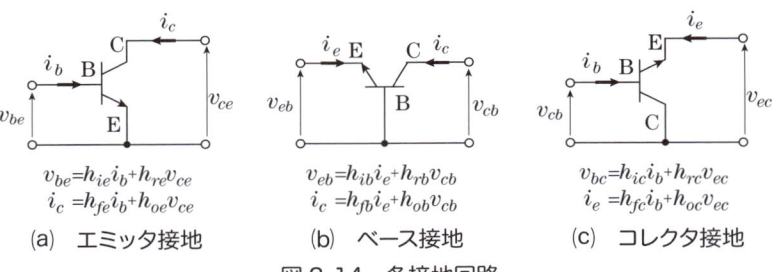

(b) ベース接地
$v_{eb} = h_{ib} i_e + h_{rb} v_{cb}$
$i_c = h_{fb} i_e + h_{ob} v_{cb}$

(c) コレクタ接地
$v_{bc} = h_{ic} i_b + h_{rc} v_{ec}$
$i_e = h_{fc} i_b + h_{oc} v_{ec}$

図2-14 各接地回路

$$\left.\begin{array}{l}v_{be}=-v_{eb}\\v_{ce}=v_{be}+v_{cb}=v_{cb}-v_{eb}\\i_b=-(i_e+i_c)\\i_c=i_c\end{array}\right\} \quad (2\text{-}25)$$

また，式 (2-11)，式 (2-12) を，トランジスタの端子名を用いて，四端子回路網の電圧・電流を置き換えると，次の式 (2-26)，式 (2-27) になります．

$$v_{be}=h_{ie}i_b+h_{re}v_{ce} \quad (2\text{-}26)$$
$$i_c=h_{fe}i_b+h_{oe}v_{ce} \quad (2\text{-}27)$$

この式に，式 (2-25) の関係を代入すると，式 (2-28)，式 (2-29) となります．

$$-v_{eb}=-h_{ie}(i_e+i_c)+h_{re}(v_{cb}-v_{eb}) \quad (2\text{-}28)$$
$$i_c=-h_{fe}(i_e+i_c)+h_{oe}(v_{cb}-v_{eb}) \quad (2\text{-}29)$$

これらの式を整理すると式 (2-30)，式 (2-31) となります．

$$v_{eb}=h_{ie}(i_e+i_c)-h_{re}(v_{cb}-v_{eb}) \quad (2\text{-}30)$$
$$i_c=-h_{fe}(i_e+i_c)+h_{oe}(v_{cb}-v_{eb}) \quad (2\text{-}31)$$

また，ここで，$v_{cb} \gg v_{eb}$ の関係が成り立つので，式 (2-32)，式 (2-33) となります．

表 2-6 h パラメータの換算式

パラメータ	ベース接地	コレクタ接地
h_{ie}	$h_{ib}=\dfrac{h_{ie}}{1+h_{fe}}$	$h_{ic}=h_{ie}$
h_{fe}	$h_{fb}=-\dfrac{h_{fe}}{1+h_{fe}}$	$h_{fc}=-(1+h_{fe})$
h_{re}	$h_{rb}=\dfrac{h_{ie}h_{oe}}{1+h_{fe}}-h_{re}$	$h_{rc}=1-h_{re}\fallingdotseq 1$
h_{oe}	$h_{ob}=\dfrac{h_{oe}}{1+h_{fe}}$	$h_{oc}=h_{oe}$

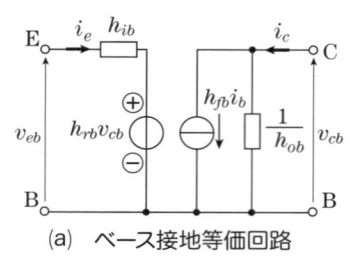

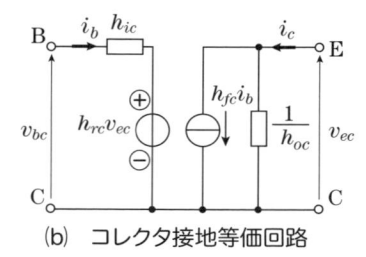

(a) ベース接地等価回路　　(b) コレクタ接地等価回路

図 2-15 エミッタ接地以外の交流等価回路

$$v_{eb} = h_{ie}(i_e + i_c) - h_{re}v_{cb} \quad (2\text{-}32)$$
$$i_c = -h_{fe}(i_e + i_c) + h_{oe}v_{cb} \quad (2\text{-}33)$$

式（2-33）を整理すると式（2-34）となり，続けて，式（2-34）を式（2-32）に代入し整理すると，式（2-35）になります．

$$i_c = -\frac{h_{fe}}{1+h_{fe}}i_e + \frac{h_{oe}}{1+h_{fe}}v_{cb} \quad (2\text{-}34)$$

$$v_{eb} = \frac{h_{ie}}{1+h_{fe}}i_e + \left(\frac{h_{re}h_{oe}}{1+h_{fe}} - h_{re}\right)v_{cb} \quad (2\text{-}35)$$

この結果と図2-14(b)のベース接地の式を比較すると，表2-6のような関係が得られます．同様にして，コレクタ接地についても，エミッタ接地からの換算式を表2-6に示します．

例題 2-1 エミッタ接地方式のトランジスタ増幅回路の h 定数が次表のときの動作量を求めなさい．ただし，$R_L = 3.3\text{k}\Omega$，$R_g = 50\text{k}\Omega$ とします．
※ 2SC1815（$I_C = 10\text{mA}$，$V_{CE} = 12\text{V}$，$T_a = 25°\text{C}$）

h_{ie}	h_{fe}	h_{re}	h_{oe}
12kΩ	300	2.5×10^{-4}	50μS

解答

$$R_i = \frac{h_{ie} + \triangle h R_L}{1 + h_{oe}R_L}$$
$$= \frac{12\text{k}\Omega + 0.525 \times 3.3\text{k}\Omega}{1 + 50\mu\text{S} \times 3.3\text{k}\Omega}$$
$$\fallingdotseq 11.8\,[\text{k}\Omega]$$

ただし，
$$\triangle h = h_{ie}h_{oe} - h_{fe}h_{re}$$
$$= 12\text{k}\Omega \times 50\mu\text{S} - 300 \times 2.5 \times 10^{-4}$$
$$= 0.525$$

$$R_o = \frac{h_{ie} + R_g}{h_{oe}R_g + \triangle h}$$
$$= \frac{12\text{k}\Omega + 50\text{k}\Omega}{50\mu\text{S} \times 50\text{k}\Omega + 0.525}$$
$$\fallingdotseq 20.5\,[\text{k}\Omega]$$

$$A_i = \frac{h_{fe}}{1 + h_{oe}R_L}$$
$$= \frac{300}{1 + 50\mu\text{S} \times 3.3\text{k}\Omega} \fallingdotseq 258\,[\text{倍}]$$

$$A_v = \frac{-h_{fe}R_L}{h_{ie} + \triangle h R_L}$$
$$= \frac{-300 \times 3.3\text{k}\Omega}{12\text{k}\Omega + 0.525 \times 3.3\text{k}\Omega}$$
$$\fallingdotseq -72\,[\text{倍}]$$

（※負の符号は，入出力が逆位相を意味します．）

$$A_p = \frac{h_{fe}{}^2 R_L}{(h_{ie} + \triangle h R_L)(1 + h_{oe}R_L)}$$
$$= \frac{300^2 \times 3.3\text{k}\Omega}{\left\{\begin{array}{l}(12\text{k}\Omega + 0.525 \times 3.3\text{k}\Omega) \\ \times (1 + 50\mu\text{S} \times 3.3\text{k}\Omega)\end{array}\right\}}$$
$$= 18564\,[\text{倍}]$$

(4) FETの等価回路

トランジスタ同様にFETも図2-16の静特性から等価回路で表すことができます．等価回路は，ドレーン抵抗 r_d，相互コンダクタンス g_m，増幅度 μ で構成され，これをFETの3

定数といい，それぞれの定義は表2-7のようになります．ところで，図2-16から分かるように，ドレーン電流I_Dは，ゲート－ソース間電圧V_{GS}とドレーン－ソース間電圧V_{DS}の関数なので，次の式（2-36）の関係があります．

$$I_D = f(V_{GS}, V_{DS}) \quad (2\text{-}36)$$

この式をI_Dについて微分（全微分）すると式（2-37）となります．

$$dI_D = \frac{\partial I_D}{\partial V_{GS}} dV_{GS} + \frac{\partial I_D}{\partial V_{DS}} dV_{DS} \quad (2\text{-}37)$$

ここで，表2-7から式（2-38）の関係が成立します．

$$dI_D = g_m dV_{GS} + \frac{1}{r_d} dV_{DS} \quad (2\text{-}38)$$

ここで，$I_D =$一定となるようにV_{GS}，V_{DS}を変化させると，$dI_D = 0$となるので，式（2-39）となります．

$$g_m dV_{GS} + \frac{1}{r_d} dV_{DS} = 0$$

$$g_m r_d = -\left(\frac{dV_{DS}}{dV_{GS}}\right)_{I_D=\text{一定}} \quad (2\text{-}39)$$

（コレ増幅度　μ）

したがって，表2-7，式（2-39）からFETの3定数について，式（2-40）の関係が成り立ちます．

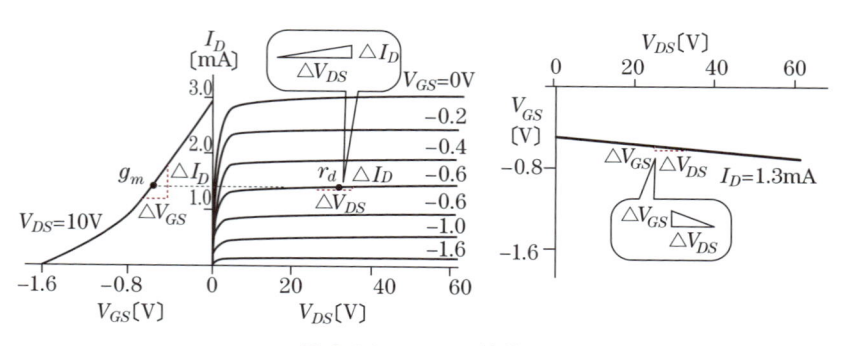

図2-16　FETの静特性

表2-7　FETの3定数

名称	式	説明
ドレーン抵抗	$r_d = \left(\dfrac{dV_{DS}}{dI_D}\right)_{V_{GS}\text{一定}}$ 〔Ω〕$= \dfrac{\partial V_{DS}}{\partial I_D}$	V_{DS}-I_D特性の傾きを示します．
増幅率	$\mu = -\left(\dfrac{dV_{DS}}{dV_{GS}}\right)_{I_D\text{一定}} = \dfrac{\partial V_{DS}}{\partial V_{GS}}$	V_{DS}-V_{GS}曲線の直線部の傾きを示します．無名数です．
相互コンダクタンス	$g_m = \left(\dfrac{dI_D}{dV_{GS}}\right)_{(V_{DS}\text{一定})}$ 〔S〕$= \dfrac{\partial I_D}{\partial V_{GS}}$	I_D-V_{GS}特性の傾きを示します．

$$\mu = g_m r_d \qquad (2\text{-}40)$$

ところで，式(2-38)で，$dI_D = i_d$，$dV_{GS} = v_{gs}$，$dV_{DS} = v_{ds}$ と置き換えると，式(2-41)となります．

$$i_d = g_m v_{gs} + \frac{1}{r_d} v_{ds} \qquad (2\text{-}41)$$

この関係から，**図2-17**(a)のソース接地回路は，図2-17(b)の定電流源等価回路で表せます．なお，FETは，トランジスタと異なり，入力インピーダンスが非常に大きく，ゲート電流 i_g が流れないので，等価回路ではゲートが内部に接続されていないように表します．また，式(2-41)の両辺に r_d を掛けて整理すると，式(2-42)が得られます．

$$i_d r_d = g_m v_{gs} r_d + v_{ds}$$

$$v_{ds} = -g_m v_{gs} r_d + i_d r_d \qquad (2\text{-}42)$$

これに，式(2-40)を代入すると式(2-43)のようになります．

$$v_{ds} = -\mu v_{gs} + i_d r_d \qquad (2\text{-}43)$$

この関係から，図2-17(c)の定電圧源等価回路で表すことができます．その他のドレーン接地回路，ゲート接地回路の交流等価回路についても**図2-18**に示します．

(5) FETの等価回路による動作量の計算

FETの各接地方式を用いた増幅回路について，増幅度や入出力インピーダンスなどの動作量を求めてみます．なお，FETはゲート電流が流れないので，動作量の計算はトランジスタに比べると容易になります．ソース接

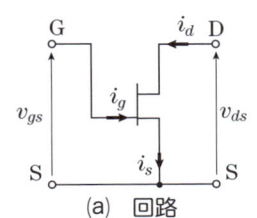

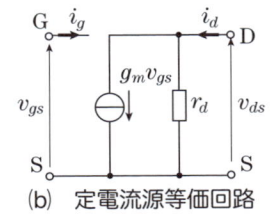

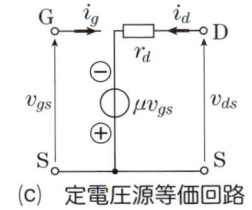

図2-17 ソース接地回路の交流等価回路

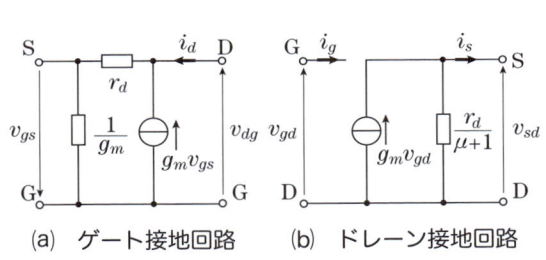

図2-18 その他の接地回路の交流等価回路

ソース接地回路がよく用いられます．

2-2 等価回路

地増幅回路の動作量について説明します．結合コンデンサ C_1, C_2, バイパスコンデンサ C_S などを接続したソース接地増幅回路を図2-19(a)に示します．また，結合コンデンサとバイパスコンデンサを短絡とした等価回路を同図(b)に示します．この等価回路から，次の回路方程式が成り立ちます．

$$v_i = R_G i_i \quad (2\text{-}44)$$
$$v_o = -\mu v_i + i_o r_d \quad (2\text{-}45)$$
$$v_o = -R_D i_o \quad (2\text{-}46)$$

① **入力抵抗 R_i**

式（2-44）から，入力抵抗 R_i は式（2-47）となりますが，FET単体では入力抵抗は無限大です．

$$R_i = \frac{v_i}{i_i} = R_G \quad (2\text{-}47)$$

② **出力抵抗 R_o**

$v_g = 0$ とすると，$i_i = 0$, $v_i = 0$ となるので，式（2-45）で $v_i = 0$ とおけば，式（2-48）となります．

$$v_o = i_o r_d \rightarrow R_o = \left(\frac{v_o}{i_o}\right)_{v_i=0}$$
$$= r_d \quad (2\text{-}48)$$

③ **電圧増幅度 A_v**

式（2-46）から式（2-49）になります．

$$i_o = -\frac{v_o}{R_D} \quad (2\text{-}49)$$

式（2-49）を式（2-45）に代入して整理すると，式（2-50）となり電圧増幅度 A_v が求められます．

$$v_o = -\mu v_i + i_o r_d = -\mu v_i - \frac{v_o}{R_D} r_d$$
$$v_o \left(1 + \frac{r_d}{R_D}\right) = -\mu v_i$$
$$A_v = \frac{v_o}{v_i} = -\frac{\mu R_D}{r_d + R_D} \quad (2\text{-}50)$$

④ **電流増幅度 A_i**

式（2-44），式（2-46）を式（2-45）

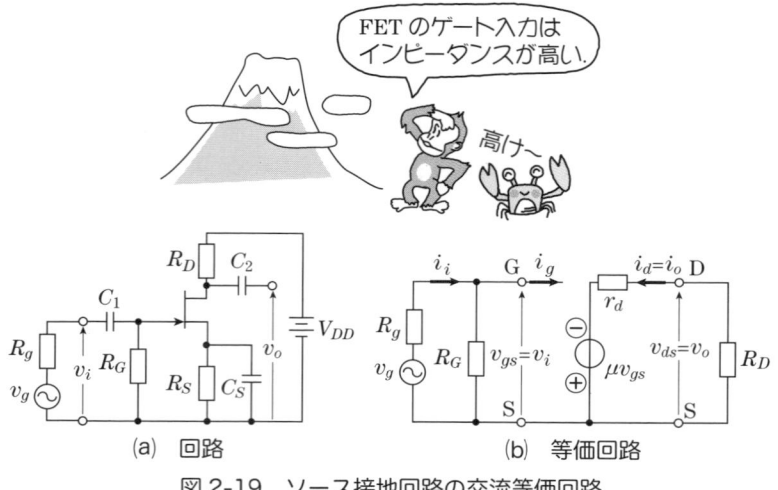

> FETのゲート入力はインピーダンスが高い．

高けー

(a) 回路　　　　　　　　　　(b) 等価回路

図2-19　ソース接地回路の交流等価回路

に代入して整理すると，式（2-51）となり，電流増幅度 A_i が求まります．

$$-R_D i_o = -\mu R_G i_i + i_o r_d$$
$$i_o(r_d + R_D) = -\mu R_G i_i$$
$$A_i = \frac{i_o}{i_i} = -\frac{\mu R_G}{r_d + R_D} \quad (2\text{-}51)$$

次に，ソース接地増幅回路と同様に，**ドレーン接地増幅回路**を図 2-20 (a)，等価回路を同図(b)に示します．この回路は**ソースホロワ**とも呼ばれ，トランジスタのエミッタホロワに相当します．この等価回路から，次の回路方程式が成り立ちます．

$$v_i = R_G i_i \quad (2\text{-}52)$$
$$\mu v_{gs} = (r_d + R_s) i_d \quad (2\text{-}53)$$
$$v_o = R_s i_d \quad (2\text{-}54)$$
$$v_{gs} = v_i - v_o \quad (2\text{-}55)$$

これらの式から動作量は次のようになります．

① **入力抵抗 R_i**

式（2-52）から，入力抵抗 R_i は式（2-56）となりますが，FET 単体では入力抵抗は無限大です．

$$R_i = \frac{v_i}{i_i} = R_G \quad (2\text{-}56)$$

② **出力抵抗 R_o**

$v_i = 0$ とすると，式（2-55）から，

$$v_{gs} = -v_o \quad (2\text{-}57)$$

となります．また，r_d の両端の電圧降下から次の式（2-58）の関係が成立します．

$$i_d = \frac{\mu v_{gs} - v_o}{r_d} \quad (2\text{-}58)$$

式（2-57）を代入して整理すると，

$$i_d = \frac{\mu v_{gs} - v_o}{r_d} = \frac{-v_o(\mu + 1)}{r_d}$$

ここで $i_d = i_o$ と置きなおすと，出力抵抗 R_o は次の式（2-59）となります．ここでは位相の符号を無視しています．

$$R_o = \left(\frac{v_o}{i_o}\right)_{v_i=0} = \frac{r_d}{\mu + 1} \quad (2\text{-}59)$$

③ **電圧増幅度 A_v**

式（2-53）を変形して，式（2-54）に代入し i_d を消去して整理すると式（2-60）となります．

(a) 回路　　(b) パラメータ等価回路

ドレーン接地はコレクタ接地に相当します．

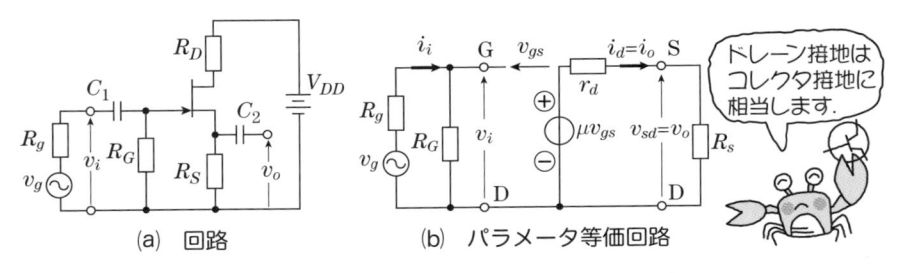

図 2-20　ドレーン接地回路の交流等価回路

2-2　等価回路

$$v_o = \frac{\mu v_{gs}}{r_d + R_s} \cdot R_s \qquad (2\text{-}60)$$

次に，式（2-55）を式（2-60）に代入すると，電圧増幅度 A_v の式（2-61）が求まります．

$$A_v = \frac{v_o}{v_i} = \frac{\mu R_s}{r_d + (\mu+1)R_s} \qquad (2\text{-}61)$$

一般に，$\mu+1 \gg r_d$ なので，ほぼ $A_v = 1$ となります．

④ **電流増幅度 A_i**

式（2-55）に式（2-54），式（2-52）を代入すると式（2-62）となります．

$$v_{gs} = R_G i_i - R_s i_d \qquad (2\text{-}62)$$

次に，式（2-62）を式（2-53）に代入し整理すると，

$$\mu(R_G i_i - R_s i_d) = (r_d + R_s) i_d$$
$$\mu R_G i_i = (r_d + R_s + \mu R_s) i_d$$

となり，ここで $i_d = i_o$ と置きなおすと，電流増幅度 A_i の式（2-63）が求まります．

$$A_i = \frac{i_o}{i_i}$$
$$= -\frac{\mu R_G}{r_d + (\mu+1)R_s} \qquad (2\text{-}63)$$

2-3 バイアス回路

(1) バイアス回路とは

2.1節の基本的な増幅回路で示したように，トランジスタ増幅回路では，図2-4のように，バイアスを中心にして交流成分が重畳して動作します．このとき，トランジスタを動作させるための直流電圧，直流電流のことを，それぞれバイアス電圧，バイアス電流といいました．このバイアス回路には，図2-21のように**2電源方式**と**1電源方式**があります．一般に，1種類の電源で済む1電源方式が用いられ，代表的なバイアス回路には，**固定バイアス回路**，**自己バイアス回路**，**電流帰還バイアス回路**などがあります．ここではこれらについて説明します．なお，これ以外にも，電圧・電流帰還バイアス回路もありますが，あまり一般的ではありません．

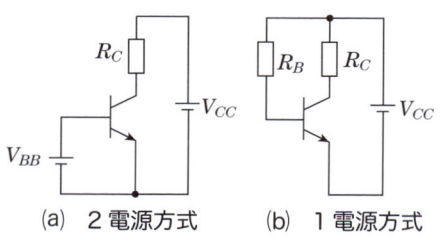

(a) 2電源方式　(b) 1電源方式

図2-21　バイアス回路の電源方式

ⓐ 固定バイアス回路

図2-22に示す**固定バイアス回路**は，最も単純な構成のバイアス回路です．バイアス抵抗 R_B によってベース電流 I_B が決まります．R_B の両端の電圧降下は $V_{CC} - V_{BE}$ なので，R_B の値は式（2-64）で求めることができます．

$$R_B = \frac{V_{CC} - V_{BE}}{I_B} \quad (2\text{-}64)$$

また，I_B, I_C は，それぞれ式（2-65），式（2-66）で求まります．

$$I_B = \frac{V_{CC} - V_{BE}}{R_B} \quad (2\text{-}65)$$

$$I_C = h_{FE} I_B$$

$$= \frac{h_{FE}(V_{CC} - V_{BE})}{R_B} \quad (2\text{-}66)$$

式（2-65）から，I_B は I_C に関係なく V_{CC} と R_B だけで決まり固定されるので，固定バイアス回路というわけです．

ところで，ベース－エミッタ間の電

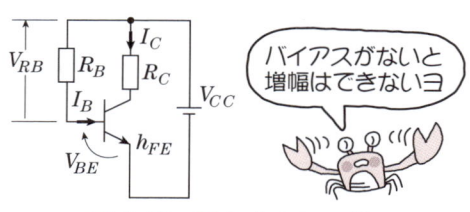

図2-22　固定バイアス回路

バイアスがないと増幅はできないヨ

圧 V_{BE} は，Si トランジスタは約 0.6V，Ge トランジスタは約 0.2V であることを考慮し，$V_{BE} \ll V_{CC}$ となるように設定すると，式 (2-67)，式 (2-68) のように，V_{BE} の変化が I_B，I_C にほとんど影響を与えなくなり，h_{FE} が大きくなるにつれて I_C が増加することが分かります．

$$I_B = \frac{V_{CC} - V_{BE}}{R_B} \fallingdotseq \frac{V_{CC}}{R_B} \quad (2\text{-}67)$$

$$I_C = \frac{h_{FE}(V_{CC} - V_{BE})}{R_B}$$
$$\fallingdotseq \frac{h_{FE} V_{CC}}{R_B} \quad (2\text{-}68)$$

また，式 (2-68) から，h_{FE} の変化によって I_C が大きく変動し，しかも，h_{FE} は温度変化によって変動するので，固定バイアス回路はあまり安定度が良くありません．このため，一般に使われることが少ないのですが，電源電圧が低くても動作するので 1.5 ～ 3V の低電圧回路に使用されることがあります．

例題 2-2 図 2-22 に示す固定バイアス回路において，$V_{CC} = 9V$，$I_C = 2mA$ 流すときのバイアス抵抗 R_B の値を求めなさい．ただし，トランジスタの $h_{FE} = 100$，$V_{BE} = 0.6V$ とします．

※ 一般に，$V_{BE} = 0.6 \sim 0.7V$ の範囲で考えます．

解答 R_B の値は式 (2-64) で求めることができます．
$I_C = h_{FE} I_B$ から，

$$I_B = \frac{I_C}{h_{FE}} = \frac{2mA}{100} = 0.02 \, [mA]$$

$$R_B = \frac{V_{CC} - V_{BE}}{I_B} = \frac{9 - 0.6V}{0.02mA}$$
$$= 420 \, [k\Omega]$$

(b) 自己バイアス回路

図 2-23 に示す**自己バイアス回路**は，固定バイアス回路の安定度が良くない欠点を改善するように考え出されたバイアス回路です．バイアス抵抗 R_B を，直接電源にではなく，コレクタ抵抗 R_C を通して接続した回路です．

もし，温度上昇などの原因で I_C が増加し R_C の電圧降下が増加すると，R_B の端子電圧が減少し，ベース

― <h_{fe} と h_{FE} の違い> ―

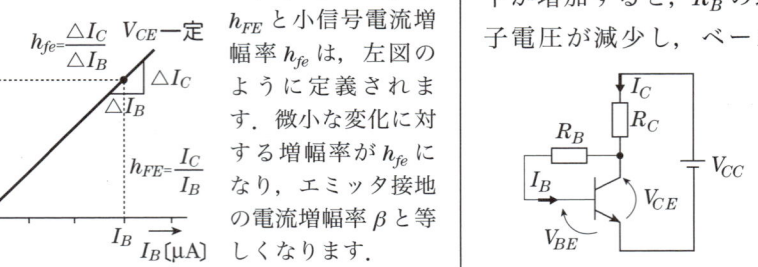

直流電流増幅率 h_{FE} と小信号電流増幅率 h_{fe} は，左図のように定義されます．微小な変化に対する増幅率が h_{fe} になり，エミッタ接地の電流増幅率 β と等しくなります．

（図：I_C [mA] 対 I_B [μA] のグラフ，V_{CE} 一定，$h_{fe} = \frac{\triangle I_C}{\triangle I_B}$，$h_{FE} = \frac{I_C}{I_B}$）

図 2-23 自己バイアス回路

電流 I_B が減少するので，結果として，I_C の増加を抑制するように動作するので，バイアスが安定します．このことから**電圧帰還バイアス回路**ともいわれます．R_B の両端の電圧降下は $V_{CE}-V_{BE}$ なので，R_B の値は式（2-69）で求めることができます．また，V_{CE} は式（2-70）で表されます．

$$R_B = \frac{V_{CE} - V_{BE}}{I_B} \quad (2\text{-}69)$$

$$V_{CE} = V_{CC} - (I_B + I_C)R_C \quad (2\text{-}70)$$

ここで，$I_B \ll I_C$ とすると，式（2-70）は，次式（2-71）のようになります．

$$V_{CE} = V_{CC} - I_C R_C \quad (2\text{-}71)$$

式（2-71）を式（2-69）に代入して整理すると，ベース・バイアス電流 I_B は式（2-72）のようになります．

$$I_B = \frac{V_{CE} - V_{BE}}{R_B}$$
$$= \frac{(V_{CC} - I_C R_C) - V_{BE}}{R_B} \quad (2\text{-}72)$$

自己バイアス回路は，固定バイアス回路に比べて安定度も良くひずみ率も改善されるのですが，増幅度と入力インピーダンスが減少します．

例題 2-3 図 2-23 に示す自己バイアス回路で，$V_{CC} = 9\text{V}$，$R_C = 3\text{k}\Omega$，$I_C = 2\text{mA}$ としたときのバイアス抵抗 R_B の値を求めなさい．ただし，$h_{FE} = 100$，$V_{BE} = 0.6\text{V}$ とします．また，このときの I_B はいくらになりますか．

解答 R_B の値は式（2-72）で求めることができます．

$I_C = h_{FE} I_B$ から，

$$I_B = \frac{I_C}{h_{FE}} = \frac{2\text{mA}}{100} = 0.02 \,[\text{mA}]$$

$$R_B = \frac{(V_{CC} - I_C R_C) - V_{BE}}{I_B}$$

$$= \frac{9\text{V} - 2\text{mA} \times 3\text{k}\Omega - 0.6\text{V}}{0.02\text{mA}}$$

$$= 120 \,[\text{k}\Omega]$$

(c) 電流帰還バイアス回路

図 2-24 に示す**電流帰還バイアス回路**は，バイアス回路の中で最も安定度が良いのでよく利用されます．電源電圧 V_{CC} を抵抗 R_A，R_B で分圧してバイアス電圧とし，エミッタ抵抗 R_E（**安定抵抗**）の負帰還によってバイアスの安定化を図っています．電源電圧 V_{CC} とブリーダ抵抗 R_A，R_B に関して，I_A

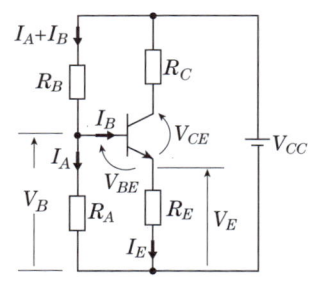

図 2-24　電流帰還バイアス回路

電流帰還バイアス回路が一番よく用いられます．

ナルホド

2-3　バイアス回路

≫ I_B（10～50倍程度）と設定すると I_B が無視できるので，式（2-73）が成立します．

$$V_{CC} = (I_A + I_B)R_B + I_A R_A$$
$$\fallingdotseq I_A R_B + I_A R_A$$
$$= (R_A + R_B)I_A$$

$$I_A = \frac{V_{CC}}{R_A + R_B} \quad (2\text{-}73)$$

同様に，ベース電圧 V_B も式（2-74）のように I_B に関係なく一定となります．

$$V_B = I_A R_A$$
$$= \frac{R_A}{R_A + R_B} V_{CC} \quad (2\text{-}74)$$

また，回路図から式（2-75）が成り立ちます．

$$V_B = V_{BE} + V_E = V_{BE} + I_E R_E$$
$$= V_{BE} + (I_B + I_C)R_E \quad (2\text{-}75)$$

ここで，温度上昇などの原因で I_C が増加すると，V_B 一定なので，式（2-75）から，V_E 増加 → V_{BE} 減少 → I_B 減少となり I_C の増加を抑制するので，結果としてバイアスが安定します．また，逆に I_C が減少しても，V_E 減少 → V_{BE} 増加 → I_B 増加となり I_C の減少を抑制するので，やはりバイアスが安定します．R_E の値を大きくするほど安定しますが，出力電圧が小さくなり，R_E での消費電力が増えるので，一般には，V_E が電源電圧 V_{CC} の 10～20％程度になるように R_E を決定します．電流帰還バイアス回路は，安定度が良いのでよく利用されますが，ブ

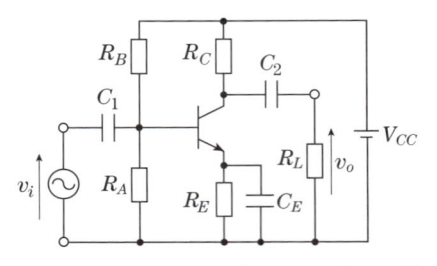

図 2-25　電流帰還バイアスの実用回路

リーダ抵抗による入力インピーダンスの低下とブリーダ電流による消費電力が大きいのが欠点とされています．電流帰還バイアスの実用回路を，**図 2-25** に示します．ここで用いられている C_1, C_2 は，**結合コンデンサ**，C_E は，**バイパスコンデンサ**といいます．その働きについては，2.4 RC 結合増幅回路で詳しく説明しています．

例題 2-4　図 2-24 に示す電流帰還バイアス回路において，$V_{CC} = 9\text{V}$，$R_C = 3\text{k}\Omega$，$I_C = 2\text{mA}$ とするときのブリーダ抵抗 R_A，R_B と安定抵抗 R_E の値を求めなさい．ただし，$I_A = 10 I_B$，$V_E = 0.2 V_{CC}$，$h_{FE} = 100$，$V_{BE} = 0.6\text{V}$ とします．また，このときの I_B はいくらになりますか．

解答

$$I_B = \frac{I_C}{h_{FE}} = \frac{2\text{mA}}{100} = 20 \text{ [μA]}$$

$$R_A = \frac{V_B}{I_A} = \frac{V_{BE} + V_E}{I_A}$$
$$= \frac{V_{BE} + 0.2 V_{CC}}{10 I_B}$$

$$= \frac{V_{BE} + 0.2V_{CC}}{10 \times 20\mu A}$$

$$= \frac{0.6V + 0.2 \times 9V}{200\mu A}$$

$$= 12 [k\Omega]$$

$$R_B = \frac{V_{CC} - V_B}{I_A + I_B} = \frac{9 - 2.4V}{11 \times 20\mu A}$$

$$= 30 [k\Omega]$$

$$R_E = \frac{V_E}{I_E} = \frac{0.2V_{CC}}{I_B + I_C}$$

$$= \frac{0.2 \times 9V}{20\mu A + 2mA}$$

$$= 891 [\Omega]$$

例題 2-5 図 2-26 に示す電流帰還バイアス回路で，$V_{CC} = 9V$，$R_A = 4.7k\Omega$，$R_B = 22k\Omega$，$R_C = 5.1k\Omega$，$R_E = 1k\Omega$ のとき，I_B，I_C，および V_{CE} の動作点の値を求めなさい．ただし，$h_{FE} = 150$，$V_{BE} = 0.7V$ とします．

解答 テブナンの定理を，図 2-26 (a) に適用して，$V_{CC} = 0$ のときの抵抗 R_0 と開放電圧 V_0 を求めると，図 2-26 (b) の回路として表すことができます．これは，図 2-26 (c) のようにベース側から a-b 方向を見た場合，内部抵抗 $R_0 = \frac{R_A R_B}{R_A + R_B}$，電圧 $V_0 = \frac{R_A}{R_A + R_B} V_{CC}$ の電源と等価となります．

$$R_0 = \frac{R_A R_B}{R_A + R_B}$$

$$= \frac{4.7k\Omega \times 22k\Omega}{4.7k\Omega + 22k\Omega}$$

$$= 3.87 [k\Omega]$$

$$V_0 = \frac{R_A}{R_A + R_B} V_{CC}$$

$$= \frac{4.7k\Omega}{4.7k\Omega + 22k\Omega} \times 9V$$

$$= 1.58 [V]$$

＜テブナンの定理＞

電源と抵抗で構成される図(a)の回路を外部の端子 a-b から見たとき，等価的に図(b)の電圧 V_0，内部抵抗 R_0 が直列に接続された回路として扱えます．なお，等価回路中の V_0 は端子 a-b を開放にしたときの電圧，R_0 は回路中の電源を短絡状態と仮想して端子 a-b から見た抵抗値です．

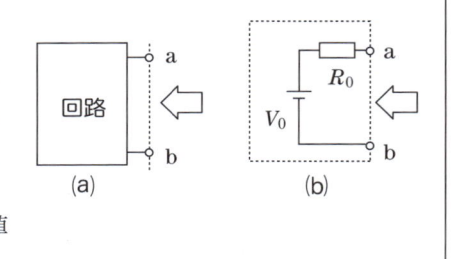

2-3 バイアス回路

また，図(b)の回路は $I_E = I_B + I_C$ の関係があるので，次のように計算できます．

$$V_0 - V_{BE} = I_B R_0 + I_E R_E$$
$$= I_B R_0 + (I_B + I_C) R_E$$
$$= I_B R_0 + (1 + h_{FE}) R_E I_B$$

$$\therefore I_B = \frac{V_0 - V_{BE}}{R_0 + (1 + h_{FE}) R_E}$$

$$= \frac{1.35\text{V} - 0.7\text{V}}{3.87\text{k}\Omega + (1+150) \times 1\text{k}\Omega}$$

$$\fallingdotseq 5.7 \,[\mu\text{A}]$$

$$I_C = h_{FE} I_B = 150 \times 4.2\mu\text{A}$$
$$= 0.86 \,[\text{mA}]$$

$$V_{CE} = V_{CC} - I_E R_E - I_C R_C$$
$$\fallingdotseq V_{CC} - (R_E + R_C) I_C$$
$$= 9\text{V} - (1\text{k}\Omega + 5.1\text{k}\Omega) \times 0.63\text{mA}$$
$$= 3.78 \,[\text{V}]$$

(d) バイアス回路の安定指数

トランジスタの定数は，周囲温度の変動などにより変化します．その結果として，バイアス回路の動作点が変化し回路が不安定になります．動作点が変動するおもな原因は，次のようなものです．

① コレクタ遮断電流 I_{CBO}

図2-27のようにトランジスタのエミッタを開放にした状態で，コレクタ－ベース間に逆方向の電圧を加えたときに流れる電流を**コレクタ遮断電流 I_{CBO}** といいます．I_{CBO} は温度変化により指数関数的に変化し，約10℃上昇すると2倍になります．ただし，Si トランジスタでは I_{CBO} が Ge トランジスタに比べて2～3けた低いのであまり影響はありません．

また，図2-28から次の式（2-76），式（2-77）が成り立ちます．

$$I_E = I_C + I_B \qquad (2\text{-}76)$$
$$I_C = \alpha I_E + I_{CBO} \qquad (2\text{-}77)$$

この2式から，式（2-78）の関係が

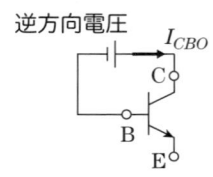

図2-27 コレクタ遮断電流

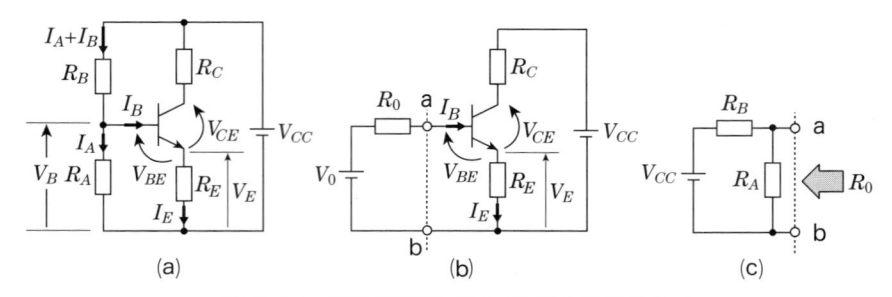

図2-26 電流帰還バイアス回路の動作点の値

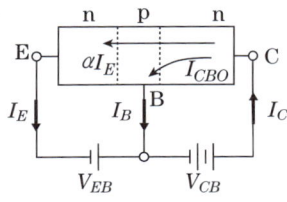

図 2-28　I_{CBO} を考慮した回路

求まります．

$$I_C = \frac{I_{CBO}}{1-\alpha} + \frac{\alpha}{1-\alpha} I_B \quad (2\text{-}78)$$

② **ベース – エミッタ間電圧 V_{BE}**

V_{BE} は温度上昇により減少し，約 1℃ 上昇すると約 2.5mV 減少します．

③ **直流電流増幅率 h_{FE}**

直流電流増幅率 h_{FE} は温度が上昇すると増加します．

以上の変動要因による動作点の変動を抑えるために，電圧や電流の負帰還をかけてバイアスの安定化を図ります．ここで，I_{CBO}, V_{BE}, h_{FE} の変動がバイアス回路の安定度に影響することから，それぞれの要因の微小変化 $\triangle I_{CBO}$, $\triangle V_{BE}$, $\triangle h_{FE}$ によるコレクタ電流 I_C の変動 $\triangle I_C$ は，式（2-79）で表すことができます．

$$\triangle I_C = \frac{\partial I_C}{\partial I_{CBO}} \triangle I_{CBO} + \frac{\partial I_C}{\partial V_{BE}} \triangle V_{BE}$$
$$+ \frac{\partial I_C}{\partial h_{FE}} \triangle h_{FE} \quad (2\text{-}79)$$

この式で，偏微分 $\dfrac{\partial I_C}{\partial I_{CBO}}$ は，I_{CBO} のみを変化した場合の I_C の変化の比を表します．同様に，偏微分の要素 $\dfrac{\partial I_C}{\partial V_{BE}}$, $\dfrac{\partial I_C}{\partial h_{FE}}$ は，それぞれ V_{BE} のみを変化した場合の I_C の変化の比，h_{FE} のみを変化した場合の I_C の変化の比を表します．以上の関係を

$$S_I = \frac{\partial I_C}{\partial I_{CBO}}, \quad S_V = \frac{\partial I_C}{\partial V_{BE}},$$
$$S_H = \frac{\partial I_C}{\partial h_{FE}}$$

のように置き換えると，式（2-80）となります．この S_I, S_V, S_H を**安定指数**と呼び，これらの値が小さいほどバイアス回路の安定度が高いことを示します．

$$\triangle I_C = S_I \triangle I_{CBO} + S_V \triangle V_{BE} + S_H \triangle h_{FE}$$
$$(2\text{-}80)$$

例題 2-6　図 2-22 の固定バイアス回路の安定指数を表す式を求めなさい．

解答

$$I_B = \frac{V_{CC} - V_{BE}}{R_B} \quad ①$$

$$I_C = \frac{I_{CBO}}{1-\alpha} + \frac{\alpha}{1-\alpha} I_B \quad ②$$

式①を式②に代入します．

$$I_C = \frac{I_{CBO}}{1-\alpha} + \frac{\alpha}{1-\alpha} \cdot \frac{V_{CC} - V_{BE}}{R_B} \quad ③$$

次のように I_{CBO}, V_{BE}, h_{FE} ($= \beta$) で偏微分して，それぞれの安定指数を求めます（ただし，$\beta = \dfrac{\alpha}{1-\alpha} = h_{FE}$）．

$$S_I = \frac{\partial I_C}{\partial I_{CBO}} = \frac{1}{1-\alpha}$$
$$= 1 + \beta = 1 + h_{FE} \qquad ④$$

$$S_V = \frac{\partial I_C}{\partial V_{BE}} = \frac{\alpha}{1-\alpha} \cdot \frac{1}{R_B} = -\frac{\beta}{R_B}$$
$$= -\frac{h_{FE}}{R_B} \qquad ⑤$$

式③を次のように変形して偏微分を行います.

$$\frac{I_{CBO}}{1-\alpha} + \frac{\alpha}{1-\alpha} \cdot \frac{V_{CC} - V_{BE}}{R_B}$$
$$= I_{CBO}(1+\beta) + \beta \cdot \frac{V_{CC} - V_{BE}}{R_B}$$
$$= I_{CBO}(1+h_{FE}) + h_{FE} \cdot \frac{V_{CC} - V_{BE}}{R_B}$$

$$S_H = \frac{\partial I_C}{\partial h_{FE}}$$
$$= I_{CBO} + \frac{V_{CC} - V_{BE}}{R_B} \qquad ⑥$$

固定バイアス回路は，R_B が大きいので S_V を小さくできますが，$S_I \fallingdotseq h_{FE}$ と非常に大きくなるので，実用的な回路にはあまり用いられていません.

例題 2-7 図 2-23 の自己バイアス回路の安定指数を表す式を求めなさい.

解答

$$R_B = \frac{V_{CE} - V_{BE}}{I_B} \qquad ①$$

$$V_{CE} = V_{CC} - (I_B + I_C)R_C \qquad ②$$

式①，式②から V_{CE} を消去して I_B を表してみると，式③となります.

$$I_B = \frac{V_{CC} - I_C R_C - V_{BE}}{R_B + R_C} \qquad ③$$

式③を式④に代入して整理すると式⑤となります.

$$I_C = \frac{I_{CBO}}{1-\alpha} + \frac{\alpha}{1-\alpha} I_B \qquad ④$$

$$I_C \left(1 - \alpha + \frac{\alpha R_C}{R_B + R_C}\right)$$
$$= I_{CBO} + \frac{\alpha(V_{CC} - V_{BE})}{R_B + R_C}$$

$$I_C = \frac{I_{CBO} + \dfrac{\alpha(V_{CC} - V_{BE})}{R_B + R_C}}{1 - \alpha + \dfrac{\alpha R_C}{R_B + R_C}} \qquad ⑤$$

式⑤を I_{CBO}, V_{BE} でそれぞれ偏微分して，S_I, S_V の安定指数を求めます.

$$S_I = \frac{\partial I_C}{\partial I_{CBO}} = \frac{1}{1 - \alpha + \dfrac{\alpha R_C}{R_B + R_C}}$$
$$= \frac{(1+\beta)(R_B + R_C)}{R_B + (1+\beta)R_C}$$
$$= \frac{(1+h_{FE})(R_B + R_C)}{R_B + (1+h_{FE})R_C}$$

$$S_V = \frac{\partial I_C}{\partial V_{BE}} = \frac{-\alpha}{(1-\alpha)R_B + \alpha R_C}$$
$$= \frac{-\beta}{(1+\beta)R_C + R_B}$$
$$= \frac{-h_{FE}}{(1+h_{FE})R_C + R_B}$$

また，式⑤から，

$$I_C = \frac{\left\{\begin{array}{c}(R_B + R_C)I_{CBO} \\ + \alpha(V_{CC} - V_{BE})\end{array}\right\}}{(1-\alpha)(R_B + R_C) + \alpha R_C}$$

$$= \frac{\left\{\begin{array}{c}h_{FE}(V_{CC}-V_{BE}) \\ +(1+h_{FE})(R_B+R_C)I_{CBO}\end{array}\right\}}{R_B+(1+h_{FE})R_C}$$

$$S_H = \frac{\partial I_C}{\partial h_{FE}}\bigg|_{I_{CBO}=0}$$

$$= \frac{(V_{CC}-V_{BE})(R_B+R_C)}{\{R_B+(1+h_{FE})R_C\}^2}$$

例題 2-8 図 2-24 に示す電流帰還バイアス回路の安定指数を表す式を求めなさい．

解答 例題 2-5 から，

$$R_0 = \frac{R_A R_B}{R_A+R_B} \quad ①$$

$$V_0 = \frac{R_A}{R_A+R_B}V_{CC} \quad ②$$

$$V_0 - V_{BE} = I_B R_0 + (I_B+I_C)R_E \quad ③$$

また，式 (2-78) から，

$$I_C = \frac{I_{CBO}}{1-\alpha} + \frac{\alpha}{1-\alpha}I_B \quad ④$$

式③を式④に代入して I_B を消去して整理すると式⑤となります．

$$I_C\left(1-\alpha+\frac{\alpha R_E}{R_0+R_E}\right)$$

$$= I_{CBO}+\frac{\alpha(V_0-V_{BE})}{R_0+R_E}$$

$$I_C = \frac{I_{CBO}+\dfrac{\alpha(V_0-V_{BE})}{R_0+R_E}}{1-\alpha+\dfrac{\alpha R_E}{R_0+R_E}} \quad ⑤$$

式⑤を I_{CBO}，V_{BE} で偏微分して，安定指数 S_I，S_V を求めます．

$$S_I = \frac{\partial I_C}{\partial I_{CBO}} = \frac{1}{1-\alpha+\dfrac{\alpha R_E}{R_0+R_E}}$$

$$= \frac{(1+\beta)(R_0+R_E)}{R_0+(1+\beta)R_E}$$

$$= \frac{(1+h_{FE})(R_0+R_E)}{R_0+(1+h_{FE})R_E}$$

$$\fallingdotseq \frac{h_{FE}(R_0+R_E)}{R_0+h_{FE}R_E} = \frac{R_0+R_E}{\dfrac{R_0}{h_{FE}}+R_E}$$

$$S_V = \frac{\partial I_C}{\partial V_{BE}} = \frac{-\alpha}{(1-\alpha)R_0+R_E}$$

$$= \frac{-\beta}{R_0+(1+\beta)R_E}$$

$$= \frac{-h_{FE}}{R_0+(1+h_{FE})R_E}$$

$$\fallingdotseq \frac{-h_{FE}}{R_0+h_{FE}R_E} = \frac{-S_I}{R_0+R_E}$$

この結果から，S_I を小さく，R_0 の値を大きくすることで，$|S_V|$ が小さくなり回路を安定させることが分かります．

また，式⑤から，

$$I_C = \frac{(R_0+R_E)I_{CBO}+\alpha(V_{CC}-V_{BE})}{(1-\alpha)(R_0+R_E)+\alpha R_E}$$

$$= \frac{\left\{\begin{array}{c}h_{FE}(V_{CC}-V_{BE}) \\ +(1+h_{FE})(R_0+R_E)I_{CBO}\end{array}\right\}}{R_0+(1+h_{FE})R_E}$$

安定しないと一大事です

チョキン

この式を h_{FE} で偏微分して、安定指数 S_H を求めると次のようになります。

$$S_H = \frac{\partial I_C}{\partial h_{FE}}\Big|_{I_{CBO}=0}$$

$$= \frac{(V_{CC} - V_{BE})(R_0 + R_E)}{\{R_0 + (1 + h_{FE})R_E\}^2}$$

(4) FET 増幅回路

FET は、ゲート電圧 V_{GS} によってドレーン電流 I_D が変化する素子なので、ドレーンに負荷抵抗を接続すれば、バイポーラトランジスタ同様に出力を電圧の変化として取り出すことができます。図 2-29 に示す接合形 FET のソース接地方式の基本的な増幅回路と交流信号を加えた回路では、図 2-30 に示すように入力信号 v_i がバイアス電源 V_{GG} に重畳され、V_{GG} を中心に V_{GS} が変化します。それに合わせて V_{GS}-I_D 特性によりドレーン電流 I_D が変化します。ドレーン電流 I_D の変化は、ドレーン抵抗 R_D の電圧降下として取り出すことができ、$V_{GS} \ll V_{DS}$ と変化の単位は大きく異なるので電圧増幅されることが分かります。なお、このときの変化は、V_{DS}-I_D 特性の負荷線上の変化となります。

(5) FET のバイアス回路

FET 増幅回路の場合にも、トランジスタ同様に、安定して動作させるには、適切な動作点（I_D, V_{GS}, V_{DS}）を設定する必要があります。各種 FET

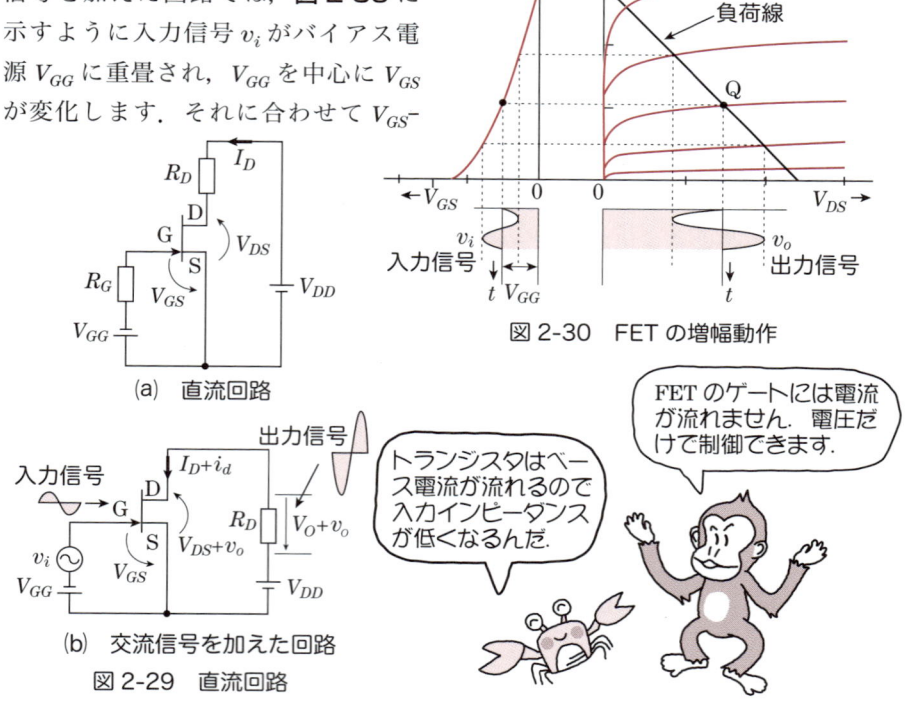

図 2-30　FET の増幅動作

(a) 直流回路

(b) 交流信号を加えた回路

図 2-29　直流回路

トランジスタはベース電流が流れるので入力インピーダンスが低くなるんだ．

FET のゲートには電流が流れません．電圧だけで制御できます．

第 2 章　増幅回路の基礎

のバイアス回路について説明します.

(a) 固定バイアス回路

nチャネルの接合形FETの場合には，ゲート-ソース間電圧 V_{GS} を負の値で動作させます．**図2-31**のように，抵抗 R_G を通して負の電源 V_{GG} をゲートに接続します．この回路を**固定バイアス回路**といい，ドレーン-ソース間電圧 V_{DS} は，式（2-81）で求めることができます．

$$V_{DS} = V_{DD} - R_D I_D \quad (2\text{-}81)$$

変形すると式（2-82）となり，傾き $-\dfrac{1}{R_D}$ の直線であることが分かります．

$$I_D = -\frac{1}{R_D} V_{DS} + \frac{V_{DD}}{R_D} \quad (2\text{-}82)$$

接合形FETの場合には，I_D-V_{GS} 特性は，式（2-83）の近似式（2乗特性）で表すことができます．ここで，I_{DSS} は $V_{GS}=0$ のときのドレーン電流，V_P はゲートのピンチオフ電圧を表します．

$$I_D \fallingdotseq I_{DSS}\left(1 - \frac{V_{GS}}{V_P}\right)^2 \quad (2\text{-}83)$$

したがって，FETの I_{DSS} と V_P が分かれば，静特性のグラフを用いることなく，V_{GG} を式（2-84）から計算で求めることができます．

$$\begin{aligned} V_{GG} &= -V_{GS} \\ &= -V_P\left(1 - \sqrt{\frac{I_D}{I_{DSS}}}\right) \quad (2\text{-}84) \end{aligned}$$

また，式（2-83）の I_D を V_{GS} で微分すると，各動作点での相互コンダクタンス g_m を式（2-85）のように求めることができます．

$$\begin{aligned} g_m &= \frac{dI_D}{dV_{GS}} \\ &= -\frac{2 I_{DSS}}{V_P}\left(1 - \frac{V_{GS}}{V_P}\right) \quad (2\text{-}85) \end{aligned}$$

このように，固定バイアス回路は，設計が容易です．さらに，ソース電位が0Vなので電源の利用効率が良いなどの長所があります．しかし，2個の電源が必要であり，しかも，I_{DSS} と V_P のばらつきが I_D にそのまま影響を与えるので実用的ではありません．

例題 2-9 図2-31で，電圧 V_{DD}

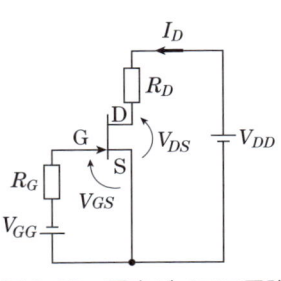

図 2-31　固定バイアス回路

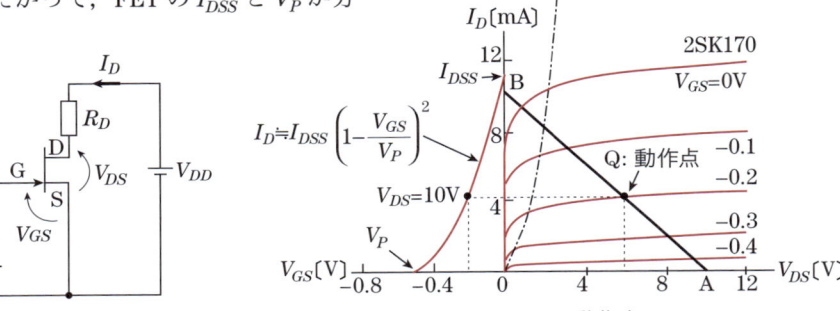

図 2-32　FETの動作点

= 10V, R_D = 1kΩ のときの固定バイアス電源を求めなさい．特性図は**図2-32**とします．

[解答] 図2-32のような負荷線ABが引けます．ここで，直線的な領域の中心付近となる動作点をQとすると，I_D = 4.1mA，V_{GS} = −0.2V となるので，V_{GG} = 0.2V の電源を用いればよいことになります．FETの入力インピーダンスは大きいため，抵抗R_Gには電流がほとんど流れないので，1MΩ程度の高抵抗とします．

例題 2-10 図2-32の動作点Q，I_{DSS}，I_Dから，式(2-84)を用いて，バイアス電源を求めなさい．

[解答] 図2-32では，I_{DSS} = 11.2 mA，V_P = −0.5V，I_D = 4.2mA から，次のようになります．

$$V_{GG} = -(-0.5\text{V}) \times \left(1 - \sqrt{\frac{4.2\text{mA}}{11.2\text{mA}}}\right)$$

$$\fallingdotseq 0.2[\text{V}]$$

この結果は，グラフから読み取ったV_{GG}の値とほぼ等しくなります．

(b) 自己バイアス回路

固定バイアスには，特性のバラツキによる影響で不安定であることと，2電源であるという欠点があります．これらの欠点を改善したものとして，**図2-33**の**自己バイアス回路**があります．このバイアス回路は，固定バイアスで必要な電源V_{GG}の代わりに，式(2-86)で表されるソース抵抗R_Sの電圧降下$R_S I_D$を利用します．この電圧効果は，アースに対して負電位のバイアス電源の働きをするので，V_{DD}の1電源で動作します．

$$V_{GS} = -R_S I_D \quad (2\text{-}86)$$

また，ドレーン−ソース間電圧V_{DS}は，式(2-87)で求めることができます．

$$V_{DS} = V_{DD} - (R_D + R_S)I_D \quad (2\text{-}87)$$

変形すると，式(2-88)となり，傾き$-\dfrac{1}{R_D + R_S}$の直線となることが分かります．例えば，$R_D + R_S$を1kΩとなるようにすると，図2-32の負荷線と同じことになります．

$$I_D = -\frac{1}{R_D + R_S}V_{DS} + \frac{V_{DD}}{R_D + R_S}$$

$$(2\text{-}88)$$

式(2-88)で$V_{DS} = 0$としてI_D軸との交点$\left(I_D = \dfrac{V_{DD}}{R_D + R_S}\right)$と，$I_D = 0$として$V_{DS}$軸との交点($V_{DS} = V_{DD}$)をそれぞれ求めると，**図2-34**のように傾き$\dfrac{-1}{R_D + R_S}$の負荷線が描けます．

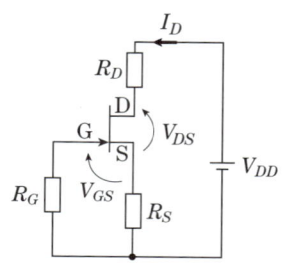

図2-33 自己バイアス回路

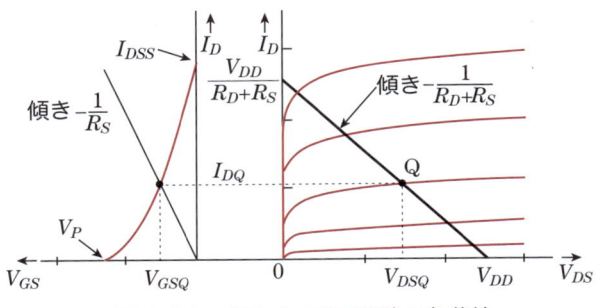

図 2-34　自己バイアス回路の負荷線

なお，動作点 Q におけるゲート－ソース間電圧を V_{GSQ}，ドレーン－ソース間電圧を V_{DSQ}，ドレーン電流を I_{DQ} とすると，R_S は式 (2-86) から式 (2-89) となります．

$$R_S = \frac{V_{GSQ}}{I_{DQ}} \qquad (2\text{-}89)$$

式 (2-87) に，この動作点 Q の値を代入すると，式 (2-90) となります．

$$\begin{aligned} V_{DSQ} &= V_{DD} - (R_D + R_S)I_{DQ} \\ &= V_{DD} - R_D I_{DQ} - R_S I_{DQ} \end{aligned}$$

式 (2-86) より，

$$V_{DSQ} = V_{DD} - R_D I_{DQ} + V_{GSQ}$$

$$R_D = \frac{V_{DD} - V_{DSQ} + V_{GSQ}}{I_{DQ}} \qquad (2\text{-}90)$$

このようにして，R_S，R_D が求まります．

ここで，固定バイアス回路と自己バイアス回路の安定度について検討してみます．ドレーン電流 I_D に関して，FET の交換や温度変化によって，特性が図 2-35 のように，①→②と変化した場合の I_D の安定度を比べてみます．固定バイアス回路では，固定電源ですから V_{GS} は変化しないので，動作点 $Q_1 → Q_2$ と変化し $I_{D1} → I_{D2}$ と変化します．それに対して，自己バイアス回路では，動作点は，式 (2-86) の直線上を変化するので，動作点 $Q_1 → Q_3$ の変化に対して，$I_{D1} → I_{D3}$ と変化します．それぞれの変化幅を比較してみると，自己バイアス回路の方が変化が少なく安定して動作することが分かります．さらに，FET は同一の形名の素子でも，図 2-36 に示すように，I_{DSS} の大きなバラツキがあります．

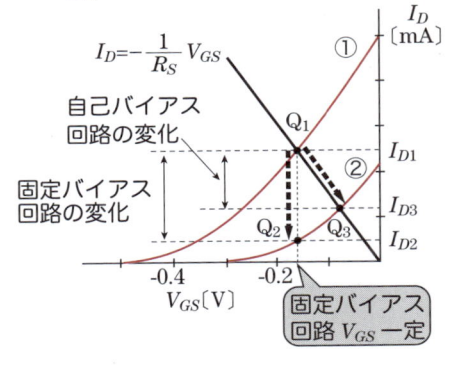

図 2-35　静特性の変化に対する I_D の変動

2-3　バイアス回路

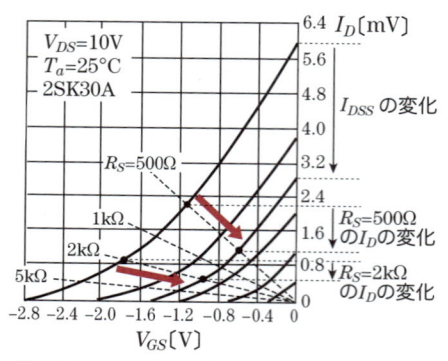

図 2-36 I_{DSS} のバラツキによる I_D 変動

I_{DSS} が変動した場合には，I_D が大きく変化しますが，やはり同図に示されているように，R_S を大きくするほど直線の傾きが小さくなり，I_D の変化は少なくなることが分かります．しかし，この R_S は，図 2-34 から分かるように，式（2-89）によって決まるので，任意の値とすることはできません．

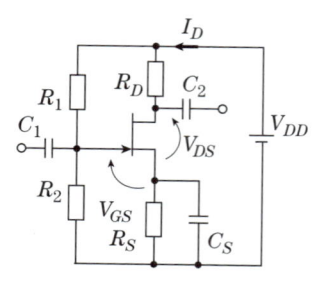

これを改善して R_S の値をある程度自由に設定できるようにしたのが，**図 2-37**，**図 2-38** の自己バイアス回路です．ここでのコンデンサは交流動作時に必要となるものです．ゲート－ソース間電圧 V_{GS} は，式（2-91）で決まるゲート間電圧 V_G と R_S の電圧降下 $V_S = R_S I_D$ の差の電圧の式（2-92）となります．

$$V_G = \frac{R_2}{R_1 + R_2} V_{DD} \quad (2\text{-}91)$$

$$V_{GS} = V_G - V_S$$
$$= \frac{R_2}{R_1 + R_2} V_{DD} - R_S I_D \quad (2\text{-}92)$$

式（2-92）は，**図 2-39** に示すよう

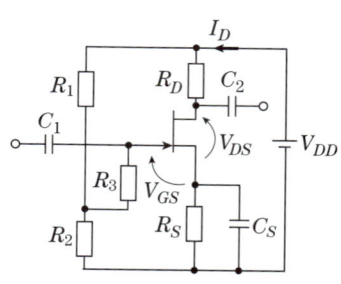

図 2-37 自己バイアス回路 1

図 2-38 自己バイアス回路 2

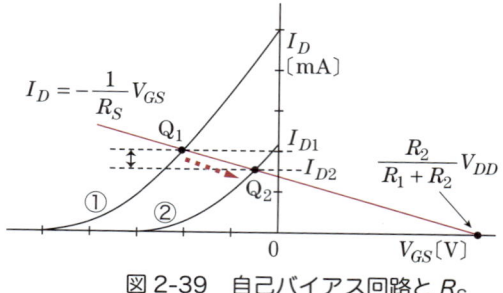

$$I_D = -\frac{1}{R_S} V_{GS}$$

図 2-39 自己バイアス回路と R_S

に，傾きが $-\dfrac{1}{R_S}$ で，電圧 $\dfrac{R_2}{R_1+R_2}V_{DD}$ でX軸と交わる直線を意味します．したがって，$\dfrac{R_2}{R_1+R_2}$ の R_1 と R_2 を適切に設定することで，R_S の値を任意に設定できることが分かります．なお，式（2-92）は，式（2-84）上の値に等しいことから，式（2-93）となります．

$$V_{GS} = \dfrac{R_2}{R_1+R_2}V_{DD} - R_S I_D$$
$$= V_P\left(1 - \sqrt{\dfrac{I_D}{I_{DSS}}}\right) \quad (2\text{-}93)$$

この式を整理すると，R_S は次の式（2-94）として求めることができます．

$$R_S = \dfrac{1}{I_D}\left\{\dfrac{R_2}{R_1+R_2}V_{DD} - V_P\left(1 - \sqrt{\dfrac{I_D}{I_{DSS}}}\right)\right\} \quad (2\text{-}94)$$

図2-38の回路についても，ゲート電流は流れないので，式（2-93）は成立します．また，入力インピーダンスは，$R_3 + \dfrac{R_2}{R_1+R_2}$ となりますが，$R_3 \gg R_1, R_2$ となるようにします．

例題 2-11 図2-40の回路でバイアス点における電流 $I_D = 3\text{mA}$ とするための R_S の値を求めなさい．ただし，V_{GS}-I_D 特性は図2-41とします．

解答 R_1 と R_2 から V_G は次のように求まります．

$$V_G = \dfrac{R_2}{R_1+R_2}V_{DD}$$
$$= \dfrac{1\text{M}\Omega}{1\text{M}\Omega + 2\text{M}\Omega} \times 9\text{V}$$
$$= 3\text{(V)}$$

図2-41のように，$V_{GS} = 3\text{V}$ の点Aと動作点Qを結ぶ直線上のバイアス点となります．また，式（2-84）から V_{GS} を求めると，

$$V_{GS} = V_P\left(1 - \sqrt{\dfrac{I_D}{I_{DSS}}}\right)$$
$$= -4 \times \left(1 - \sqrt{\dfrac{3}{10}}\right) = -1.8\text{(V)}$$

となり，図2-41のグラフから読み取った値とほぼ一致します．したがって，式（2-94）から，次のように，$R_S = 1.6\text{k}\Omega$

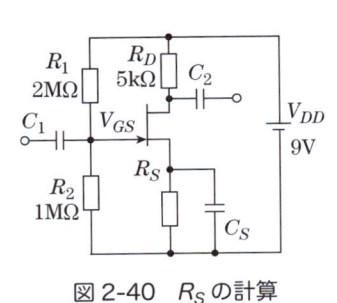

> 自己バイアス回路は R_S の自由度が高いのがメリット．

図2-40 R_S の計算

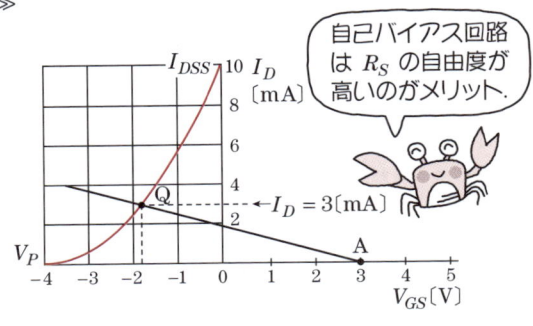

図2-41 V_{GS} の特性図

2-3 バイアス回路

と求まります．

$$R_S = \frac{1}{I_D}\left\{\frac{R_2}{R_1+R_2}V_{DD} - V_P\left(1-\sqrt{\frac{I_D}{I_{DSS}}}\right)\right\}$$

$$= \frac{1}{3\times 10^{-3}}\times\{3-(-1.81)\}$$

$$= 1.6\,[\mathrm{k\Omega}]$$

(c) MOS形FETのバイアス回路

図2-42(a)のように，nチャネルのエンハンスメント形のMOS形FETのV_{GS}-I_D特性は，V_{GS}が正になるとI_Dが流れます．したがって，接地に接続したソースよりゲート電位を正とするため，図2-42(b)のように，電源電圧を抵抗R_1，R_2で分圧するバイアス回路が用いられます．図2-43(a)のように，nチャネルのデプレッション形のMOS形FETのV_{GS}-I_D特性は，接合形FETと似たように，V_{GS}がゼロでもドレーン電流I_Dが流れるので，図2-43(b)のようなゼロバイアス回路でも電圧増幅ができます．V_{GS}が正負のどちらの領域でもドレーン電流I_Dが流れるので，接合形FETと同じように図2-43(c)のソース抵抗R_Sと抵抗R_1，R_2でバイアス電圧V_{GS}を正の範囲に設定することができます．

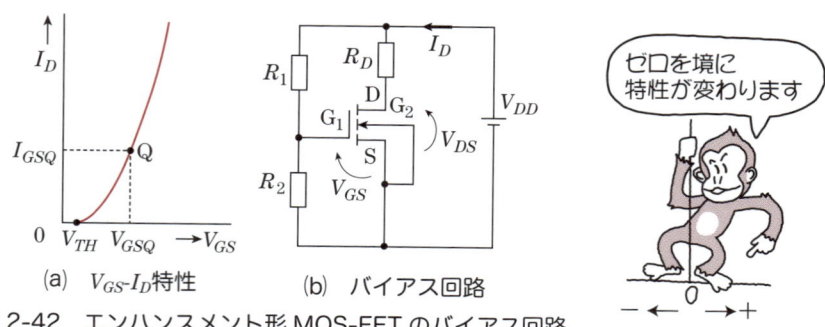

(a) V_{GS}-I_D特性　　(b) バイアス回路

図2-42　エンハンスメント形MOS-FETのバイアス回路

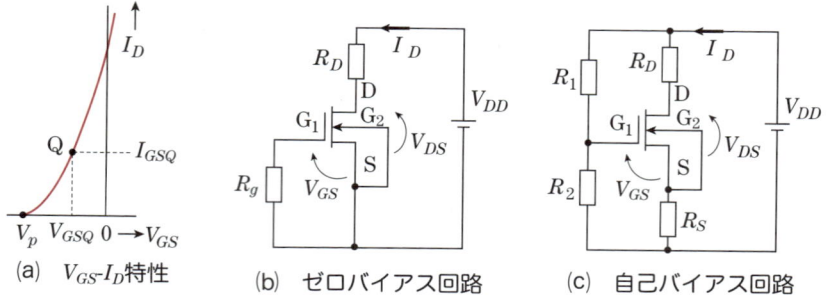

(a) V_{GS}-I_D特性　　(b) ゼロバイアス回路　　(c) 自己バイアス回路

図2-43　デプレッション形MOS-FETのバイアス回路

2-4 RC 結合増幅回路

(1) RC 結合増幅回路

トランジスタや FET を用いた増幅回路で，必要な増幅度が単独の増幅回路で得られない場合には，**図 2-44** のように，複数の増幅回路を結合回路で接続し**多段増幅回路**を構成して必要な増幅度を得ることがよくあります．結合回路には，様々な方式がありますが，図 2-44 を具体的な回路で表すと**図 2-45** のようになります．これは，結合回路の部分が抵抗 R とコンデンサ C で構成されるので **RC 結合増幅回路**といいます（**CR 結合増幅回路**ともいいます）．その他の結合回路には，トランスを用いたトランス結合回路などがありますが，トランス結合回路については，次の 2.5 節で説明します．ここでは，結合回路として一般的によく用いられる RC 結合回路の動作について説明します．まず，図 2-45 の回路の直流分を阻止する働きをする目的のコンデンサ C_1, C_2, C_3 を**結合コンデンサ**，エミッタに接続され交流分のみを通す働きをする目的の C_{E1}, C_{E2} を**バイパスコンデンサ**といいます．C_1 ～ C_3 は増幅回路同士を直接接続すると，バイアスに影響を与えて，動作点が移動するなどの影響をなくす働きを

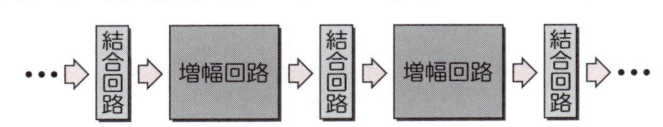

図 2-44 多段増幅回路

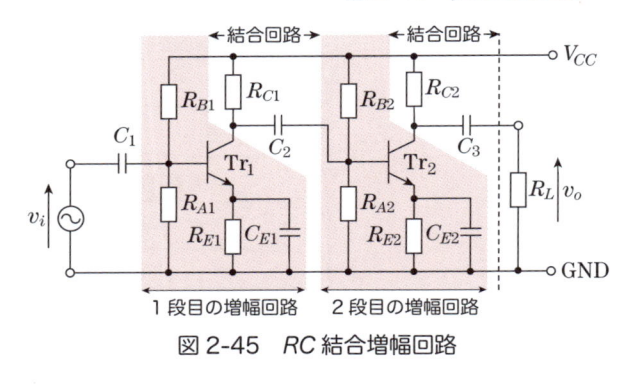

図 2-45 RC 結合増幅回路

RC 結合増幅回路が一番ポピュラーな結合回路です．

します．また，C_{E1}, C_{E2} は，交流入力信号によるコレクタ電流の変化が，エミッタ抵抗の電圧降下の変化となって，バイアスに対して影響を与えないように，交流成分を GND にバイパスするものです．

この回路の動作を考える場合，一度に回路全体を考えると理解しにくいので，1 段の RC 結合増幅回路の**図 2-46** について考えることにします．このとき点線で接続されたコンデンサは，配線間の浮遊容量 C_{is}, C_{os} やトランジスタ内部の容量 C_{ob}, C_{ce}, C_e などを示しています．この回路は，直流に対しては**図 2-47** のようになります．また，交流に対しては，電源を短絡とし，使用する周波数に対してコンデンサのインピーダンスが小さい場合には同様に短絡と考えるので**図 2-48** のようになります．なお，この回路で，負荷抵抗 R_L は次段の増幅回路の入力インピーダンスと考えています．図 2-48 を等価回路で表すと図 2-51 のようになり，回路の解析が容易になります．

(2) RC 結合増幅回路の交流負荷線

図 2-47 の RC 結合増幅回路の直流負荷線は，キルヒホッフの法則から，式 (2-95) のように R_C と R_E で決まり，**図 2-49** に示すようになります．

$$I_C = \frac{V_{CC} - V_{CE}}{R_C + R_E} \quad (2\text{-}95)$$

また，図 2-48 の回路から負荷が R_L

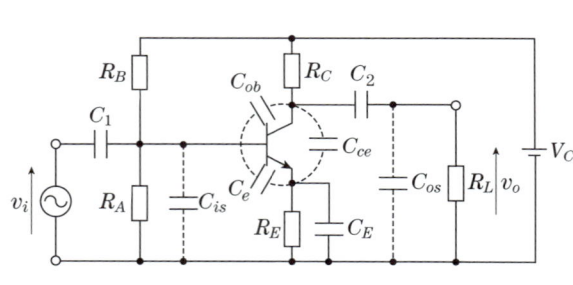

図 2-46　RC 結合増幅回路の構成

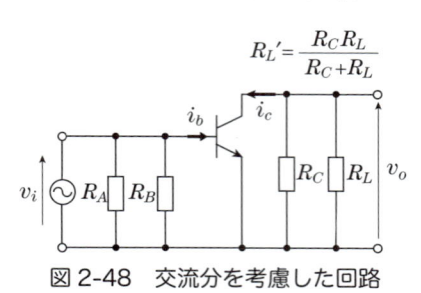

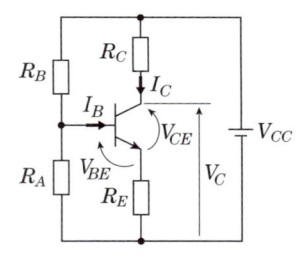

図 2-47　直流分を考慮した回路

$$R_L' = \frac{R_C R_L}{R_C + R_L}$$

図 2-48　交流分を考慮した回路

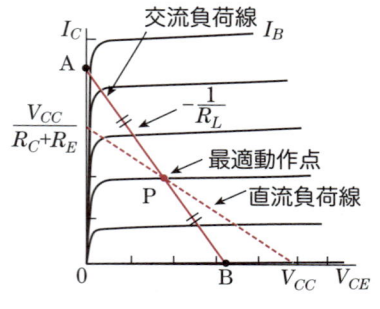

図 2-49　直流負荷線と交流負荷線

第 2 章　増幅回路の基礎

と R_C の並列抵抗となるので，式(2-96)から図 2-49 に示すように傾き $-\dfrac{1}{R_L}$ の交流負荷線が引けます．

$$I_C = -\dfrac{v_{ce}}{R_L} \tag{2-96}$$

ただし，$R_L' = \dfrac{R_C R_L}{R_C + R_L}$ です．

この負荷線が AP = BP となるように設定したときの動作点 P を**最適動作点**といい，信号の振幅は最大で非直線ひずみがない，最も適切な動作点となります．

(3) **周波数特性**

図 2-46 の RC 結合増幅回路は，増幅回路同士の結合にコンデンサを用いているために，低い周波数ではリアクタンスが増加して，出力電圧が低下します．逆に，高い周波数では結合コンデンサの影響はなくなりますが，配線間の浮遊容量やトランジスタ内部の容量により増幅度が低下します．このような原因により，一般に RC 結合増幅回路の電圧増幅度の周波数特性は，**図 2-50** のように，電圧利得 G_v は，入力信号の周波数が低い帯域，高い帯域では低下します．増幅度 A_v が $\dfrac{1}{\sqrt{2}}$ (G_v で 3dB の低下) になる周波数を境として，低域，中域，高域周波数領域といい，f_L, f_H をそれぞれ**低域遮断周波数**，**高域遮断周波数**といいます．また，中域の周波数幅を**帯域幅 B** (bandwidth) といいます．それぞれの場合に，どのように電圧増幅度 A_v が変化するかを説明します．

(a) **中域周波数領域**

図 2-51 の等価回路は中域周波数では，結合コンデンサ C_1, C_2 やバイパスコンデンサ C_E のリアクタンスが小さいので短絡とみなすことができ，**図 2-52** の簡易等価回路を考えます．したがって，表 2-5 の簡易等価回路の電圧増幅度から式 (2-97) となります．ただし，負荷は，コレクタ抵抗 R_C と負荷抵抗 R_L の並列合成抵抗 R_L' としています．

$$A_v = -\dfrac{h_{fe}}{h_{ie}} R_L' \tag{2-97}$$

ただし，

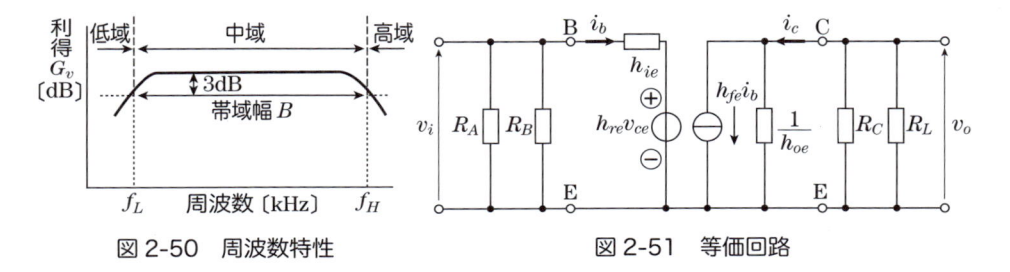

図 2-50　周波数特性

図 2-51　等価回路

$$R_L' = R_C // R_L = \frac{R_C R_L}{R_C + R_L}$$

(b) 低域周波数領域

周波数が低くなると，結合コンデンサ C_1，C_2 やバイパスコンデンサ C_E のリアクタンスが無視できなくなります．C_1，C_2 を考慮した簡易等価回路を**図2-53**，**図2-54**に示します．また，C_E を考慮した簡易等価回路を**図2-55**に示します．それぞれの回路について電圧増幅度を求めます．

① 結合コンデンサ C_1 を考慮した簡易等価回路図の図2-53から，電圧増幅度 A_{vL1} は式（2-98）となります．

$$A_{vL1} = \frac{v_o}{v_i} = -\frac{h_{fe} i_b}{v_i} R_L' \quad (2\text{-}98)$$

式（2-98）に式（2-99）を代入して i_b を消去し，整理すると式（2-100）となります．

$$i_b = \frac{v_i}{R' + \dfrac{1}{j\omega C_1}} \cdot R' \cdot \frac{1}{h_{ie}}$$

$$= \frac{v_i}{1 + \dfrac{1}{j\omega C_1 R'}} \cdot \frac{1}{h_{ie}} \quad (2\text{-}99)$$

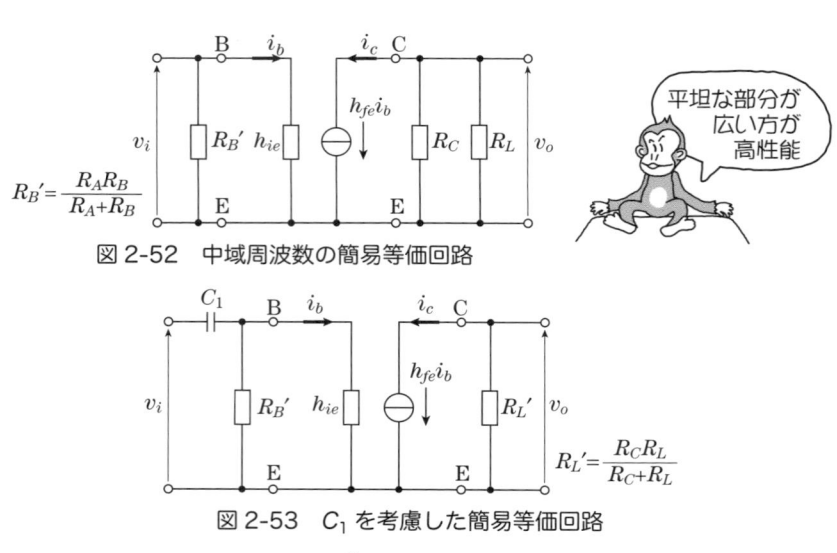

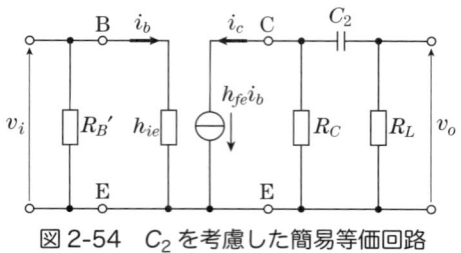

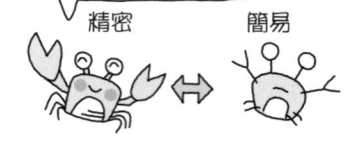

$R_B' = \dfrac{R_A R_B}{R_A + R_B}$

図2-52 中域周波数の簡易等価回路

$R_L' = \dfrac{R_C R_L}{R_C + R_L}$

図2-53 C_1 を考慮した簡易等価回路

平坦な部分が広い方が高性能

等価回路も静電容量の影響で周波数により考え方が変わります．

精密　　簡易

図2-54 C_2 を考慮した簡易等価回路

ただし，

$$R' = R_B' // h_{ie} = \frac{R_B' h_{ie}}{R_B' + h_{ie}}$$

$$A_{vL1} = \frac{v_o}{v_i}$$
$$= \left(-\frac{h_{fe}}{h_{ie}} R_L'\right) \frac{1}{1 - j\dfrac{1}{\omega C_1 R'}}$$
(2-100)

この結果と式（2-97）の関係から，次の式（2-101）として表すことができます。

$$A_{vL1} = \frac{A_v}{1 - j\dfrac{1}{\omega C_1 R'}} \quad (2\text{-}101)$$

低域遮断周波数 f_{L1} は，$|A_{vL1}| = \dfrac{A_v}{\sqrt{2}}$ が成立するときの周波数になり，$\omega C_1 R' = 1$ の関係から式（2-102）となるので，A_{vL1} の周波数変化は式（2-103）と表せます。

$$f_{L1} = \frac{1}{2\pi C_1 R'} \quad (2\text{-}102)$$

$$A_{vL1} = \frac{A_v}{1 - j\dfrac{f_{L1}}{f}} \quad (2\text{-}103)$$

② 結合コンデンサ C_2 を考慮した簡易等価回路の図 2-54 から，電圧増幅度 A_{vL2} は式（2-104）となります。

$$v_i = h_{ie} i_b$$

$$v_o = -h_{fe} i_b \cdot \frac{R_C R_L}{R_C + R_L + \dfrac{1}{j\omega C_2}}$$

したがって，

$$A_{vL2} = \frac{v_o}{v_i}$$

$$= \frac{-h_{fe} i_b \cdot \dfrac{R_C R_L}{R_C + R_L + \dfrac{1}{j\omega C_2}}}{h_{ie} i_b}$$

$$= -\frac{h_{fe}}{h_{ie}} \cdot \frac{R_C R_L}{R_C + R_L + \dfrac{1}{j\omega C_2}}$$

$$= -\frac{h_{fe}}{h_{ie}} \cdot \frac{\dfrac{R_C R_L}{R_C + R_L}}{1 + \dfrac{1}{j\omega C_2 (R_C + R_L)}}$$

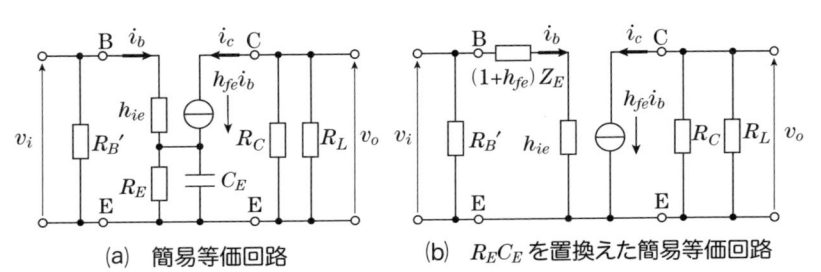

(a) 簡易等価回路 (b) $R_E C_E$ を置換えた簡易等価回路

図 2-55　C_E を考慮した簡易等価回路

■ 2-4　RC 結合増幅回路 ■

$$= -\frac{h_{fe}R_L{}'}{h_{ie}} \cdot \frac{1}{1+\dfrac{1}{j\omega C_2(R_C+R_L)}}$$

(2-104)

ただし,

$$R_L{}' = \frac{R_C R_L}{R_C+R_L}$$

前項同様, この結果と式 (2-97) の関係から, 次式 (2-105) が成立します.

$$A_{vL2} = \frac{A_v}{1+\dfrac{1}{j\omega C_2(R_C+R_L)}}$$

(2-105)

低域遮断周波数 f_{L2} は, $|A_{vL2}| = \dfrac{A_v}{\sqrt{2}}$ が成立するときの周波数になり, $\omega C_2(R_C+R_L)=1$ の関係から式 (2-106) となるので, 増幅 A_{vL2} の周波数変化は式 (2-107) と表せます.

$$f_{L2} = \frac{1}{2\pi C_2(R_C+R_L)} \quad (2\text{-}106)$$

$$A_{vL2} = \frac{A_v}{1+j\dfrac{f_{L2}}{f}} \quad (2\text{-}107)$$

③ バイパスコンデンサ C_E を無視できない場合の簡易等価回路は, 図 2-55 (a) のようになります. ここで, 入力電圧 v_i に関して, 次の式 (2-108) が成り立ちます. ただし, Z_E は R_E と C_E の合成インピーダンス Z_E

$$= \frac{R_E}{1+j\omega C_E R_E}$$ で表されます.

$$v_i = i_b h_{ie} + (i_b+i_c)Z_E \quad (2\text{-}108)$$

整理すると, 式 (2-109) となります.

$$v_i = i_b h_{ie} + (i_b + h_{fe}i_b)Z_E$$
$$= i_b\{h_{ie}+(1+h_{fe})\}Z_E$$
$$\frac{v_i}{i_b} = h_{ie}+(1+h_{fe})Z_E \quad (2\text{-}109)$$

この結果から, 図 2-55 (b) のように等価回路を表すことができます. また, ベース電流 i_b は次の式 (2-110) のようになります.

$$i_b = \frac{v_i}{h_{ie}+(1+h_{fe})\dfrac{R_E}{1+j\omega C_E R_E}}$$

$$= \frac{1+j\omega C_E R_E}{h_{ie}+(1+h_{fe})R_E+j\omega C_E R_E h_{ie}} v_i$$

$$\fallingdotseq \frac{1+j\omega C_E R_E}{h_{fe}R_E+j\omega C_E R_E h_{ie}} v_i$$

(2-110)

$v_o = -h_{fe}R_L{}'i_b$ なので, 電圧増幅度 A_{vE} は式 (2-111) となります.

$$A_{vE} = \frac{v_o}{v_i}$$

$$= -h_{fe}R_L{}' \cdot \frac{1+j\omega C_E R_E}{h_{fe}R_E+j\omega C_E R_E h_{ie}}$$

$$= -\frac{h_{fe}R_L{}'(1+j\omega C_E R_E)}{h_{fe}R_E+j\omega C_E R_E h_{ie}}$$

$$= -\frac{R_L{}'}{R_E} \cdot \frac{1+j\omega C_E R_E}{1+j\omega C_E \dfrac{h_{ie}}{h_{fe}}}$$

(2-111)

電圧増幅度 A_{vE} の周波数変化を考えると, $f \to 0$, つまり, $\omega \to 0$ の場合には,

式（2-112）となり一定値となります．

$$A_{vE} = -\frac{R_L{'}}{R_E} \quad (2\text{-}112)$$

逆に，$f \to \infty$，つまり，$\omega \to \infty$ の場合には，式（2-113）となり，A_{vE} は中域の増幅度 A_v と同じになります．

$$A_{vE} = -\frac{R_L{'}}{R_E} \cdot \frac{\dfrac{1}{\omega} + jC_E R_E}{\dfrac{1}{\omega} + jC_E \dfrac{h_{ie}}{h_{fe}}}$$

$$= -\frac{h_{fe}}{h_{ie}} R_L{'} \quad (2\text{-}113)$$

ところで，周波数が変化した場合に，式（2-111）の電圧増幅度 A_{vE} が変化し始める周波数 f_{CE1}, f_{CE2} は，式（2-111）から，式（2-114），式（2-115）で求められます．

$$f_{CE1} = \frac{h_{fe}}{2\pi C_E h_{ie}} \quad (2\text{-}114)$$

$$f_{CE2} = \frac{1}{2\pi C_E R_E} \quad (2\text{-}115)$$

通常は，$f_{CE1} > f_{CE2}$ の関係が成り立つので，低域遮断周波数は f_{CE1} で求まります．また，この周波数を式（2-111）に代入して整理すると式（2-116）となります．

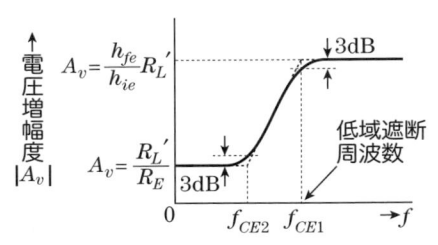

図 2-56 C_E の影響による低域特性

$$A_{vE} = -\frac{R_L{'}}{R_E} \cdot \frac{1 + j\left(\dfrac{f}{f_{CE2}}\right)}{1 + j\left(\dfrac{f}{f_{CE1}}\right)}$$

$$(2\text{-}116)$$

電圧増幅度 A_{vE} の周波数変化はこの式（2-116）から**図 2-56** のようになります．なお，式（2-102）と比較し，同一遮断周波数で設計すると，$R_B{'} \gg h_{ie}$ が成り立つと，

$$f_{L1} \fallingdotseq \frac{1}{2\pi C_1 h_{ie}}$$

となり，式（2-114）と比較すると，結合コンデンサ C_1 のおおよそ h_{fe} 倍のバイパスコンデンサ C_E が必要となります．

(c) **高域周波数領域**

高域周波数領域では，結合コンデンサやバイパスコンデンサなどはリアクタンスが減少するので無視できます．しかし，トランジスタ自体の h_{fe} は，周波数が 2 倍になると約 $\dfrac{1}{2}$ に減少する性質により増幅度が低下します．また，配線間に生じる浮遊容量やトランジスタの内部容量（特に，コレクタ接合容量 C_{ob} によるミラー効果）による増幅度の低下も発生します．

① **浮遊容量や内部容量による影響**

配線間の浮遊容量 C_{os} やトランジスタ内部の容量 C_{ce} による影響を考慮した等価回路を**図 2-57** に示します．

ここで，$C_o = C_{os} + C_{ce}$ としています．出力側のインピーダンス R_o は，R_L と C_o の並列インピーダンスなので，式（2-117）となります．

$$R_o = \frac{R_L \cdot \dfrac{1}{j\omega C_o}}{R_L + \dfrac{1}{j\omega C_o}}$$

$$= \frac{R_L}{1+j\omega C_o} \quad (2\text{-}117)$$

出力電圧 v_o は，式（2-118）となります．

$$v_o = -i_c R_o$$

$$= -i_b h_{fe} \cdot \frac{R_L}{1+j\omega C_o} \quad (2\text{-}118)$$

入力電圧 v_i は $i_b h_{ie}$ なので，高域における電圧増幅度を A_{vH} とすると，式（2-119）となります．

$$A_{vH} = \frac{v_o}{v_i} = \frac{-i_b h_{fe} \cdot \dfrac{R_L}{1+j\omega C_o}}{i_b h_{ie}}$$

$$= -\frac{h_{fe}}{h_{ie}} R_L \frac{1}{1+j\omega C_o R_L}$$

$$= \frac{A_v}{1+j\omega C_o R_L} \quad (2\text{-}119)$$

ここで，A_{vH} が，A_v から3dB低下（$\dfrac{1}{\sqrt{2}}$ 倍になります．）するのは，次の式（2-120）が成立する場合です．

$$\omega C_o R_L = 1 \quad (2\text{-}120)$$

したがって，高域遮断周波数 f_{CH} は次の式（2-121）となり，増幅度 A_{vH} の周波数変化は式（2-122）となります．

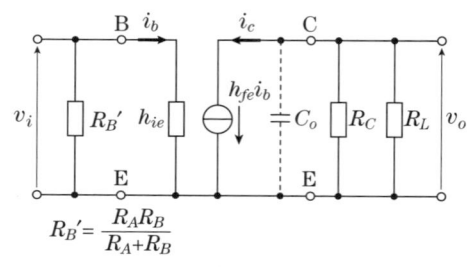

図 2-57 浮遊容量などを含む等価回路

$$R_B' = \frac{R_A R_B}{R_A + R_B}$$

(a) C_{ob} を考慮した等価回路

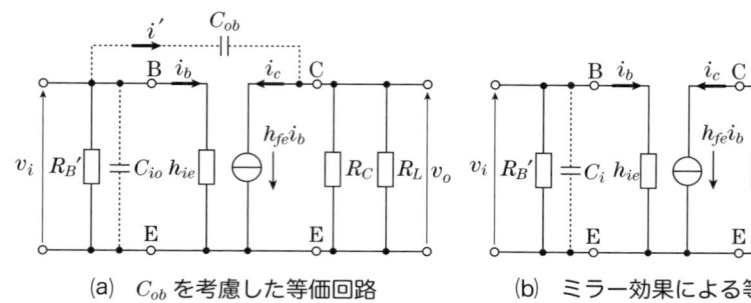

(b) ミラー効果による等価回路

図 2-58 ミラー効果の影響を考慮した等価回路

$$f_{CH} = \frac{1}{2\pi C_o R_L} \quad (2\text{-}121)$$

$$A_{vH} = \frac{A_v}{1+j\dfrac{f}{f_{CH}}} \quad (2\text{-}122)$$

② ミラー効果による影響

入力側から C_{ob} に流れる電流 i' は式（2-123）で表されます．

$$\begin{aligned}i' &= (v_i - v_o)j\omega C_{ob} \\ &= v_i\left(1 - \frac{v_o}{v_i}\right)j\omega C_{ob} \\ &= v_i(1 - A_v)j\omega C_{ob} \quad (2\text{-}123)\end{aligned}$$

この結果から，入力側からは C_{ob} が $(1-A)$ 倍になることが分かります（実際には，A_v は負の値なので，$1+|A|$ 倍となります）．これを**ミラー効果**といいます．したがって，入力側の容量 C_i は，式（2-124）で表す大きさとなります．ただし，$C_{io} = C_e + C_{is}$ を表しています．

$$C_i = C_{io} + (1+|A_v|)C_o \quad (2\text{-}124)$$

入力信号電流はこの C_i に流れるため，高域周波数領域での増幅度は低下することになります．

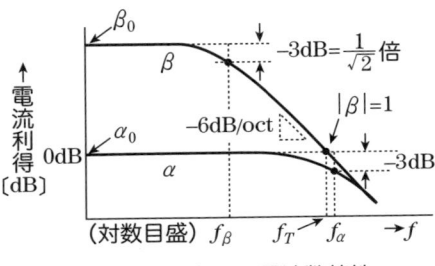

図 2-59 α と β の周波数特性

③ α, β 遮断周波数による影響とトラジション周波数 f_T

①，②以外に周波数特性に影響を与える要因として，トランジスタ自体の影響があります．ベース接地でベース内のキャリヤの拡散速度が問題となるような場合には，エミッタ電流を急激に変化しても，コレクタ電流は追従して変化できません．つまり，高周波になると，α が徐々に小さくなると同時に，位相遅れが発生します．このときの電流増幅率 α は，近似的に式（2-125）で表されます．ただし，f_α は**図 2-59** のように，$|\alpha| = \dfrac{\alpha_0}{\sqrt{2}}$（3dB 低下）となるときの周波数で，$\alpha$**遮断周波数**といいます．

$$\alpha = \frac{\alpha_0}{1+j\dfrac{f}{f_\alpha}} \quad (2\text{-}125)$$

次に，式（2-125）に，式（2-10）の $\beta = \dfrac{\alpha}{1-\alpha}$ の関係を代入して整理すると，式（2-126）となります．

$$\begin{aligned}\beta = \frac{\alpha}{1-\alpha} &= \frac{\dfrac{\alpha_0}{1+j\dfrac{f}{f_\alpha}}}{1 - \dfrac{\alpha_0}{1+j\dfrac{f}{f_\alpha}}} \\ &= \frac{\alpha_0}{1-\alpha_0} \cdot \frac{1}{1+j\dfrac{f}{f_\alpha(1-\alpha_0)}}\end{aligned}$$

$$(2\text{-}126)$$

また，電流増幅率 β についても，近似的に式（2-127）と表せます．ただし，β_0 を低周波における増幅率とし，f_β を **β 遮断周波数** といいます．

$$\beta = \frac{\beta_0}{1+j\dfrac{f}{f_\beta}} \qquad (2\text{-}127)$$

ここで，$\beta_0 = \dfrac{\alpha_0}{1-\alpha_0}$ の関係と式（2-127）から，式（2-128）となります．

$$f_\beta = f_\alpha(1-\alpha_0) \qquad (2\text{-}128)$$

また，$|\beta|=1$ のときの周波数 f_T を **トランジション周波数**（transition frequency）といい，次の式（2-129）の関係が成り立ちます．

$$\begin{aligned}
f_T &= f_\beta\sqrt{\beta_0^2-1} \fallingdotseq \beta_0 f_\beta \\
&= \frac{\alpha_0}{1-\alpha_0}(1-\alpha_0)f_\alpha \\
&= \alpha_0 f_\alpha \qquad (2\text{-}129)
\end{aligned}$$

これらの関係をグラフで表すと，図 2-59 のようになります．実際には，α_0 はほぼ 1 に近いので $f_T \fallingdotseq f_\alpha$ となり，f_T は f_α と同程度になります．また，$h_{fe}=\beta_0$，$h_{fb}=\alpha_0$ なので，式（2-130）と表すこともできます．

$$f_T = h_{fe}f_\beta = h_{fb}f_\alpha \qquad (2\text{-}130)$$

以上の結果から，ベース接地方式に比べて，エミッタ接地方式の方が電流増幅率は大きいのですが遮断周波数は下がることが分かります．例えば，$\alpha_0 = 0.98$，$f_\alpha = 90\text{MHz}$ とすると，式（2-128）から，$f_\beta = 90\text{MHz} \times (1-0.98) = 1.8\text{〔MHz〕}$ となります．

例題 2-12 周波数 $f=100\text{MHz}$ で $|\beta|$ が 2 のトランジスタの f_T を求めなさい．また，$\beta_0=100$ のとき f_β はいくらになりますか．

解答 式（2-127）で，$f \gg f_\beta$ とすると，

$$\beta \fallingdotseq \frac{\beta_0}{j\dfrac{f}{f_\beta}}$$

から，

$$|\beta| = \frac{\beta_0 f_\beta}{f} = \frac{f_T}{f}$$

したがって，

$$f_T = |\beta|f = 2\times 100 = 200\text{〔MHz〕}$$

また，式（2-129）から，

$$f_\beta = \frac{f_T}{\beta_0} = \frac{200}{100} = 2\text{〔MHz〕}$$

(4) 増幅度とデシベル

増幅回路の動作量の計算で，増幅度を表す場合に非常に大きな値になることがあります．このような場合に，増幅度の扱いを容易にするためや，人間の聴覚などの感覚が対数的であることから，電子回路では常用対数を用いた **デシベル(dB)** という単位を用います．図 2-60 に示す四端子回路網の電圧

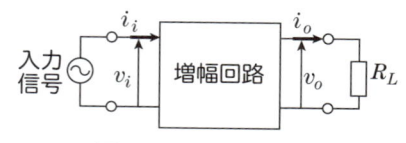

図 2-60　四端子回路

増幅度 A_v，電流増幅度 A_i，電力増幅度 A_p のそれぞれについて，電圧利得 G_v，電流利得 G_i，電力利得 G_p は式 (2-131)～式 (2-133) で表されます．

$$G_v = 20\log_{10}\left|\frac{v_o}{v_i}\right|$$
$$= 20\log_{10}|A_v|\text{(dB)} \quad (2\text{-}131)$$

$$G_i = 20\log_{10}\left|\frac{i_o}{i_i}\right|$$
$$= 20\log_{10}|A_i|\text{(dB)} \quad (2\text{-}132)$$

$$G_p = 10\log_{10}\left|\frac{p_o}{p_i}\right|$$
$$= 10\log_{10}|A_p|\text{(dB)} \quad (2\text{-}133)$$

図 2-61 のように複数の増幅回路を接続した場合には，増幅度 $A_v = A_{v1} \cdot A_{v2}$ となります．これを利得 G_v〔dB〕に直すと次の式 (2-134) となります．

$$G_v = 20\log_{10} A_{v1} \cdot A_{v2}$$
$$G_v = 20\log_{10} A_{v1} \cdot A_{v2}$$
$$= 20\log_{10} A_{v1} + 20\log_{10} A_{v2}$$
$$= G_{v1} + G_{v2}\text{(dB)} \quad (2\text{-}134)$$

したがって，複数段の増幅器を接続した場合の全体の利得は，各増幅器の利得の和の式 (2-135) となります．

$$G_v = G_{v1} + G_{v2} + \cdots + G_{vn} \quad (2\text{-}135)$$

例題 2-13 図 2-62 の 3 段接続した増幅回路について①～③を求めなさい．

① 総合電圧増幅度 A_v
② 総合利得 G_v
③ 増幅回路 2 の利得 G_{v2}

解答

① $A_v = \dfrac{v_o}{v_i} = \dfrac{1\text{ V}}{10\times10^{-6}\text{ V}}$
   $= 1\times10^5$ 倍

② $G_v = 20\log_{10}|A_v|$
   $= 20\log_{10}(1\times10^5) = 100$〔dB〕

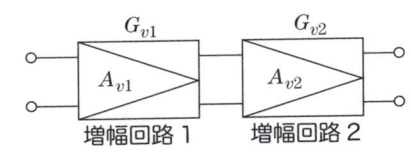

③ $G_{v2} = 100 - (40+25) = 35$〔dB〕

図 2-61 2 段接続した増幅回路

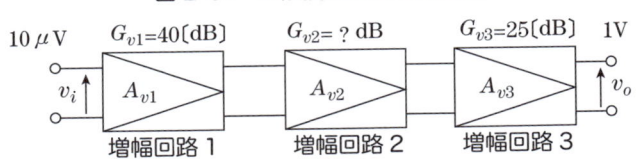

図 2-62 3 段接続した増幅回路

2-4 RC 結合増幅回路

2-5 トランス結合増幅回路

トランス結合増幅回路は，図 2-63 のように，トランス（変成器）を用いて前段増幅回路の出力を次段へ供給する回路で，本来は電力増幅回路に用いられます．トランジスタの場合，入力インピーダンスは低く，出力インピーダンスが高いためそのまま直接的に接続すると不整合となり，利得が低下します．トランス結合を用いて，前段と次段のインピーダンスを整合（**インピーダンスマッチング**）することによって，電力損失の少ない結合が可能となります．トランスの巻数比を $n:1$ とし，二次側の負荷抵抗を R_S とすると，一次側からみたインピーダンス R_L は，式（2-136）となり，n を適切に選ぶことにより整合をとることができます．

$$R_L = n^2 R_S \qquad (2\text{-}136)$$

しかし，周波数特性はトランスの特性によって決まり，一般的には，RC 結合増幅回路や直接結合増幅回路よりも周波数特性は悪くなります．また，結合に用いる小型で特性のよいトランスは高価になります．一方，RC 結合増幅回路の場合には，ここにあげた欠点がないので，利得は低くなるのですが複数段の増幅回路を組み合わせて構成できるため，RC 結合増幅回路の方がよく用いられます．

(1) 動作点の求め方

ここでは，トランス結合増幅回路の動作点を求めます．直流動作の回路は図 2-64 のようになり，キルヒホッフの法則から式（2-137）となります．

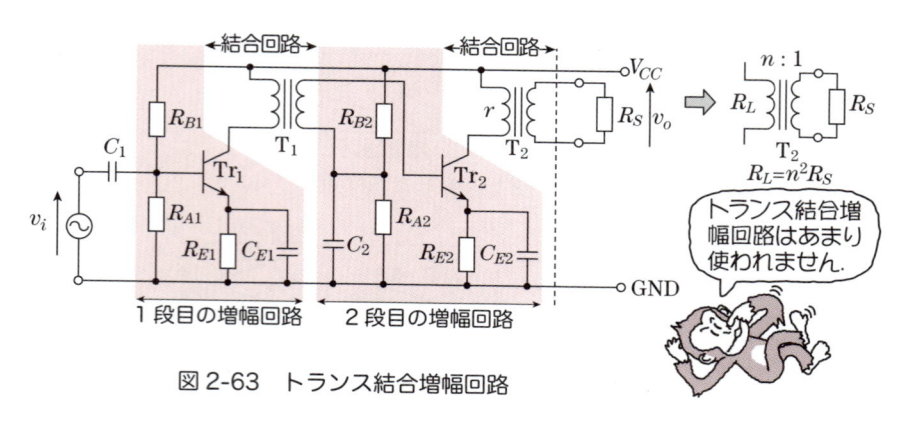

図 2-63　トランス結合増幅回路

$$V_{CC} - V_{CE} = rI_C + R_E I_E$$
$$\simeq (r + R_E)I_C$$

$$I_C = \frac{V_{CC} - V_{CE}}{r + R_E} \qquad (2\text{-}137)$$

ただし，r はトランスの一次巻線の直流抵抗を示しています．

この結果から直流負荷線を描くと，**図2-65** のようになります．次に，交流動作の回路は，**図2-66** のようになり，出力電圧 v_{ce} は式（2-138）となります．ただし，R_L はトランスの一次巻線側から見た負荷インピーダンスを示しています．

$$i_c = -\frac{v_{ce}}{R_L} \qquad (2\text{-}138)$$

したがって，交流負荷線は，図2-65 のように傾き $-\dfrac{1}{R_L}$ の直線となり，直流負荷線との交点を中心として，交流振幅が最大となるように動作点を決定します．この動作点は，バイアス回路の抵抗 R_A，R_B で決定します．このときの**無ひずみ最大出力** $P_{c\max}$ は，式（2-139）となります．

$$P_{c\max} = \frac{I_{Cm}}{\sqrt{2}} \cdot \frac{V_{Cm}}{\sqrt{2}}$$
$$\simeq \frac{1}{2} I_{CP} V_{CP} \qquad (2\text{-}139)$$

(2) トランス結合増幅回路の特徴

トランス結合増幅回路には，次の特徴があります．

① インピーダンス整合がとれるので低損失で増幅度が大きくとれます．

② 電圧利用率 $\dfrac{V_{CP}}{V_{CC}} \simeq 1$ が優れてい

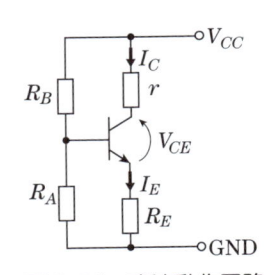

図2-64 直流動作回路

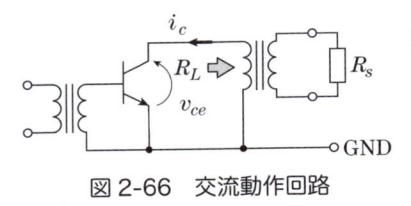

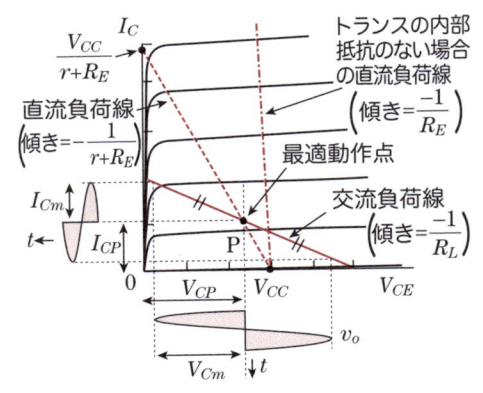

図2-65 トランス結合増幅回路の動作点

図2-66 交流動作回路

V_{CC} より大きな振幅が得られるのが特徴．でも，コレクタ逆耐圧に注意！

■ 2-5 トランス結合増幅回路 ■

ます．

③　周波数特性，位相特性があまり良くありません．

④　設置スペースが必要で重くコストが高くなります．

⑤　交流のコレクタ電圧のピーク値は，電源電圧の約 2 倍に達するので，コレクタ逆耐圧電圧に注意が必要です．

例題 2-14　50kΩ：2kΩ のトランスの二次側に 500Ω の抵抗を接続したとき，一次側から見たインピーダンス R_L を求めなさい．

解答

式（2-136）より，

$$n^2 = \frac{R_L}{R_S}$$

$$\therefore\ n = \sqrt{\frac{R_L}{R_S}} = \sqrt{\frac{50\mathrm{k\Omega}}{2\mathrm{k\Omega}}} = 5$$

$$\therefore\ R_L = n^2 \times 500 = 25 \times 500$$
$$= 12.5\,[\mathrm{k\Omega}]$$

2-6 直接結合増幅回路

これまで説明した RC 結合増幅回路やトランス増幅回路は，コンデンサやトランスで増幅回路同士を結合するので，低い周波数や直流の信号を増幅することはできません．**直接結合増幅回路**は，図2-67のように，コンデンサやトランスを結合に用いないで，増幅回路同士を直接接続したり，抵抗を介して接続することで，直流を増幅できるようにした回路です．しかし，2つの増幅回路を単純に直接接続しただけでは，それぞれバイアスを最適に設計したとしても，直流的に接続されているために，Tr_1 のコレクタ電圧がベース電圧に影響され，Tr_2 のバイアスが不安定になります．この問題を解決するには，図2-68のような結合方法を採用します．図(a)は，Tr_1 のコレクタ電圧を抵抗 R_1 と R_2 で分圧し，Tr_2 のベースに結合します．図(b)は，電圧の低い Tr_1 のエミッタと Tr_2 のベースを接続します．図(c)は，npn と pnp トランジスタを組み合わせてコンプリメンタリ直結回路として接続します．また，直接結合増幅回路では，入力信号がゼロでも微小な出力信号が出力されるオフセット電圧が発生します．このオフセット電圧は，温度や電源電圧などの変化によって変動します．この現象をドリフトといい，この影響を少なくすることが重要になり，第6章 オペアンプの「(4) 差動増幅回路」で説明する差動増幅回路がよく用いられます．

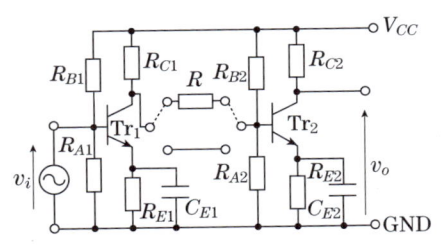

図2-67 増幅回路の直接結合の例

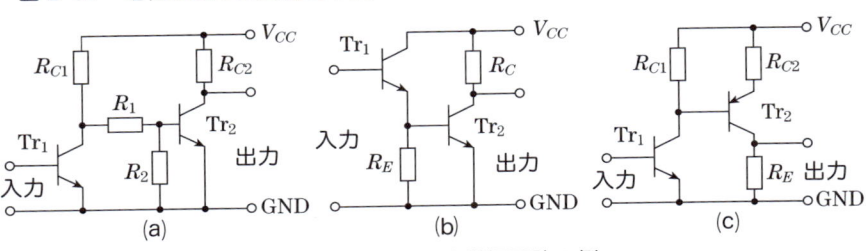

図2-68 直接結合増幅回路の例

章末問題 2

1 次の文章の□に適する語句を記入し文章を完成しなさい.

エミッタ接地方式のトランジスタ増幅回路では,信号がない状態でも,直流のベース電流が流れるように電源を設定します.これを□といい,この電源電圧の直流分を中心に交流分の入力信号が変化します.このとき中心になる点を□といいます.ここで,入力信号によるベース電流の変化からコレクタ電流の変化を取り出すための直線を□といいます.この電源がない場合には,V_{BE}が□V付近までベース電流が流れないので入力信号の負の部分のベース電流が出力されず正しく増幅できません.なお,直流分と交流分が重畳した出力信号から交流分を取り出すためには,□で直流分を遮断する必要があります.

2 図2-6に示すトランジスタの接地方式のnpnトランジスタを,pnpトランジスタに置き換えた場合の各接地方式の回路と各電流の方向を示しなさい.

3 あるトランジスタのエミッタ接地のh定数を測定したら表2-4のようになった.このトランジスタのベース接地,およびコレクタ接地のh定数を求めなさい.

表2-4

h_{ie}	h_{fe}	h_{re}	h_{oe}
12kΩ	300	2.5×10^{-4}	50μS

4 次の図2-69の回路の動作量 R_i, R_o, A_v, A_i を求めなさい.ただし,$h_{ie} = 2.4$kΩ, $h_{fe} = 180$ とする.また,負荷抵抗 $R_L = 5.1$kΩ を接続したときの A_v と A_i を計算しなさい.

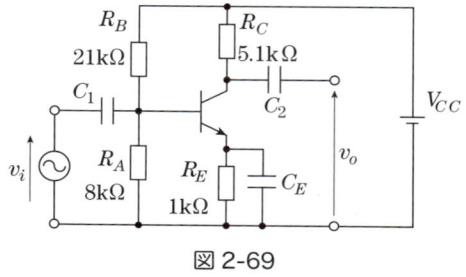

図2-69

5 トランジスタ増幅回路が高域周波数において,増幅度が低下する理由を考えなさい.

6 FET増幅回路で自己バイアス回路が固定バイアス回路より安定していることを説明しなさい.

第3章 各種の増幅回路

　この章では，第2章で学習した基本的な増幅回路の応用として，負帰還を利用して増幅回路の特性を改善する負帰還増幅回路，オーディオや送信機などの大きな電力を扱う電力増幅回路，ラジオやテレビなどの高周波を増幅する高周波増幅回路などについて説明します．

3-1 負帰還増幅回路

(1) 負帰還とは

増幅回路は，出力の波形がひずんだり雑音が発生したり，温度変化によって増幅器自体の増幅度が変化したりすることもあります．このような現象を改善するために，出力の一部を入力に逆位相にして戻す図 3-1 (a)に示す**負帰還（ネガティブフィードバック，negative feedback）**があります．一方，負帰還に対して，図 3-1 (b)に示すように，出力を同位相のまま入力に戻す**正帰還**（ポジティブフィードバック，positive feedback）という方法がありますが，これは発振回路で用いられます．ところで，負帰還増幅回路は増幅度の低下はあるのですが，次のような利点があります．

① 増幅度の安定化
② ひずみ，雑音の低減
③ 周波数特性の改善
④ 入出力インピーダンスの増減

ここでは，図 3-1 (a)の増幅度 A_v の同位相の増幅回路と帰還率 β の帰還回路を組み合わせた場合の動作について考えます．まず，式 (3-1)，式 (3-2)，式 (3-3) が成り立ちます．

$$v_o = A_v v_1 \quad (3\text{-}1)$$
$$v_f = \beta v_o \quad (3\text{-}2)$$
$$v_1 = v_i - \beta v_o \quad (3\text{-}3)$$

式 (3-3) を式 (3-1) に代入して，v_1 を消去して整理すると式 (3-4) となります．ここで負帰還時の回路全体の増幅度を A_f とすると，式 (3-5) が成り立ちます．

$$v_o = A_v v_1 = A_v(v_i - \beta v_o)$$
$$A_v v_i = (1 + A_v \beta) v_o \quad (3\text{-}4)$$

$$A_f = \frac{v_o}{v_i} = \frac{A_v}{1 + A_v \beta}$$

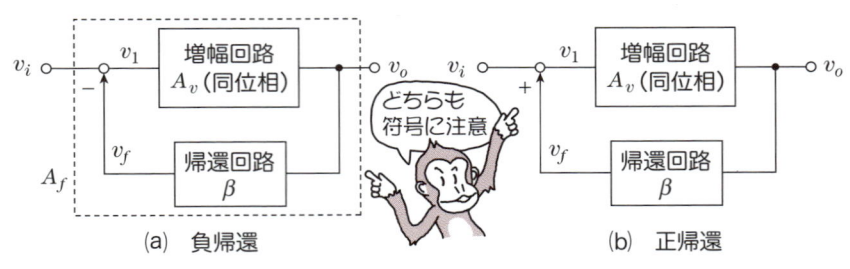

(a) 負帰還 (b) 正帰還

図 3-1 帰還増幅回路

$$A_f = \frac{v_o}{v_i} = \frac{A_v}{1+A_v\beta}$$

$$= \frac{1}{\frac{1}{A_v}+\beta} \quad (3\text{-}5)$$

ここで$A_v\beta$を**ループ利得**(loop gain),$1+A_v\beta$を**帰還量**Fといいます.

(a) **増幅度の安定**

式(3-5)において,A_vが非常に大きく,$\frac{1}{A_v} \ll \beta$であるときには,式(3-6)が成り立ちます.

$$A_f \fallingdotseq \frac{1}{\beta} \quad (3\text{-}6)$$

したがって,負帰還時の電圧増幅度A_fは,帰還率βの逆数で決まるので,帰還回路を抵抗などの受動素子で構成すると,周波数や温度などの影響が少なくなり安定度が向上します.つまり,トランジスタなどを取り替えて,A_vに多少の変動があっても,A_fにあまり影響を与えることのない安定した増幅度の回路が構成できます.

(b) **ひずみ,雑音の低減**

ひずみは,増幅回路に用いるトランジスタなどの能動素子の,特性曲線の非直線部で信号が増幅されることによって発生します.**図3-2**の回路で負帰還をかけないときに出力される雑音電圧をN_s,負帰還をかけた場合の雑音電圧をN_fとします.このとき増幅回路に入力される雑音電圧は,βN_fとなるので,増幅回路の出力としては$A_v\beta N_f$となります.したがって,負帰還増幅回路の全雑音は,N_sと$A_v\beta N_f$の差となるので,式(3-7)となります.

$$N_f = N_s - A_v\beta N_f$$

$$N_f = \frac{N_s}{1+A_v\beta} \quad (3\text{-}7)$$

したがって,負帰還時の雑音電圧N_fは,N_sの$\frac{1}{1+A_v\beta}$倍に低下することが分かります.また,ひずみについてもN_fをD_f,N_sをD_sと考えると同じように考えられます.なお,負帰還の働きによって,ひずみや増幅器の終段で発生する雑音の抑制に効果がありますが,初段で発生する雑音に対しては,信号と雑音に負帰還が同じように働くので,**信号対雑音比**(S/N比,signal noise ratio)は改善されません.

(c) **周波数特性の改善**

はじめに,負帰還をかけない場合の高域周波数について考えましょう.高域遮断周波数f_{CH}と電圧増幅度A_{vH}は,式(2-122),式(2-121)からそれぞれ次のように表されます.

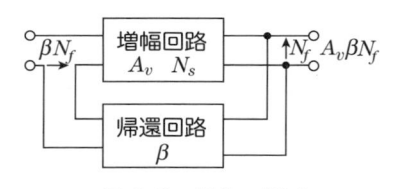

図3-2 雑音の低減

$$A_{vH} = \frac{A_v}{1+j\dfrac{f}{f_{CH}}} \qquad (3\text{-}8)$$

$$f_{CH} = \frac{1}{2\pi C_o R_L} \qquad (3\text{-}9)$$

次に，帰還率 β の負帰還をかけた場合の高周波帯域では，A_{vHf} は式（3-10）のようになります．

$$\begin{aligned}A_{vHf} &= \frac{A_{vH}}{1+A_{vH}\beta} \\ &= \frac{\dfrac{A_v}{1+j\dfrac{f}{f_{CH}}}}{1+\dfrac{A_v}{1+j\dfrac{f}{f_{CH}}}\beta} \\ &= \frac{\dfrac{A_v}{1+A_v\beta}}{1+j\dfrac{f}{f_{CH}(1+A_v\beta)}} \qquad (3\text{-}10)\end{aligned}$$

この結果から，増幅度は $\dfrac{1}{1+A_v\beta}$ 倍に低下しますが，高域遮断周波数 f_{CH} は $1+A_v\beta$ 倍（$=f_{CHf}$）になることが分かります．低域周波数領域についても同様に考えることができるので周波数特性は，**図3-3** のようになります．

また，$\dfrac{1}{A_v} \ll \beta$ となるように，A_v と β を設定すると，式（3-5）は $A = \dfrac{1}{\beta}$ となりますが，やはり β は，周波数の影響を受けないので，周波数全域で図3-3 の負帰還ありの特性となることが分かります．

(d) 入出力インピーダンスの増減

負帰還による入出力インピーダンスへの影響について，**図3-4** を基に説明します．これは，同位相の増幅器と逆位相の帰還器を組み合わせた回路です．まず，負帰還をかけないときの入力インピーダンス Z_i と電圧増幅度 A_v は，式（3-11）になります．

$$Z_i = \frac{v_i{'}}{i_i}, \quad A_v = \frac{v_o}{v_i{'}} \qquad (3\text{-}11)$$

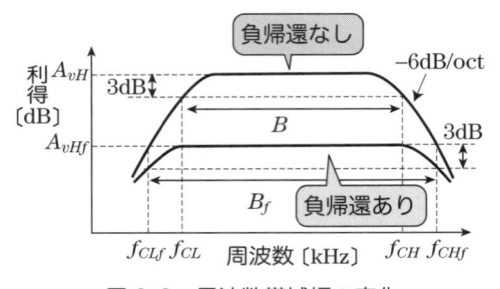

図3-3 周波数帯域幅の変化

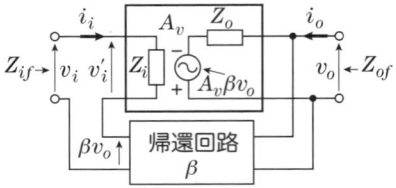

図3-4 入出力インピーダンスの増減

図から，負帰還をかけた回路全体の入力電圧 v_i は，式 (3-12) となります．

$$v_i = v_i' + \beta v_o \qquad (3\text{-}12)$$

また，負帰還のかかった回路全体の入力インピーダンス Z_{if} は式 (3-13) で表されるので，式 (3-12) を代入して整理すると，式 (3-14) となります．

$$Z_{if} = \frac{v_i}{i_i} \qquad (3\text{-}13)$$

$$\begin{aligned} Z_{if} &= \frac{v_i' + \beta v_o}{i_i} \\ &= \frac{v_i'}{i_i}\left(1 + \beta \frac{v_o}{v_i'}\right) \\ &= Z_i(1 + \beta A_v) \end{aligned} \qquad (3\text{-}14)$$

この結果から，負帰還をかけたことにより，入力インピーダンス Z_{if} は，負帰還をかけない場合の $1 + \beta A_v$ 倍に増加することが分かります．

次に，**図 3-5** を基に，出力インピーダンス Z_{of} について考えます．出力電流 i_o は，式 (3-15) となります．

$$i_o = \frac{v_o + \beta A_v v_o}{Z_o} = \frac{v_o}{Z_{of}} \qquad (3\text{-}15)$$

したがって，負帰還をかけた場合の出力インピーダンス Z_{of} は，式 (3-16)

となります．

$$Z_{of} = \frac{v_o}{i_o} = \frac{Z_o}{1 + \beta A_v} \qquad (3\text{-}16)$$

この結果から，負帰還をかけたことにより，出力インピーダンス Z_{of} は，負帰還をかけない場合の $\dfrac{1}{1+\beta A_v}$ 倍に減少することが分かります．

例題 3-1 利得 $G_v = 40\text{dB}$ の増幅回路に帰還率 $\beta = 0.01$ の負帰還をかけた場合の増幅度 A_f と利得 G_f を求めなさい．また，帰還量 F は何 dB ですか．

解答 $G_v = 40\text{dB}$，$A_v = 100$ なので，式 (3-5) から，次のように計算できます．

$$\begin{aligned} A_f &= \frac{A_v}{1 + A_v \beta} = \frac{100}{1 + 100 \times 0.01} \\ &= 50 \end{aligned}$$

$$\begin{aligned} G_f &= 20\log|A_f| = 20\log 50 \\ &\fallingdotseq 34.0\,[\text{dB}] \end{aligned}$$

$$\begin{aligned} F &= 20\log|1 + A_v \beta| \\ &= 20\log|1 + 100 \times 0.01| \fallingdotseq 6.0\,[\text{dB}] \end{aligned}$$

(2) 負帰還回路の基本形

帰還のかけ方には，注入と帰還の組み合わせから**表 3-1** に示すように 4 種類あります．出力側の信号を並列に取り出す方式を**並列帰還（電圧帰還）**，直列に取り出す方式を**直列帰還（電流帰還）**といいます．また，帰還信号を入力側に並列に加える方式を**並列注入**，直列に加える方式を**直列注入**といいます．

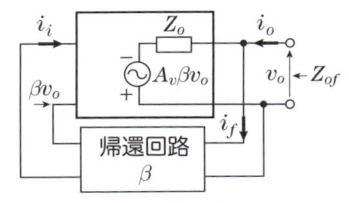

図 3-5　出力インピーダンスの求め方

(a) 並列帰還並列注入形（電圧並列帰還）
(b) 直列帰還並列注入形（電流並列帰還）
(c) 並列帰還直列注入形（電圧直列帰還）
(d) 直列帰還直列注入形（電流直列帰還）

図 3-6 (a)に示す電流帰還バイアス回路は，エミッタ抵抗 R_E と並列に挿入するバイパスコンデンサ C_E を省略しています．この場合には，I_E が流れると，エミッタ抵抗 R_E による電圧降下により，エミッタの電位が上昇し，ベース電流 I_B が減少します．つまり，負帰還が働くことになるわけです．で

表 3-1 帰還増幅回路の帰還の方法

	並列帰還（電圧帰還）	直列帰還（電圧帰還）
並列注入	(a) 並列帰還並列注入形	(b) 直列帰還並列注入形
直列注入	(c) 並列帰還直列注入形	(d) 直列帰還直列注入形

(a) 電流帰還バイアス回路

(b) 交流回路

(c) 直列帰還直列注入形

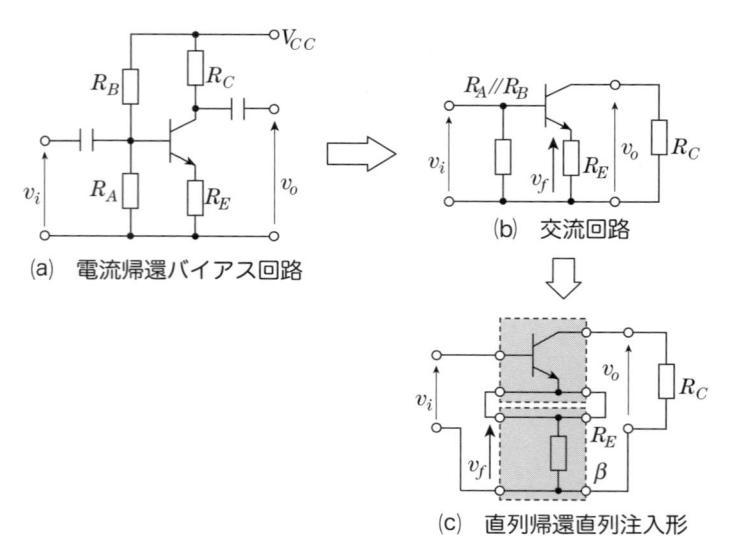

図 3-6 負帰還増幅回路の例

は，この回路が，どのような負帰還回路であるかをここでまとめてみます．まず，交流動作のみに着目すると直流要素が省略できるので，図3-6(b)交流回路のようになります．さらに，回路を変形すると図3-6(c)直列帰還直列注入形であることが分かります．どのような負帰還の方法であっても，増幅回路の利得，入出力インピーダンスは変化し，負帰還の方法によって**表3-2**のように入力，出力インピーダンスが変化します．

(3) **負帰還回路の動作**

ここでは，具体的な回路として図3-6(a)の電流帰還バイアス回路の負帰還動作を考えることにします．この回路は，図3-6(c)のように，直列帰還直列注入形になります．

(a) **負帰還の働き**

図3-6(b)の交流回路から抵抗R_Eの両端に生じる電圧v_fは，式(3-17)と

なり出力v_oに比例しています．

$$v_f = R_E i_e \fallingdotseq R_E i_c$$
$$= \frac{R_E}{R_C} v_o \qquad (3\text{-}17)$$

また，B-E間から見た場合，**図3-7**のように，入力電圧v_iと帰還電圧v_fとは，逆の位相なので，負帰還であることが分かります．

(b) **増幅度**

負帰還をかけた場合とそうでない場合の増幅度をそれぞれ比較して，どのような違いがあるかを**図3-8**(a)を基に説明することにします．負帰還がないときの回路は，第2章で学んだRC結合増幅回路（図2-46）からバイパスコンデンサC_Eを取り外した回路と同じものです．したがって，負帰還をかけない場合の電圧増幅度$|A_v|$は，式(2-97)から式(3-18)となります．ただし，負荷抵抗R_Lを接続しています．

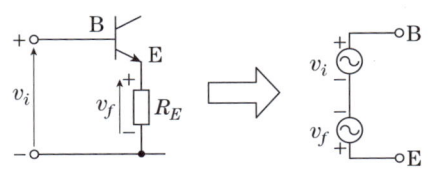

図3-7 v_iとv_fの位相の関係

表3-2 負帰還の方法による入力，出力インピーダンスの変化

負帰還の方法	電圧並列帰還	電流並列帰還	電圧直列帰還	電流直列帰還
入力インピーダンス（R_{if}）	減	減	増	増
出力インピーダンス（R_{of}）	減	増	減	増

$$|A_v| = \frac{h_{fe}}{h_{ie}} R_L' \qquad (3\text{-}18)$$

ただし,

$$R_L' = R_C // R_L = \frac{R_C R_L}{R_C + R_L}$$

一方,負帰還をかけた場合の電圧増幅度 A_v' は,図 3-8(b)の等価回路から帰還率 β は帰還電圧 v_f と出力 v_o との比なので,式(3-19)となります.

$$\beta = \frac{v_f}{v_o} = \frac{R_E(i_b + i_c)}{R_L' i_c}$$

$$= \frac{R_E(1 + h_{fe})}{R_L' h_{fe}} \fallingdotseq \frac{R_E h_{fe}}{R_L' h_{fe}}$$

$$= \frac{R_E}{R_L'} \qquad (3\text{-}19)$$

さらに,式(3-5)に A_v と β を代入すると,式(3-20)となります.

$$|A_v'| = \left|\frac{v_o}{v_i}\right| = \frac{|A_v|}{1 + |A_v|\beta}$$

$$= \frac{\dfrac{h_{fe}}{h_{ie}} R_L'}{1 + \left(\dfrac{h_{fe}}{h_{ie}} R_L'\right)\dfrac{R_E}{R_L'}}$$

$$= \frac{h_{fe} R_L'}{h_{ie} + h_{fe} R_E} \qquad (3\text{-}20)$$

この結果と式(3-18)の分母を比較すると,$h_{ie} + h_{fe} R_E > h_{ie}$ から,$A_v > A'_v$ となり,負帰還をかける前より増幅度が低下することが分かります.

(4) FET 負帰還回路の動作

図 3-9(a)に示す FET による負帰還増幅回路についても増幅度を求めてみます.この回路では,出力から帰還抵抗 R_f で入力に出力信号を帰還してい

(a) 電流帰還バイアス回路

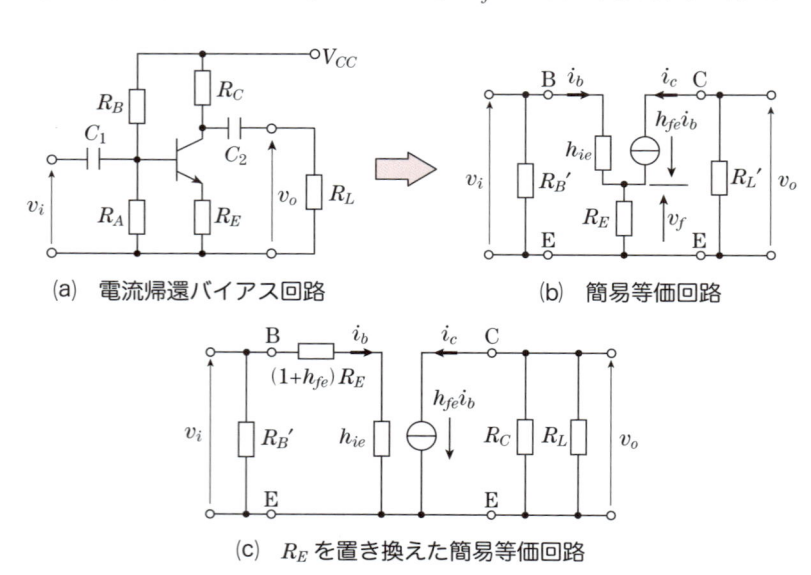

(b) 簡易等価回路

(c) R_E を置き換えた簡易等価回路

図 3-8 負帰還をかけた場合

るので，図3-9(b)のような並列帰還並列注入形であることが分かります．この回路の等価回路は図3-9(c)のようになります．まず，負帰還をかけない場合の増幅度は，式（2-50）を再掲した式（3-21）となります．

$$A_v = \frac{-\mu R_D}{r_d + R_D} \quad (3\text{-}21)$$

次に，負帰還を加えた場合の電圧増幅度 A_{vf} を求めてみます．図3-9(c)の等価回路で $R_f \gg R_D$，$R_G \gg R_g$ とすると，式（3-22）が成立します．

$$v_o = \frac{-\mu v_{gs}}{r_d + R_D} \cdot R_D \quad (3\text{-}22)$$

また，抵抗 R_G の両端電圧 v_{gs} は，重ね合わせの理により，v_o と v_g を短絡した場合のそれぞれの電圧の和となり，式（3-23）となります．

$$\begin{aligned}
v_{gs} &= \frac{R_f // R_G}{R_g + R_f // R_G} v_g \\
&\quad + \frac{R_g // R_G}{R_f + R_g // R_G} v_o \\
&\approx v_g + \frac{R_g}{R_f} v_o \quad (3\text{-}23)
\end{aligned}$$

以上の結果から，負帰還をかけた場合の電圧増幅度 A_{vf} は式（3-24）となります．

$$\begin{aligned}
A_{vf} &= \frac{v_o}{v_g} = \frac{-\mu v_{gs}}{r_d + R_D} \cdot R_D \cdot \frac{1}{v_g} \\
&= \frac{-\mu R_D}{r_d + R_D} \cdot \frac{v_{gs}}{v_g} \\
&= \frac{-\mu R_D}{r_d + R_D} \cdot \frac{v_g + \frac{R_g}{R_f} v_o}{v_g}
\end{aligned}$$

(a) FETによる回路

(b) 並列帰還並列注入形

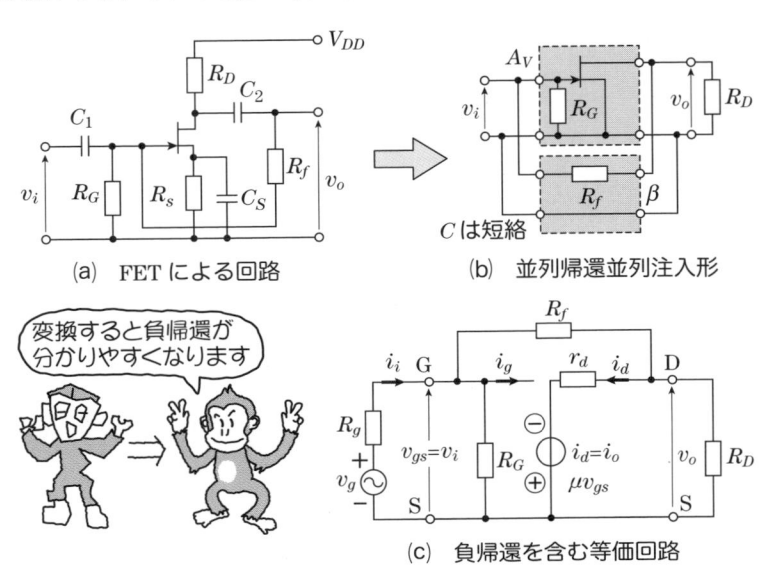

(c) 負帰還を含む等価回路

図3-9　FET増幅回路による並列帰還並列注入形の例

3-1　負帰還増幅回路

$$= \frac{-\mu R_D}{r_d + R_D} \cdot \left(1 + \frac{R_g}{R_f} \cdot \frac{v_o}{v_g}\right)$$

$$= \frac{-\mu R_D}{r_d + R_D} \cdot \left(1 + \frac{R_g}{R_f} \cdot A_{vf}\right)$$

A_{vf} について整理すると，

$$\therefore A_{vf} = \frac{-\mu R_D}{r_d + R_D} \cdot \frac{1}{1 + \frac{R_g}{R_f} \cdot \frac{\mu R_D}{r_d + R_D}}$$

(3-24)

ここで，帰還率 β は，入力電圧 v_g を短絡し，出力電圧 v_o を抵抗 R_f，R_g で分圧した値となるので，$R_f \gg R_g$ とすると，式（3-25）となります．

$$\beta = \frac{R_g}{R_f} \quad (3\text{-}25)$$

ただし，帰還は逆位相で負となります．

式（3-21）と，この β で式（3-24）を置き換えると，式（3-26）となります．

$$A_{vf} = \frac{A_v}{1 + \beta A_v} \quad (3\text{-}26)$$

この式は式（3-5）と一致することが分かります．

(5) エミッタホロワ増幅回路の動作

図 3-10 (a)の回路の電圧増幅度を求めます．この回路は，エミッタの抵抗 R_f の両端電圧をすべて入力に帰還する帰還増幅回路であり，**エミッタホロワ増幅回路**と呼ばれます．図 3-10 (d)の等価回路から，式（3-27），式（3-28）が成立します．ただし，ここでは，$R_B' = R_A // R_B$ は省いています．

$$v_i = h_{ie} i_b + R_f (i_b + h_{fe} i_b) \quad (3\text{-}27)$$
$$v_o = R_f (i_b + h_{fe} i_b) \quad (3\text{-}28)$$

したがって，電圧増幅度 A_{vf} は式（3-29）となります．

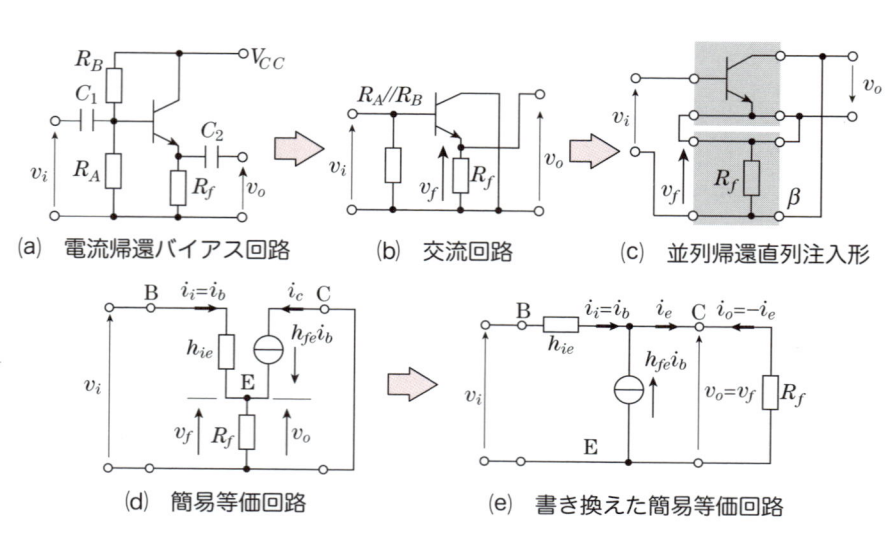

(a) 電流帰還バイアス回路

(b) 交流回路

(c) 並列帰還直列注入形

(d) 簡易等価回路

(e) 書き換えた簡易等価回路

図 3-10　エミッタホロワ増幅回路

$$A_{vf} = \frac{v_o}{v_i}$$

$$= \frac{R_f(1+h_{fe})}{h_{ie} + R_f(1+h_{fe})} \quad (3\text{-}29)$$

ここで，$R_f(1+h_{fe}) \gg h_{ie}$ とすると，$A_{vf} \fallingdotseq 1$ となることが分かります．また，入力電圧 v_i について式（3-30）が成り立ち，入力インピーダンス Z_{if} は式（3-31）のようになります．

$$\begin{aligned} v_i &= h_{ie}i_i + v_o \\ &= h_{ie}i_i + (i_i + h_{fe}i_i)R_f \\ &= i_i\{h_{ie} + (1+h_{fe})R_f\} \end{aligned} \quad (3\text{-}30)$$

$$\begin{aligned} Z_{if} &= \frac{v_i}{i_i} \\ &= h_{ie} + (1+h_{fe})R_f \end{aligned} \quad (3\text{-}31)$$

この結果から，入力インピーダンス Z_{if} は相当大きな値となることが分かります．最後に，書き換えた等価回路図 3-10(e)から，出力インピーダンス Z_{of} は，$v_i = 0$ としたときの $\frac{v_o}{i_o}$ となるので，式（3-32），式（3-33）が成り立ちます．

$$v_o = -h_{ie}i_i \quad (3\text{-}32)$$

$$\begin{aligned} i_o &= -(i_i + h_{fe}i_i) \\ &= -(1+h_{fe})i_i \end{aligned} \quad (3\text{-}33)$$

したがって，Z_{of} は式（3-34）で示されることになります．

$$\begin{aligned} Z_{of} &= \frac{v_o}{i_o} = \frac{-h_{ie}i_i}{-(1+h_{fe})i_i} \\ &= \frac{h_{ie}}{1+h_{fe}} \fallingdotseq \frac{h_{ie}}{h_{fe}} \end{aligned} \quad (3\text{-}34)$$

この式から，出力インピーダンスは相当小さな値となります．エミッタホロワは入出力の相互の影響がないので，2つの回路を結合する場合などに利用されます．このような増幅器を**緩衝増幅器（バッファ）**といいます．

(6) **ダーリントン接続**

2個のトランジスタを図 3-11 のように縦続接続する方法を**ダーリントン接続**といい，npn と pnp の組み合わせによって，等価的に大きな h_{fe} を持

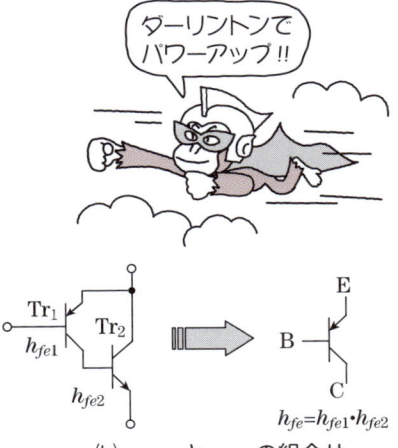

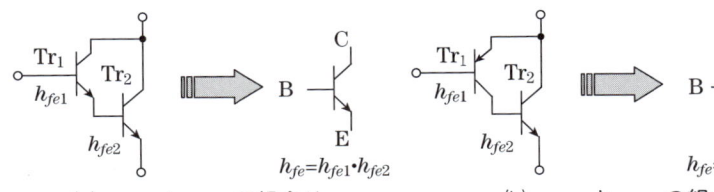

(a) npn と npn の組合せ　　　(b) npn と pnp の組合せ

図 3-11　ダーリントン接続回路

3-1　負帰還増幅回路

つnpn，またはpnpトランジスタとすることができます．npnとnpnトランジスタを組み合わせると，図3-11(a)のようにnpnトランジスタとなり，npnとpnpトランジスタを組み合わせると図3-11(b)のようにpnpトランジスタとして働きます．図3-11(a)を簡易等価回路で表すと**図3-12**になります．コレクタ電流の和i_cは，式(3-35)で表されます．

$$i_c = h_{fe1}i_b + h_{fe2}(1+h_{fe1})i_b$$
$$= i_b(h_{fe1} + h_{fe2} + h_{fe1}h_{fe2})$$
$$= i_b\{(h_{fe1}+1)(h_{fe2}+1)-1\} \quad (3\text{-}35)$$

これから，ダーリントン接続の電流増幅率h_{fe}は，式(3-36)となります．

$$h_{fe} = \frac{i_c}{i_b} = (h_{fe1}+1)(h_{fe2}+1)-1$$
$$\fallingdotseq h_{fe1}h_{fe2} \quad (3\text{-}36)$$

ダーリントン接続は，入力側から見ると，Tr_2の入力抵抗h_{ie2}が直列注入となりエミッタホロワのようになるので，入力インピーダンスが非常に大きくなります．出力側から見るとTr_1の出力抵抗$\frac{1}{h_{oe1}}$が並列帰還の働きとなり，全体として並列帰還直列注入帰還増幅回路となり，高入力，低出力抵抗の帰還増幅回路となります．また，Tr_1は小電力用トランジスタでもよいのですが，逆耐圧電圧はTr_2と同程度必要になります．

(7) 2段*RC*結合負帰還増幅回路の増幅度の計算

単独の負帰還回路では，帰還量が十分に得られない場合には，**図3-13**のように，2段にわたって帰還をかけることがあります．この回路は，Tr_1

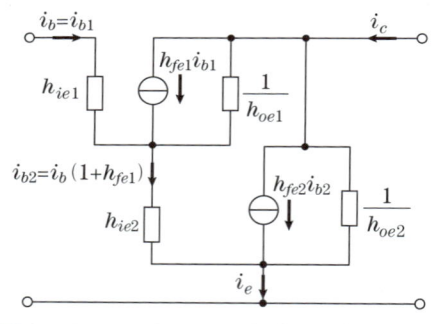

図3-12 npnとnpnの組合せの等価回路

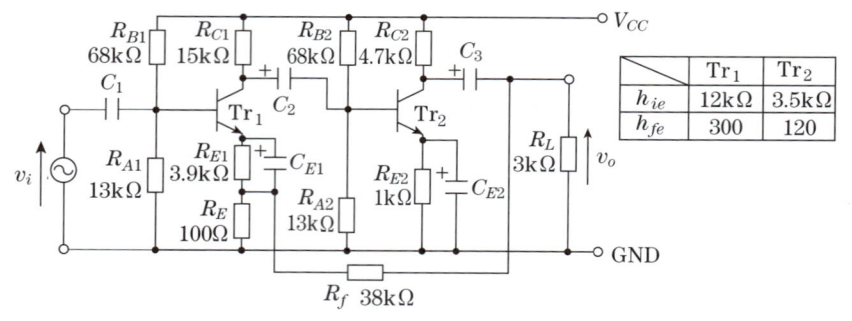

	Tr_1	Tr_2
h_{ie}	12kΩ	3.5kΩ
h_{fe}	300	120

図3-13 2段*RC*結合負帰還増幅回路の負帰環

で構成されるエミッタ抵抗 R_E による直列帰還直列注入形の帰還に加えて，Tr_2 から帰還抵抗 R_f と R_E によって，並列帰還直列注入形の負帰還が2重にかけられています．同図の交流回路と等価回路を図 3-14 に示します．この回路の R_f を外すと Tr_1 は R_E によって負帰還がかかります．また，R_f を接続すると図 3-14(b) の等価回路のように出力 v_o に比例した電圧 v_f が R_E の両端に発生し，しかも，v_o と v_f は逆位相になるので負帰還になります．

(a) 増幅度

等価回路から増幅度 A_v を計算するには，R_f を外したときの増幅度 A_0 とそのときの帰還率 β を求めて，式 (3-5) に代入して A_f を求めます．

① 増幅度 A_0

図 3-15(a) の R_f を外した 1 段目の回路の増幅度 $|A_{01}|$ は，式 (3-20) で求まりますので，$R' = R_{C1}//R_{A2}//R_{B2}$ = 15kΩ//13kΩ//68kΩ ≒ 6.3〔kΩ〕，$R_{L1}' = R'//h_{ie2} = 6.3$kΩ$//3.5$kΩ ≒ 2.3〔kΩ〕，$R_L' = R_{C2}//R_L = 4.7$kΩ$//3$kΩ$=1.83$〔kΩ〕となり，式 (3-37) となります．

$$|A_{01}| = \frac{h_{fe1}R_{L1}'}{h_{ie1} + h_{fe1}R_E}$$

$$= \frac{300 \times 2.3 \text{ kΩ}}{12 \text{ kΩ} + 300 \times 100 \text{ Ω}}$$

$$\approx 16.4 \text{ 倍 (24.3dB)} \qquad (3\text{-}37)$$

次に，図 3-15(b) の 2 段目の回路の増幅度 $|A_{02}|$ は，式 (2-23) から式 (3-38)

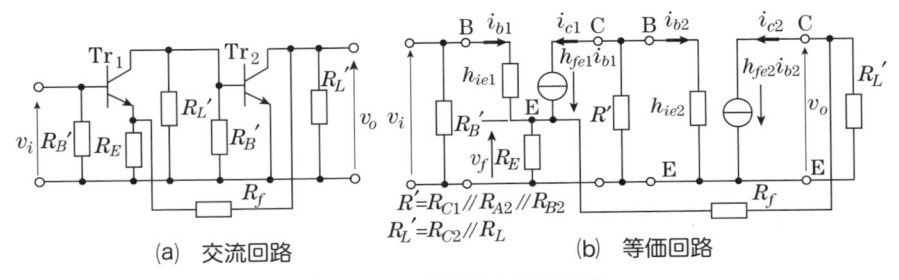

図 3-14 交流回路と等価回路

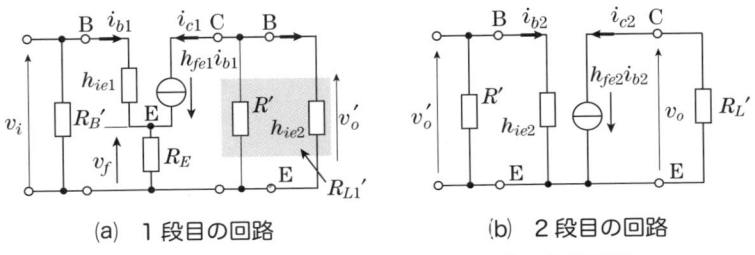

図 3-15 2 段 RC 結合負帰還増幅回路の等価回路

3-1 負帰還増幅回路

となります．ただし，ここでは，表2-5の近似式を用いています．

$$|A_{02}| = \frac{h_{fe2}}{h_{ie2}} R_L'$$

$$= \frac{120}{3.5\ \mathrm{k\Omega}} \times 1.83\mathrm{k\Omega}$$

$$\fallingdotseq 62.7\ \text{倍}\ (36\mathrm{dB}) \quad (3\text{-}38)$$

したがって，$|A_0|$ は，式（3-39）となります．

$$|A_0| = |A_{01}| \times |A_{02}| = 16.4\ \text{倍} \times 62.7\ \text{倍}$$
$$= 1028\ \text{倍}\ (60.3\mathrm{dB}) \quad (3\text{-}39)$$

② **帰還率 β**

R_f を接続した場合の v_o と v_f の関係は**図 3-16** のようになります．v_o によって v_f が発生します．しかも，位相は逆になります．したがって，$R_E \ll R_F$，$R_L' \ll R_f$ とすると，v_f は式（3-40）となるので，帰還率 β は式（3-41）と

なります．

$$v_f = \frac{R_E}{R_f + R_E} v_o \quad (3\text{-}40)$$

$$\beta = \frac{v_f}{v_o} = \frac{R_E}{R_f + R_E}$$

$$= \frac{100\Omega}{38\mathrm{k\Omega} + 100\Omega}$$

$$= 0.00262 \quad (3\text{-}41)$$

③ **増幅度 A_f**

$A_f = \dfrac{A_0}{1 + \beta A_0}$ なので，A_f は式（3-42）になります．

$$A_f = \frac{A_0}{1 + \beta A_0}$$

$$= \frac{1296}{1 + 0.00262 \times 1296}$$

$$= 295\ \text{倍}\ (49.4\mathrm{dB}) \quad (3\text{-}42)$$

図 3-16 v_o と v_f の関係

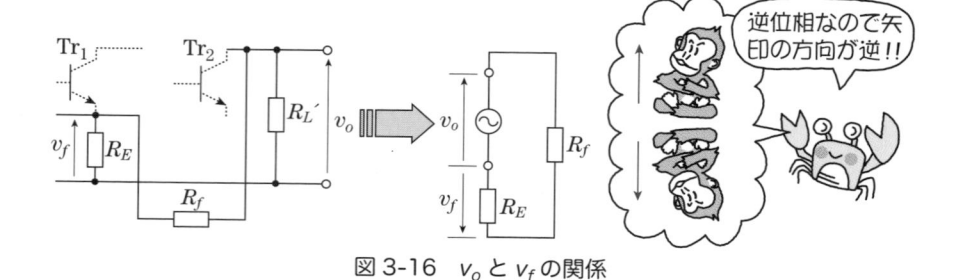

3-2 電力増幅回路

(1) 電力増幅回路とは

第2章で学習した増幅回路は電流,電圧などの小信号の増幅を目的としているため,スピーカなどの大きな信号電力を必要とする負荷や,アンテナから大きな電力の電波を放射するなどの大きなエネルギーが必要な用途には利用できません.このような大きな電力を必要とする場合には,縦続結合された増幅回路の最終段に**電力増幅回路**を用いる必要があります.電力増幅回路の基本的な動作は,**図 3-17**(a)に示すような,小信号を増幅する増幅回路と大きな変わりはありませんが,効率よく電力増幅ができるように,工夫を凝らした回路が考え出されています.

同じ動作点でも電力増幅回路では,図3-17(b)のように,トランジスタの動作範囲で,ひずみや雑音が発生しないように効率よく大きな出力を得るため,可能な限り領域を広く使うように設計します.また,トランジスタを破壊しないように,**コレクタ損失** P_C によるトランジスタ内部に発生する発熱への配慮やコレクタ電流 I_C やコレクタ－エミッタ間 V_{CE} の最大定格内での使

> 小信号増幅と電力増幅は動作範囲が違います

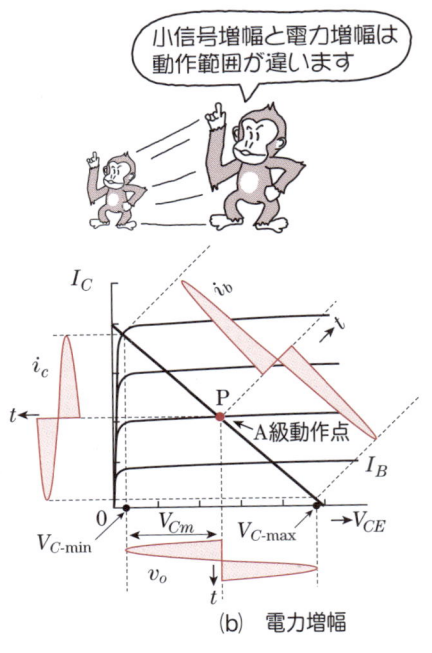

(a) 小信号増幅

(b) 電力増幅

図 3-17 小信号増幅と電力増幅の動作範囲

用などを考慮する必要があります．実際に，電力増幅回路を構成する場合には，放熱板を付けるなどの配慮も必要です．

動作点についても，図3-17(b)で示したA級動作だけでなく，**図3-18**，**図3-19**のように，様々な方法があります．**A級動作**は，動作点を，図3-17の負荷線の中央付近に設定します．**B級動作**は，動作点を負荷線の端に設定し，ベースバイアスを動作点のカットオフ点となるようにして，入力信号の半周期だけ電流を流し効率が良くなるようにします（低周波では，複数のトランジスタを組み合わせる必要があります）．**C級動作**は，動作点を負荷線の延長線上に設定し，カットオフよりさらに深いバイアスをかけて使用します．**流通角 θ**（電流が流れる期間）は，B級が180°，C級は180°未満となり，電流が半周期未満しか流れないので，おもに高周波用に用います．

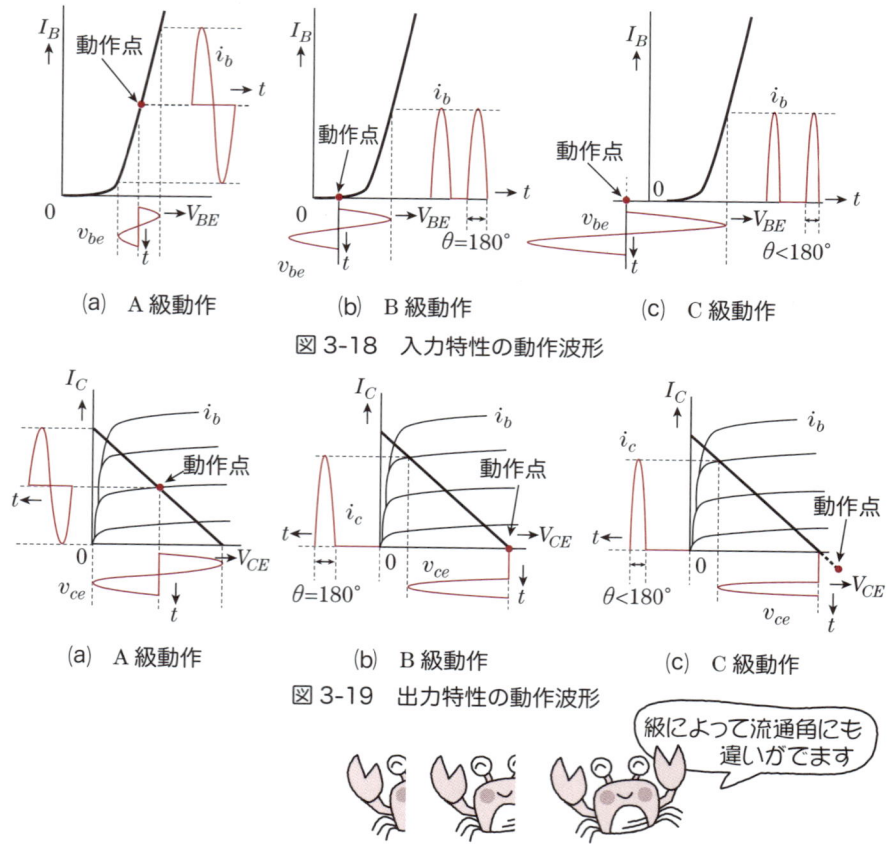

(a) A級動作　　(b) B級動作　　(c) C級動作

図3-18　入力特性の動作波形

(a) A級動作　　(b) B級動作　　(c) C級動作

図3-19　出力特性の動作波形

級によって流通角にも違いがでます

このように，電力増幅回路は，電流，電圧の大きな変化を利用するため，微小な信号の変化を対象とした等価回路で動作を解析するのは困難です．そこで，図 3-17 (b) に示すように，おもに特性曲線と負荷線などを用いた解析により設計を行います．次に，それぞれの電力増幅回路について説明します．

(2) A級電力増幅回路

図 3-20 に A級電力増幅回路の例を示します．基本的には，第2章のトランス結合増幅回路による小信号増幅回路と動作は同じです．A級電力増幅回路は，図 3-21 に示すように，入力波形の振幅を完全に取り出すために，動作点 Q を交流負荷線の中央付近に設定することで，入力波形をそのままひずみの少ない出力波形として取り出せます．このとき電源から供給される消費電力 P_{DC} と最大出力 $P_{O\max}$ は，式 (3-43)，式 (3-44) のようになります．

$$P_{DC} = V_{CC} \times I_C \qquad (3\text{-}43)$$

$$P_{O\max} = \frac{V_{Cm}}{\sqrt{2}} \times \frac{I_{Cm}}{\sqrt{2}}$$

$$= \frac{V_{Cm} \times I_{Cm}}{2} \qquad (3\text{-}44)$$

また，トランジスタの飽和特性で生じる電圧 $V_{C\text{-min}}$ が，非常に小さい値なので 0 とみなすと，$V_{Cm} \fallingdotseq V_{CC}$，$I_{Cm} \fallingdotseq I_C$ が成立し，交流負荷線の傾きの大きさは $R_L = \dfrac{V_{Cm}}{I_{Cm}}$ なので，最大出力電力 $P_{O\max}$ は次の式 (3-45) で示されます．

$$P_{O\max} = \frac{V_{Cm} \times I_{Cm}}{2} = \frac{V_{Cm}^2}{2R_L}$$

$$\fallingdotseq \frac{V_{CC}^2}{2R_L} \qquad (3\text{-}45)$$

さらに，**電力効率** η は，式 (3-46) となります．

$$\eta = \frac{P_{O\max}}{P_{DC}} = \frac{\dfrac{V_{Cm}I_{Cm}}{2}}{V_{Cm}I_{Cm}} = \frac{1}{2}$$

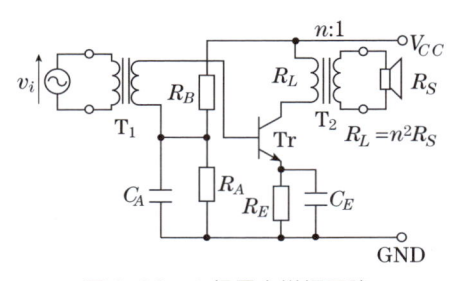

$$= 50 [\%] \qquad (3\text{-}46)$$

図 3-20 A級電力増幅回路

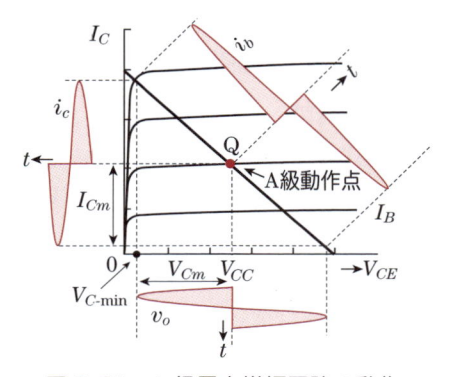

図 3-21 A級電力増幅回路の動作

このように，動作点が負荷線の中央にあることから，信号がない場合でも常に直流電流が流れるので，電力効率は良くありません．実際の回路では，トランジスタの内部抵抗やトランスの巻線抵抗などによる損失が発生し，電力効率 η は 50 ％以下に低下します．また，無信号時に電源から供給される電力がすべてコレクタ損失 P_C となり，同時に，コレクタ損失の最大値である P_{Cmax} は，式（3-47）となります．

$$P_{Cmax} = V_{Cm} \cdot I_{Cm}$$
$$= 2P_{Omax} \quad (3\text{-}47)$$

したがって，最大出力電力 P_{Omax} の 2 倍がコレクタ損失の最大値 P_{Cmax} になることが分かります．

(3) B 級電力増幅回路

B 級電力増幅回路は，**図 3-22** のように，動作点 P をバイアスが 0 の点に設定します．流通角 θ はちょうど 180°となり，平均電流が小さいので効率は良くなります．出力波形は半サイクルしか取り出せませんが，低周波においては，2 組の増幅回路をアースに対して対称に接続したプッシュプル（push-pull）回路を用いて，ひずみのない正弦波を取り出すことができます．また，高周波においては，正弦波の基本波に共振させた LC 同調出力回路を用いることにより，基本波を取り出すことができます．**図 3-23** に **B 級プッシュプル (PP) 電力増幅回路**を示します．動作特性は**図 3-24** に示すように 2 つのコレクタ特性を動作点 P に対して点対称につなぎ合わせたものになります．プッシュプル電力増幅回路では，使用するトランジスタの特性をそろえることで次のような利点が得られます．

① 電源に含まれるリプルが打ち消されます．

② 高調波のうち偶数次成分が打ち消されるので，ひずみ率が小さくなります．

③ それぞれのコレクタ電流により磁束が打ち消され，直流磁束が含まれなくなります．このことにより，トランスの鉄心の磁気飽和が発生しないので，非直線ひずみがなくなります．

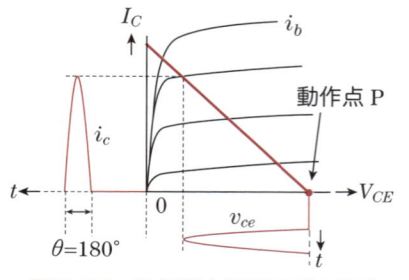

図 3-22　B 級電力増幅回路の特性

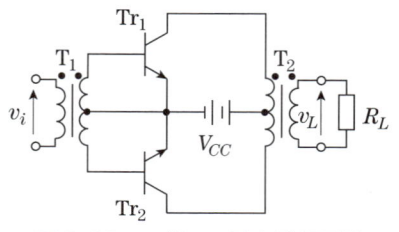

図 3-23　B 級 PP 電力増幅回路

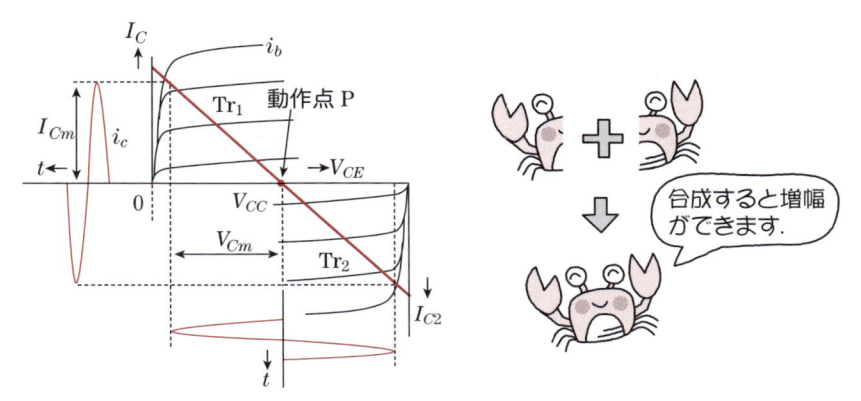

図 3-24　B級プッシュプル電力増幅回路の動作特性

次にB級プッシュプル電力増幅回路の電力効率 η について考えてみます．図3-24に関して，平均直流電流 I_C は，コレクタ電流 i_c の半サイクルの平均値であることから式（3-48）となります．

$$I_C = \frac{1}{\pi}\int_0^\pi I_{Cm}\sin\omega t\, d\omega t$$

$$= \frac{I_{Cm}}{\pi}[-\cos\omega t]_0^\pi$$

$$= \frac{I_{Cm}}{\pi}\{-\cos\pi - (-\cos 0)\}$$

$$= \frac{2}{\pi}I_{Cm} \quad (3\text{-}48)$$

残りの半サイクルも片方のトランジスタに同じ電流が流れることになるので，常に式（3-48）の電流が流れることになります．また，電源から供給される消費電力 P_{DC} と最大出力 $P_{O\max}$ は，式（3-49），式（3-50）となります．

$$P_{DC} = V_{CC}\times I_C$$

$$= V_{CC}\times\frac{2}{\pi}I_{Cm} \quad (3\text{-}49)$$

$$P_{O\max} = \frac{V_{Cm}}{\sqrt{2}}\times\frac{I_{Cm}}{\sqrt{2}}$$

$$= \frac{V_{Cm}\times I_{Cm}}{2} \quad (3\text{-}50)$$

また，1つのトランジスタに対する負荷抵抗は $R_L = \dfrac{V_{Cm}}{I_{Cm}}$ なので，最大出力電力 $P_{O\max}$ は次の式（3-51）で示されます．ただし，交流信号の振幅を最大にし，$V_{Cm} \fallingdotseq V_{CC}$ とします．

$$P_{O\max} = \frac{V_{Cm}\times I_{Cm}}{2} = \frac{V_{Cm}^2}{2R_L}$$

$$\fallingdotseq \frac{V_{CC}^2}{2R_L} \quad (3\text{-}51)$$

また，式（3-52），**図 3-25** のように，R_L をトランスの両コレクタ間のインピーダンス R_{CC} に換算すると，$R_{CC} = n^2 R_s$ から，

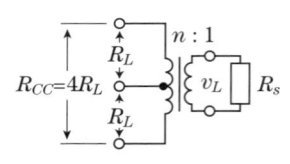

図 3-25　出力トランス

$$R_L = \left(\frac{n}{2}\right)^2 R_S = \frac{n^2}{4} R_S$$

$$= \frac{R_{CC}}{4} \quad (3\text{-}52)$$

また，式（3-53）となります．

$$P_{O\max} = \frac{V_{CC}{}^2}{2R_L} = \frac{2V_{CC}{}^2}{R_{CC}} \quad (3\text{-}53)$$

したがって，電力効率 η は式（3-54）となります．

$$\eta = \frac{P_{O\max}}{P_{DC}} = \frac{\dfrac{V_{Cm}I_{Cm}}{2}}{V_{CC}\dfrac{2}{\pi}I_{Cm}} = \frac{\pi}{4}$$

$$\to 78.5 [\%] \quad (3\text{-}54)$$

このように，B級プッシュプル電力増幅回路は，A級電力増幅回路に比べると電力効率が良く，比較的小型のトランジスタでも大きな出力を得られます．プッシュプル動作の増幅回路は，おもに音声などの低周波に用います．しかし，**図 3-26** (a)のように，入力特性は非直線な部分があるので，出力波形は正弦波ではなく底が平坦で頭のとがった電流となり，ひずみが発生します．これを**クロスオーバひずみ**といいます．このひずみを取り除くには，入力信号が０のときに，**図 3-27** のように，ベース電圧に若干のバイアス電圧を加えて，A級とB級の中間的なバイアスの**AB級バイアス**に近づけ，図 3-26 (b)のように，２つのトランジスタのコレクタ電流の合成特性曲線が直線となるようにします．また，R_E は安定化抵抗であると同時に，負

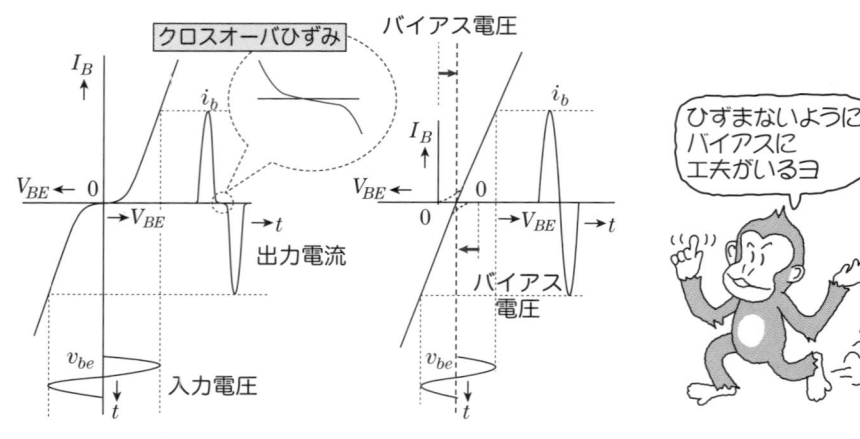

(a)　B級プッシュプル　　(b)　AB級プッシュプル

図 3-26　バイアスとクロスオーバひずみ

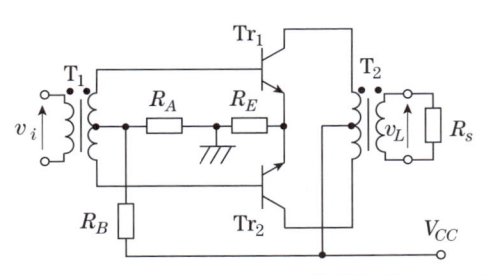

図 3-27 AB 級 PP 電力増幅回路

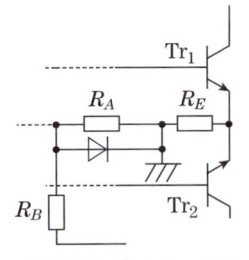

図 3-28 バリスタダイオードによる補正

帰還が働くのでトランジスタの入力特性のひずみを減少させるように働きます．さらに，**図 3-28** のように，トランジスタの V_{BE} の温度特性を補償する**バリスタダイオード**を R_E と並列に接続すると，温度上昇により減少した場合に，バリスタダイオードの抵抗値が減少することを利用して，バイアスを一定にすることができます．

例題 3-2 電源電圧 $V_{CC} = 9\mathrm{V}$，最大出力 1W の B 級プッシュプル増幅回路の負荷抵抗 R_L（一次側の値），直流入力 P_{DC}，電力効率 η を求めなさい．

[解答] 式（3-50）から，$V_{CC} \fallingdotseq V_{Cm}$ とすると，

$$P_{O\max} = \frac{V_{CC} \times I_{Cm}}{2}$$

$$\therefore\ I_{Cm} = \frac{2P_{O\max}}{V_{CC}}$$

$$= \frac{2 \times 1}{9} = 222\ [\mathrm{mA}]$$

式（3-48）から，

$$I_C = \frac{2}{\pi}I_{Cm} = \frac{2}{\pi} \times 222\ [\mathrm{mA}]$$

$$= 141.3\ [\mathrm{mA}]$$

$$R_L = \frac{V_{CC}}{I_{Cm}} \fallingdotseq \frac{9}{222 \times 10^{-3}}$$

$$= 40.5\ [\Omega]$$

式（3-49）から，

$$P_{DC} = V_{CC} \times \frac{2}{\pi}I_{Cm}$$

$$= 9 \times 0.1415$$

$$\fallingdotseq 1.27\ [\mathrm{W}]$$

したがって，電力効率 η は，

$$\eta = \frac{P_{O\max}}{P_{DC}} = \frac{1}{1.27} \to 78.7\ [\%]$$

(4) SEPP 電力増幅回路

B 級プッシュプル増幅回路は，出力にトランスが必要ですが，トランスは周波数特性が悪く，低域におけるひずみ，重量，コストなどの問題があります．そこで，トランジスタ電力増幅回路では，低い電源電圧で負荷インピーダンスが低くなる性質を利用して，出力にトランスを使用しないで直接スピーカを負荷にできる回路として考案されたのが**OTL 回路**（output transformerless circuit）

です．この OTL 回路の代表的なものが図 3-29 に示す **SEPP**（single ended push-pull）**電力増幅回路**です．図 3-27 に示した一般的な**プッシュプル**（**DEPP**：double ended push-pull）**回路**は，出力トランスの二次側の負荷を一次側に置き換えて表すと，**図 3-30** (a)のようになります．トランスを使わなければ，これらの負荷を 1 つにまとめることができ，図 3-30 (b)のように表すことができます．この場合，トランジスタは，負荷に対しては並列であり，電源に対しては直列に接続された回路を構成し，信号の半周期ごとにそれぞれのトランジスタが交互に動作し，共通の負荷に電流を流しています．しかし，このままの回路では，2 つの電源電圧が必要となります．そこで，実際の回路では，図 3-29 に示すように，出力に接続したコンデンサ C の充放電の作用を利用して，1 つの電源で動作するように工夫しています．最初の半周期に，Tr_1 が動作しているときは，Tr_2 は動作せず，C には電荷が蓄えられます．次の半周期では，Tr_2 が動作しているときは，Tr_1 は動作せず，C に蓄えられた電荷が逆の向きに放電されるので，結果として負荷に交流が流れることになります．さらに，この回路を発展させて，入力トランスを省く方法として，**図 3-31** (a)に示す npn 形と pnp 形のトランジスタを用いた方式の**コンプリメンタリ**（complementary；相補対称）**回路**があります．

入力信号が正の半周期では，pnp 形の Tr_2 は逆方向のバイアスとなるので OFF となり，npn 形の Tr_1 は順方向のバイアスとなり，ON となります．逆に，負の半周期では，pnp 形の Tr_2

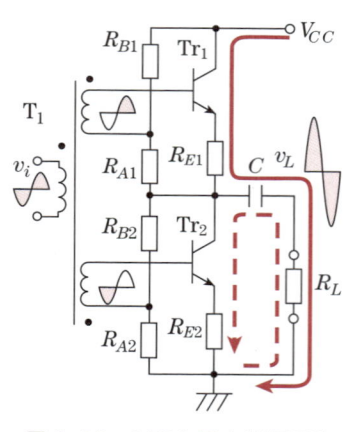

図 3-29 SEPP 電力増幅回路

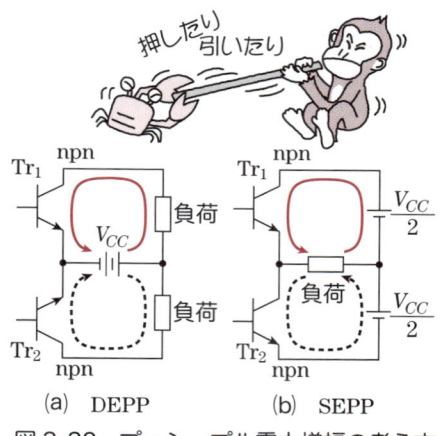

図 3-30 プッシュプル電力増幅の考え方

(a) 2 電源　　　　　(b) 1 電源

図 3-31　コンプリメンタリ回路

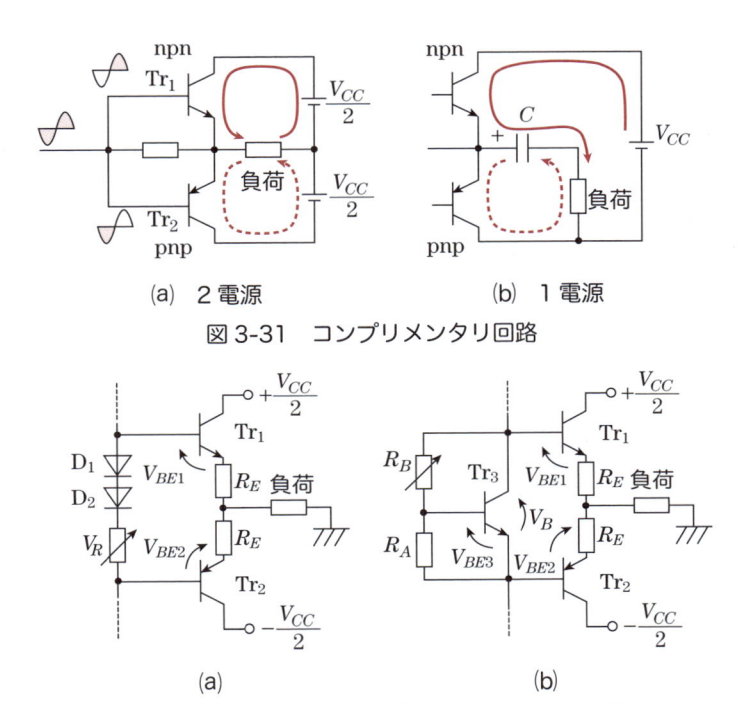

(a)　　　　　　(b)

図 3-32　クロスオーバひずみ防止のバイアス回路

は順方向のバイアスとなるので ON となり，npn 形の Tr_1 は逆方向のバイアスとなり，OFF となります．このようなことから入力信号の 2 つのトランジスタへの振り分けは，トランスを用いることなく実現できることになります．このようなコンプリメンタリ回路に用いる pnp 形と npn 形のトランジスタは特性のそろったものが必要となります．また，トランスを使用しないことから周波数特性が改善されるので，オペアンプの出力段やオーディオ用の増幅回路などによく用いられています．1 つの電源電圧で動作させるには，図 3-31(b)のように，出力にコンデンサ C を接続します．なお，この回路でクロスオーバひずみを防止するためには，**図 3-32** に示すようなバイアス回路を用います．図(a)はダイオード D_1，D_2 のダイオード 1 個当りの順方向電圧がトランジスタの V_{BE} にほぼ等しいので，Tr_1，Tr_2 のバイアス電圧を得ることができます．図(b)はトランジスタ Tr_3 による定電圧回路でバイアス電圧 V_B を得ることができます．バイアス電圧は抵抗 R_B で調整します．

3-2　電力増幅回路

(5) C級電力増幅回路

C級電力増幅回路は，プッシュプル動作で用いても，流通角 θ が 180°未満の電流しか流れず，音声増幅に用いることはできません．しかし，同調回路のある高周波増幅回路で効率の良い増幅回路として用いられています．また，ここで説明した以外に，ディジタル的なスイッチング動作をする D 級，E 級，F 級などもあります．

(6) 最大定格

トランジスタに加える電圧や流せる電流などの最大値を表したものが**最大定格**です．この値を超えると破壊や特性の劣化の原因となります．最大定格の例を**表 3-3** に示します．

(a) 最大許容電圧 V_{CBO}, V_{CEO}, V_{EBO}

トランジスタのコレクタ，あるいはエミッタ側の接合部分に過剰な逆電圧が加わると，ツェナー効果，電子なだれ現象による電圧降伏の発生や，コレクタ電圧の増大によりコレクタ側の接合部の空乏層がエミッタ側まで広がり，エミッタ－コレクタ間の抵抗が低くなり，トランジスタ作用がなくなる突き抜け破壊が起こります．

① コレクタ－ベース間電圧（V_{CBO}）は，ベース接地で，エミッタ開放とした場合にコレクタ－ベース間に加えることのできる最大の逆方向電圧です．

② コレクタ－エミッタ間電圧（V_{CEO}）は，エミッタ接地で，ベース開放とした場合にコレクタ－エミッタ間に加えることのできる最大の許容電圧です．

③ エミッタ－ベース間電圧（V_{EBO}）は，コレクタ開放とした場合にエミッタ－ベース間に加えることのできる最大の逆方向電圧です．

(b) 最大コレクタ電流 I_{Cmax}

ベース－エミッタ間に順方向電圧を加えた場合に，コレクタに連続して流せる最大電流を示し，超えるとトランジスタのリード線の切断やリード線の接続部を破壊する場合があります．

表 3-3 トランジスタの最大定格の比較

項　目	記　号	小信号用 2SC1815	電力増幅用 2SC5196
コレクター－ベース間電圧	V_{CBO}	60V	80V
コレクター－エミッタ間電圧	V_{CEO}	50V	80V
エミッター－ベース間電圧	V_{EBO}	5V	5V
コレクタ電流	I_{Cmax}	150mA	6A
ベース電流	I_{Bmax}	50mA	0.6A
コレクタ損失	P_C	400mW	60W

(c) 最大コレクタ損失 $P_{C\max}$

動作時のコレクタ損失は，$P_C = V_{CE} \times I_C$ で示されますが，最大値は双曲線となる**最大コレクタ損失** $P_{C\max}$（**許容コレクタ損失曲線**）を超えることはできません．トランジスタ内部の損失は，コレクタの接合部の損失になります．また，図 3-33 のように周囲温度や放熱板によって P_C の許容量は変化します．これらの最大定格を基にトランジスタの動作範囲を V_{CE}-I_C 特性上に図示すると図 3-34 のようになり，**活性領域**の範囲内が動作範囲となりますが，最大定格以外に，**コレクタ飽和電圧** $V_{CE(sat)}$ と**コレクタ遮断電流** I_{CEO} によりそれぞれ使用できる下限も決まります．これらの領域をそれぞれ**飽和領域**，**遮断領域**といいます．

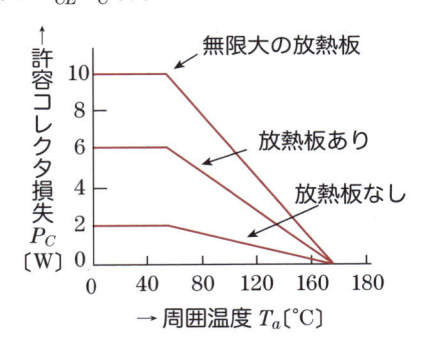

図 3-33　電力用トランジスタの周囲温度による許容コレクタ損失の変化

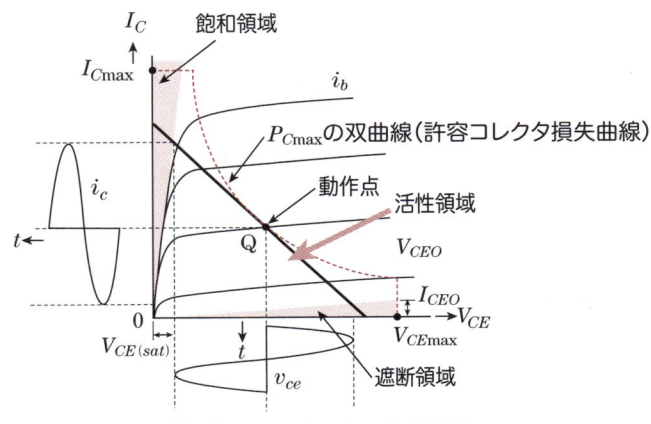

図 3-34　電力用トランジスタの動作範囲

3-3 高周波増幅回路

(1) 高周波増幅回路とは

ラジオやテレビなどの高周波信号を増幅する回路では，低周波増幅回路を用いることはできません．ラジオでは，**図 3-35** のように複数の回路を組み合わせて構成します．図において，アンテナにつながっている数百 kHz 以上の高い周波数帯で用いる増幅回路を**高周波増幅回路**といい，LC 共振を利用した**同調回路**を図 3-36 のように組み合わせて構成します．この例では，C に**可変コンデンサ（バリアブルコンデンサ＝バリコン）** を用いて，入出力の周波数を同時に調整し目的の放送局の周波数を選択します．高周波増幅回路は複数段組み合わせて必要な利得を得るのですが，回路相互の結合に 1 つの同調回路を使用する**単同調増幅回**

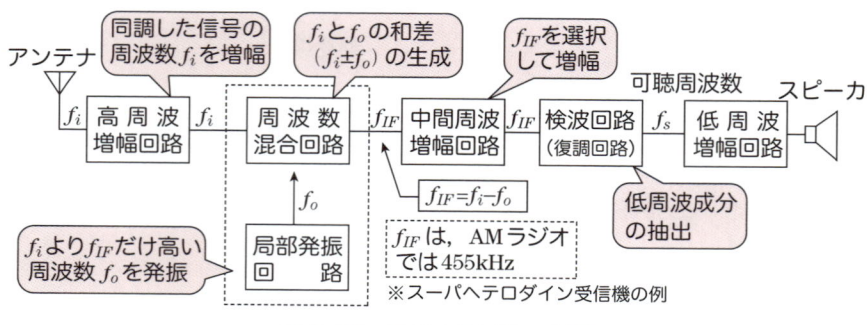

[図 3-35 のブロック図説明]
- アンテナ → f_i → 高周波増幅回路（同調した信号の周波数 f_i を増幅）→ f_i → 周波数混合回路（f_i と f_o の和差 ($f_i \pm f_o$) の生成）→ f_{IF} → 中間周波増幅回路（f_{IF} を選択して増幅）→ f_{IF} → 検波回路（復調回路）（低周波成分の抽出）→ f_s → 低周波増幅回路 → スピーカ（可聴周波数）
- 局部発振回路 → f_o（f_i より f_{IF} だけ高い周波数 f_o を発振）
- $f_{IF} = f_i - f_o$
- f_{IF} は，AM ラジオでは 455kHz
- ※スーパヘテロダイン受信機の例

図 3-35 ラジオのブロック図

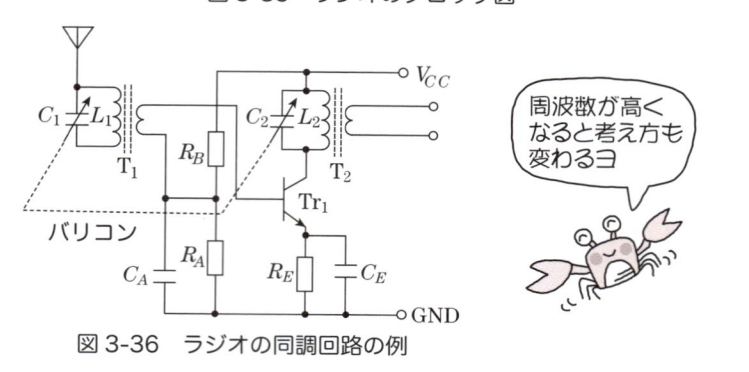

図 3-36 ラジオの同調回路の例

（周波数が高くなると考え方も変わるヨ）

路と 2 つの同調回路を使用する**複同調増幅回路**があります．なお，高周波増幅では，低周波増幅で問題とならなかったようなトランジスタの接合容量や電流増幅度の周波数特性が無視できなくなります．

(2) 共振と同調

同調回路は**図 3-37**(a)に示す LC 並列共振回路を利用しています．ここではコイル L の内部抵抗 r を考慮しています．この回路のアドミタンス Y（インピーダンス Z の逆数）は，式（3-55）で与えられます．

$$Y = \frac{r}{r^2 + \omega^2 L^2} + j\left(\omega C - \frac{\omega L}{r^2 + \omega^2 L^2}\right) \quad (3\text{-}55)$$

ここで，$\omega L \gg r$ が成り立つと，Y は式（3-56）として表せます．

$$Y \fallingdotseq \frac{r}{\omega^2 L^2} + j\left(\omega C - \frac{1}{\omega L}\right) \quad (3\text{-}56)$$

次に，図 3-37(b) の並列回路のアドミタンス Y は，式（3-57）となります．

$$Y = \frac{1}{R} + j\left(\omega C - \frac{1}{\omega L}\right) \quad (3\text{-}57)$$

式（3-56）と式（3-57）を比較すると，

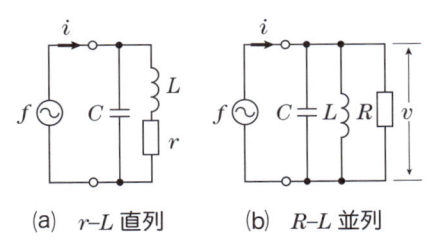

(a) r-L 直列　　(b) R-L 並列

図 3-37　LC 並列共振回路

式（3-58）の関係が成り立つ場合には，図 3-37(a) と図 3-37(b) は相互に置き換えることができます．

$$R = \frac{\omega^2 L^2}{r} \quad (3\text{-}58)$$

次に，図 3-37(b) の回路のインピーダンス Z は式（3-57）で求めたアドミタンス Y の逆数の式（3-59）になりますが，この Z が最大となるのは，虚数成分 = 0 となるときの式（3-60）が成り立つ場合で，そのときの周波数 f_0 は式（3-61）となります．

$$Z = \frac{1}{\frac{1}{R} + j\left(\omega C - \frac{1}{\omega L}\right)} \quad (3\text{-}59)$$

$$\omega C - \frac{1}{\omega L} = 0 \quad (3\text{-}60)$$

$$f_0 = \frac{1}{2\pi\sqrt{LC}} \quad (3\text{-}61)$$

この周波数 f_0 を**並列共振周波数**といい，共振時のインピーダンス Z_0 は，式（3-61）から $\omega_0 = \frac{1}{\sqrt{LC}}$ を式（3-59）に代入して整理すると式（3-62）となります．

$$Z_0 = R = \frac{\omega_0^2 L^2}{r}$$

$$= \frac{\left(\frac{1}{\sqrt{LC}}\right)^2 L^2}{r} = \frac{L}{rC} \quad (3\text{-}62)$$

このときの Z_0 を特に**並列共振インピーダンス**といいます．

また，共振特性の鋭さを表す量 **Q_0**

（quality factor）を式（3-63）で定義します．

$$\left. \begin{array}{l} Q_0 = \dfrac{\omega_0 L}{r} = \dfrac{1}{\omega_0 r C} \\ \quad = \dfrac{1}{r}\sqrt{\dfrac{L}{C}} \\ \text{または,} \\ Q_0 = \dfrac{R}{\omega_{0L}} = \omega_0 RC \end{array} \right\} \quad (3\text{-}63)$$

ここで定義する Q_0 は，トランジスタや負荷を接続しない共振回路だけの状態なので，特に**無負荷 Q** といいます．Q_0 の値による周波数-インピーダンス特性の変化は**図3-38**のようになります．Q_0 が大きくなるにつれて回路の周波数帯域は狭くなり，回路の周波数選択特性は良くなります．

ところで，図3-37(b)の並列回路のインピーダンス Z の式（3-59）を変形すると，式（3-64）となります．

$$Z = \dfrac{1}{\dfrac{1}{R} + j\left(\omega C - \dfrac{1}{\omega L}\right)}$$

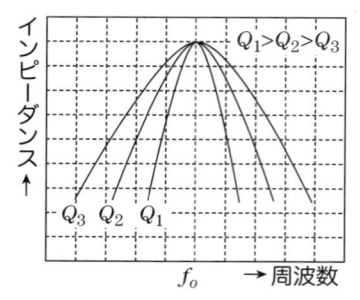

図3-38 周波数-インピーダンス特性

$$= \dfrac{R}{1 + j\left(\dfrac{\omega}{\omega_0}\cdot\dfrac{R}{\omega_0 L} - \dfrac{\omega_0}{\omega}\cdot\dfrac{R}{\omega_0 L}\right)}$$
(3-64)

また，式（3-63）より $Q_0 = \dfrac{R}{\omega_0 L}$ の関係があるので，式（3-64）は式（3-65）で表されます．

$$Z = \dfrac{R}{1 + jQ_0\left(\dfrac{\omega}{\omega_0} - \dfrac{\omega_0}{\omega}\right)} \quad (3\text{-}65)$$

ここで，ω が ω_0 の近傍（または，$Q > 10$）であれば，近似式の式（3-66）が成り立ちます．

$$\begin{aligned} \dfrac{\omega}{\omega_0} - \dfrac{\omega_0}{\omega} &= \dfrac{\omega^2 - \omega_0^2}{\omega_0 \omega} \\ &= \dfrac{(\omega + \omega_0)(\omega - \omega_0)}{\omega_0 \omega} \\ &\fallingdotseq 2\cdot\dfrac{\omega - \omega_0}{\omega_0} \\ &= 2\delta \quad (3\text{-}66) \end{aligned}$$

ただし，δ（デルタ）は**離調度**といい，式（3-67）で示され，後述の帯域幅 B と共振周波数 f_0 の比を表す比帯域幅を表します．

$$\begin{aligned} \delta &= \dfrac{\omega - \omega_0}{\omega_0} = \dfrac{f - f_0}{f_0} \\ &= \dfrac{\triangle f}{f_0} \quad (3\text{-}67) \end{aligned}$$

したがって，インピーダンス Z は式（3-68）として表されます．

$$Z = \dfrac{R}{1 + j2\delta Q_0} \quad (3\text{-}68)$$

また，並列同調回路の端子電圧 v の大きさは，式 (3-69) となります．

$$v = iZ = \frac{iR}{1+j2\delta Q_0}$$

$$\therefore \quad |v| = \frac{|i|R}{\sqrt{1+(2\delta Q_0)^2}}$$

$$= \frac{|i|R}{\sqrt{1+\left(\frac{2Q_0 \triangle f}{f_0}\right)^2}} \quad (3\text{-}69)$$

図 3-39 のように，$|v|$ が max 3dB $\left(\dfrac{1}{\sqrt{2}}\text{倍}\right)$ 低下する周波数帯域が並列同調回路の**帯域幅** B なので式(3-69)から式 (3-70)，式 (3-71) になります．

$$\left(\frac{2Q_0 \triangle f}{f_0}\right)^2 = 1 \quad (3\text{-}70)$$

$$\therefore \quad \triangle f = \frac{f_0}{2Q_0} \quad (3\text{-}71)$$

この結果から，帯域幅 B は，式(3-72) で与えられます．

$$B = 2\triangle f = \frac{f_0}{Q_0} \quad (3\text{-}72)$$

(2) 単同調増幅回路

多段の高周波増幅の場合，結合回路に LC 共振回路の同調回路を図 3-40 のように使用するものを**単同調増幅回路**といいます．この回路は，RC 結合増幅回路のコレクタ抵抗 R_C を LC 共振回路に置き換えたものと考えること

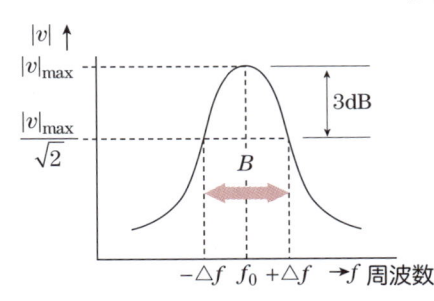

図 3-39 帯域幅 B の定義

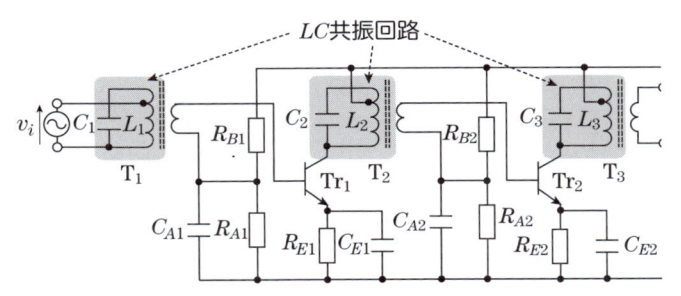

帯域の中央が一番大きく増幅されます．

図 3-40 単同調増幅回路（中間周波数増幅回路の例）

3-3 高周波増幅回路

ができます．AM 受信機の中間周波数増幅回路などに用いられる場合には，一次側コイルとコンデンサの共振周波数は 455kHz となるように設定します．この回路では，トランジスタのコレクタの出力抵抗と，二次側の負荷がトランスで一次側に変換され，同調回路に並列に入るため同調回路自体の Q が低下し，帯域幅が広がる場合があります．このような場合には，図 3-40 のようにタップ付トランスを用いて等価的に同調回路と並列に入る抵抗を大きくするように工夫します．**図 3-41** (a)の T_2 を例として，コレクタ側のトランス（コイルの巻数を N_0, N_1, N_2 としています）を含めた等価回路を示します．これはトランジスタの出力抵抗 $\left(\dfrac{1}{h_{oe}}\right)$ を中間タップを利用して大きくすることで，同調回路への影響を減らしています．

同様に，二次側の負荷抵抗 R_L を式（3-73）のように変換して，同調回路へ並列に加えると，①−②から見た等価回路が図 3-41 (b)となります．

$$R_0 = \left(\frac{N_0}{N_1}\right)^2 \frac{1}{h_{oe}}$$
$$R_L{}' = \left(\frac{N_0}{N_2}\right)^2 R_L \qquad (3\text{-}73)$$

なお，この図の R は式（3-62）の共振インピーダンスを表しています．最後に，図 3-41 (c)の同調回路の全並列抵抗 R_T は式（3-74）になります．

$$\frac{1}{R_T} = \frac{1}{R_0} + \frac{1}{R} + \frac{1}{R_L{}'} \qquad (3\text{-}74)$$

このときの Q を**負荷 Q**，または，**実効 Q** といい，Q_L で表すと式（3-75）となります．

$$Q_L = \frac{R_T}{\omega_0 L} = \omega_0 R_T C \qquad (3\text{-}75)$$

なお，帯域幅 B は，式（3-72）で与えられます．

例題 3-3 AM 受信機の中間周波数を 455kHz としたとき，負荷 Q，帯域幅 B を求めなさい．ただし，各定数は次のとおりとします．

- 巻数 N_0：160，N_1：110，N_2：20
- Q_0：80 ・C：200pF ・L：0.612mH
- トランジスタ：2SC1815
  h_{ie}：2.2kΩ，h_{oe}：9μS

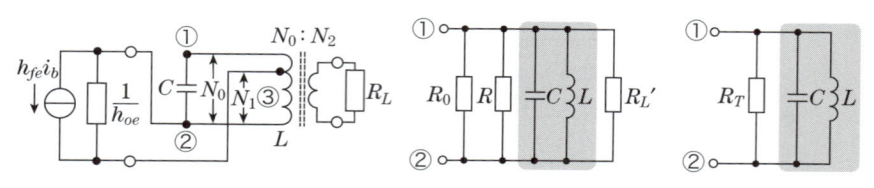

(a) トランスを含む等価回路　　(b) 変換した等価回路　(c) 最終的な等価回路

図 3-41　トランスによるインピーダンス変換

解答 共振周波数 f_0 は，式（3-61）から次のようになります．

$$f_0 = \frac{1}{2\pi\sqrt{LC}}$$

$$= \frac{1}{2\pi\sqrt{0.612\times 10^{-3}\times 200\times 10^{-12}}}$$

$$\fallingdotseq 455 \text{[kHz]} \qquad (3\text{-}76)$$

次に，式（3-73）から，

$$R_0 = \left(\frac{N_0}{N_1}\right)^2 \frac{1}{h_{oe}}$$

$$= \left(\frac{160}{110}\right)^2 \times \frac{1}{9\times 10^{-6}}$$

$$\fallingdotseq 235 \text{[k}\Omega\text{]}$$

$$R_L' = \left(\frac{N_0}{N_2}\right)^2 R_L$$

$$= \left(\frac{160}{20}\right)^2 \times 2.2\times 10^3$$

$$\fallingdotseq 140 \text{[k}\Omega\text{]}$$

式（3-63）から，共振インピーダンス R は，

$$Q_0 = \frac{R}{\omega_0 L} = \omega_0 RC \Rightarrow R = Q_0\omega_0 L$$

$$R = 80\times 20\pi\times 455\times 10^3\times 0.612\times 10^{-3}$$

$$\fallingdotseq 140 \text{[k}\Omega\text{]}$$

したがって，式（3-74）から R_T は次のようになります．

$$\frac{1}{R_T} = \frac{1}{R_0} + \frac{1}{R} + \frac{1}{R_L'}$$

$$= \frac{1}{235\text{k}\Omega} + \frac{1}{140\text{k}\Omega} + \frac{1}{140\text{k}\Omega}$$

$$R_T \fallingdotseq 54 \text{[k}\Omega\text{]}$$

式（3-75）から負荷 Q は次のようになります．

$$Q_L = \frac{R_T}{\omega_0 L} = \omega_0 R_T C$$

$$= 2\pi\times 455\text{kHz}\times 54\text{k}\Omega\times 200\text{pF}$$

$$\fallingdotseq 31$$

式（3-72）の Q_0 を Q_L として，帯域幅 B は次のように求まります．

$$B = \frac{f_0}{Q_L} = \frac{455\text{kHz}}{31} \fallingdotseq 14.7 \text{[kHz]}$$

(3) 複同調増幅回路

複同調増幅回路は，図 **3-42** のように単同調回路のトランスの出力側にも同調周波数の等しい同調回路を結合した増幅回路です．単同調増幅回路に比べて，周波数帯域が広く，帯域外の特性は減衰が著しいので選択特性は鋭くなります．このため，特に高性能さが要求される回路に使用されます．具体的には，FM 受信機の中間周波数増幅回路などに用いられます．複同調増幅回路の結合方法には図 **3-43** に示すように**電磁誘導**によるものと**静電誘導**によるものがあります．

複雑になるので式の誘導の過程は省略しますが，複同調増幅回路の増幅度 $|A_v|$ は式（3-77）で表されます．

$$\therefore\ |A_v| = \frac{A_{v0}}{\sqrt{1 + 4Q_L^4\left(\dfrac{\triangle f}{f_0}\right)^4}}$$

$$(3\text{-}77)$$

したがって，この場合の帯域幅 B は単同調増幅回路と同様に，式（3-78）

から式 (3-79) となります．

$$4Q_L \left(\frac{\triangle f}{f_0} \right)^4 = 1 \quad (3\text{-}78)$$

$$\therefore \ \triangle f = \frac{f_0}{\sqrt{2} Q_L} \quad (3\text{-}79)$$

この結果から，帯域幅 B は，次の式 (3-80) で与えられます．

$$\therefore \ B = 2\triangle f = \sqrt{2} \frac{f_0}{Q_L} \quad (3\text{-}80)$$

したがって，複同調増幅回路は単同調増幅回路よりも帯域幅 B が $\sqrt{2}$ 倍に広がることが分かります．この複同調増幅回路の周波数特性は**図 3-44** のようになります．ただし，k はコイルの**結合係数**で，曲線は $kQ_L = 1$ の場合にピークが 1 箇所の**単峰特性**で最大増幅度となり，この状態を**臨界結合**といいます．また，$kQ_L < 1$ の状態を**疎結合**といい，単峰特性のままで増幅度は低下します．そして，$kQ_L > 1$ の状態を**密結合**といい，**双峰特性**となり f_0 における増幅度は低下します．

(4) スタガ同調増幅回路

スタガ同調増幅回路は，**図 3-45** のように複数の単同調増幅回路の同調回路の共振周波数を，少しずつずらしながら組み合わせ，**図 3-46** のように，帯域幅が広く平坦な同調特性が得られるようにした同調増幅回路で，利得も大きくとれて調整も容易です．テレビ放送の映像信号のように，4MHz の帯域幅があるような広帯域増幅の用途に

図 3-42 複同調増幅回路

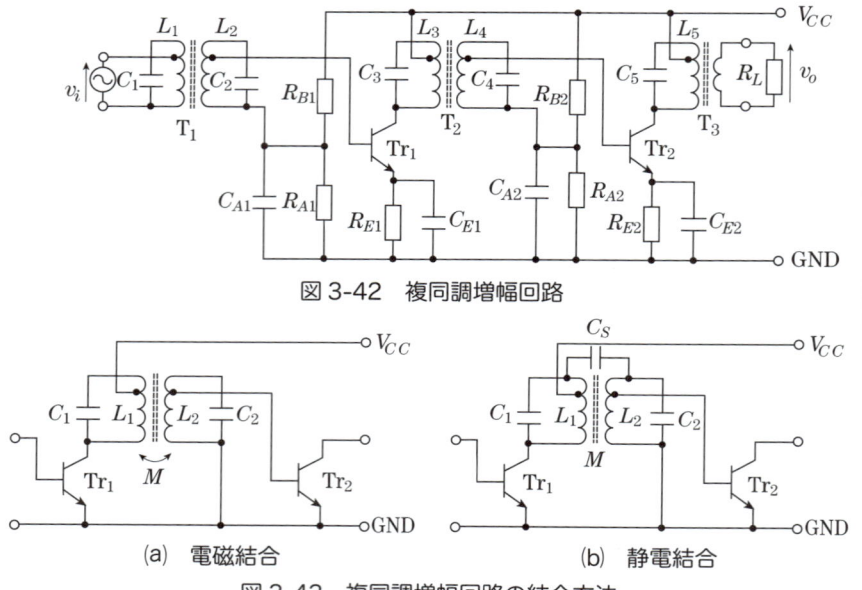

(a) 電磁結合　　(b) 静電結合

図 3-43 複同調増幅回路の結合方法

利用されます．一般的な同調増幅回路ではこのような広帯域の特性の回路の実現はできません．しかし，スタガ同調増幅回路を用いれば，必要な利得が得られて調整もしやすくなります．

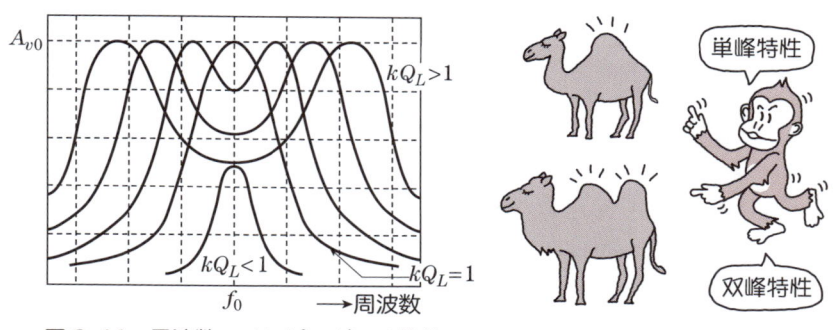

図 3-44　周波数 - インピーダンス特性

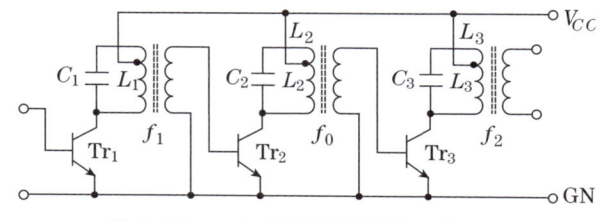

図 3-45　スタガ同調増幅回路の原理図

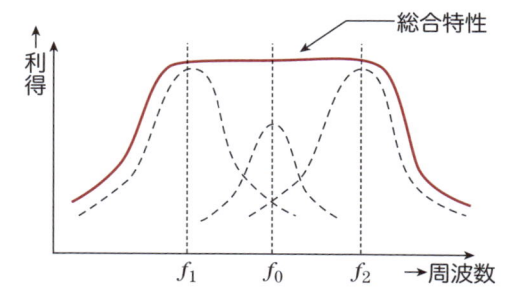

図 3-46　スタガ同調増幅回路の特性例

章末問題 3

1 増幅度 $A_v = 1000$ の増幅回路があります．この回路に帰還率 $\beta = 0.001$ の負帰還をかけたときの増幅度 A_f と利得 G_f，および帰還量 F を求めなさい．

2 次の負帰還増幅回路で R_f で負帰還をかけない場合の増幅度 A_0 と，負帰還をかけた場合の電圧増幅度 A_f を計算しなさい．

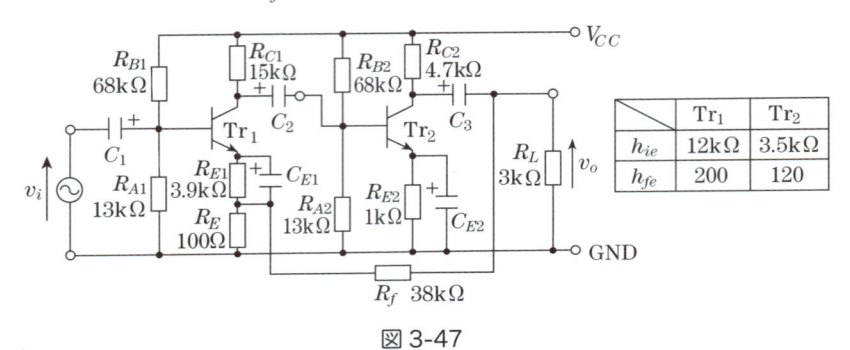

	Tr_1	Tr_2
h_{ie}	12kΩ	3.5kΩ
h_{fe}	200	120

図 3-47

3 A級電力増幅回路で，$V_{CC} = 9V$，トランスの一次側から見た交流負荷抵抗 R_L を 600Ω としたときの以下の値を求めなさい．

(1) 最大出力電力 $P_{O\max}$
(2) コレクタ電流の平均値 I_{Cm}
(3) 電源の平均電力 P_{DC}
(4) 最大出力時のコレクタ損失 $P_{C\max}$
(5) 電源効率 η

4 B級プッシュプル電力増幅回路で，$V_{CC} = 9V$，トランスの巻線比を 4：1，負荷抵抗 R_S を 8Ω としたときの以下の値を求めなさい．

(1) トランスの一次側の両端から見たインピーダンス R_{CC}
(2) 交流負荷抵抗 R_L
(3) 最大出力電力 $P_{O\max}$
(4) 出力電流の最大値 I_{Cm}
(5) 電源の平均電力 P_{DC}
(6) 電源効率 η

5 単同調増幅回路と複同調増幅回路の周波数帯域 B について比較しなさい．

第4章 発振回路

　この章では，電子回路の信号源として必要不可欠な発振回路について説明します．ラジオやテレビの局部発振器やテレビの画像表示の垂直・水平発振器に用いられ，ディジタル分野のコンピュータのクロック発振やアナログシンセサイザーなどにも使用されています．その発振原理により正弦波を発生する帰還型と方形波などのパルスを発生する弛張型に分類できます．ここでは，おもに帰還型の正弦波を発生する発振回路を学習しますが，パルスを発生する回路の代表であるマルチバイブレータについても学習します．

4-1 発振の原理

(1) 発振の原理

　発振回路は，外部からの電気信号を増幅する増幅回路とは異なり，回路自身で電気信号の振動を継続する働きがある回路です．負帰還増幅回路が入力信号と位相を反転させた出力信号を入力側に帰還する回路であることは，第3章（88ページ）で説明しました．電子機器類，特にアナログ分野で用いられる正弦波発振回路は，**図4-1**のように，帰還増幅回路の一種であり，能動素子からなる増幅度Aの増幅回路と受動素子からなる帰還率βの帰還回路で構成される**正帰還増幅回路**です．身近な発振現象の例として，カラオケなどでマイクロホンをスピーカに向けた場合に発生するハウリングがあります．**図4-2**に示すように，スピーカからの出力をそのままマイクロホンに入力することは正帰還をかけることと同じことになります．発振のきっかけは，電源投入時の過渡電流に含まれる多くの周波数成分や回路に含まれる雑音成分などのうち，位相条件に合った周波数成分が増幅されて次第に信号が大きくなり，やがて飽和します．この回路では，出力信号を入力信号と同相の状態で正帰還すると，出力信号が増大してやがては回路が発振条件を満たすと，振幅と周波数が一定の正弦波となり**図4-3**のように発振が継続されます．

(2) 発振の条件

　図4-1のように，入出電圧等を決めると，増幅回路の入出力に関して，式(4-1)が成り立ちます．

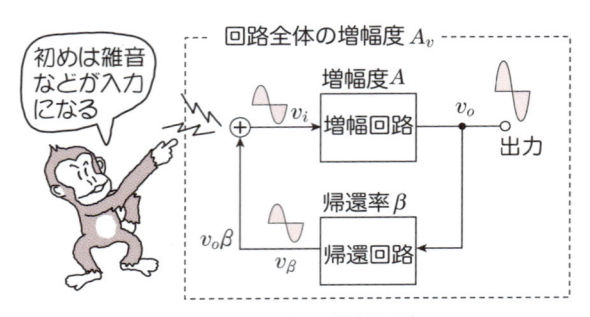

図4-1　正帰還増幅回路

$$v_o = Av_i \qquad (4\text{-}1)$$

また，帰還回路の出力 v_β は，次式となります．

$$v_\beta = A\beta v_i$$

この式を変形して得られる式（4-2）の $A\beta$ を**ループゲイン**といいます．

$$\frac{v_\beta}{v_i} = A\beta \qquad (4\text{-}2)$$

いま，図4-3のように発振回路の発振の振幅が成長するためには，入力電圧 v_i よりも帰還電圧 v_β の振幅が大きくなる必要があります．つまり，$A\beta$ について，式（4-3）を満たす必要があり，これを**振幅成長条件**（**振幅条件**）といいます．

$$A\beta > 1 \qquad (4\text{-}3)$$

帰還入力 v_o が増大し，やがて増幅器が飽和することにより増幅度が減少すると，帰還率 β は一定であることから，式（4-4）を満たすときに，発振は一定となります．これを**発振条件**（**バルクハウゼンの発振条件**）といいます．

$$A\beta = 1 \qquad (4\text{-}4)$$

一般に，増幅度 A や帰還率 β は複素数なので，式（4-4）は，実数部 $= 1$（**振幅条件**）と虚数部 $= 0$（**周波数条件**）に分けられます．発振回路には，L, C, R を組み合わせたもの，水晶振動子を利用したものなどがあります．

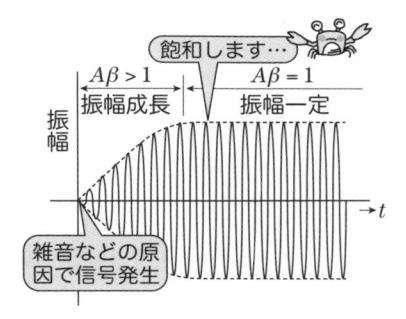

図 4-3　発振の様子

図 4-2　ハウリングの例

4-1　発振の原理

4-2 LC発振回路

(1) LC発振回路の発振条件

コイルとコンデンサを組み合わせて帰還回路を構成した発振回路を **LC発振回路** といいます．LC発振回路は，共振回路を構成するので，後述のRC発振回路よりも周波数特性が良好です．図4-4のように，能動素子であるトランジスタ，または，FETの3端子間にコイルやコンデンサなどの受動素子のインピーダンスを接続した発振回路を **3点接続発振回路** といい，LC発振回路である後述のハートレー発振回路，コルピッツ発振回路もこれにあたります．ここでは，この回路の **発振条件** を説明します．まず，図4-5に示すトランジスタによるLC発振回路の等価回路を基に発振条件を考えることにします．この回路の，h_{ie} や $\dfrac{1}{h_{oe}}$ の接続を考慮して並列インピーダンスを整理すると図4-6(a)のような等価回路が得られます．なお，FETについても r_d の接続を考慮して並列インピーダンスを整理すると同様に図

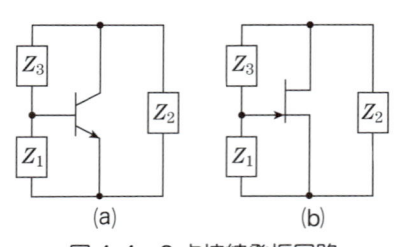

図4-4 3点接続発振回路

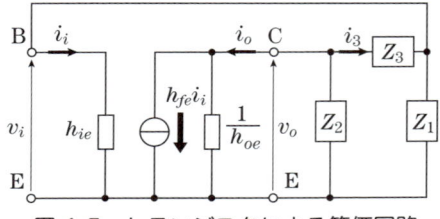

図4-5 トランジスタによる等価回路

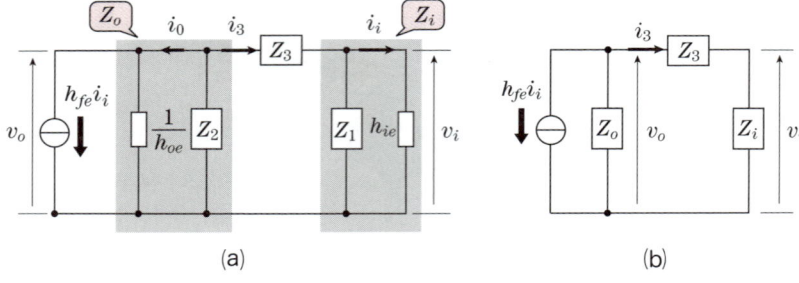

図4-6 図4-5の並列インピーダンスの整理

4-7 のようになります．図 4-6(b) の Z_i と Z_o は，式 (4-5) で表されます．

$$\left.\begin{array}{l}\dfrac{1}{Z_i} = \dfrac{1}{Z_1} + \dfrac{1}{h_{ie}} \\ \therefore\ Z_i = \dfrac{Z_1 h_{ie}}{Z_1 + h_{ie}} \\ \dfrac{1}{Z_o} = \dfrac{1}{Z_2} + h_{oe} \\ \therefore\ Z_o = \dfrac{Z_2}{1 + Z_2 h_{oe}}\end{array}\right\} \quad (4\text{-}5)$$

電流 $h_{fe}i_i$ は Z_o と $Z_i + Z_3$ で分流され，Z_i の電圧降下が v_i となるので，式 (4-6) が成立します．

$$v_i = -h_{fe} i_i \cdot \dfrac{Z_o Z_i}{Z_o + Z_i + Z_3} \quad (4\text{-}6)$$

変形すると，式 (4-7) となります．

$$\begin{aligned}\dfrac{v_i}{i_i} &= h_{ie} \\ &= -h_{fe} \cdot \dfrac{Z_o Z_i}{Z_o + Z_i + Z_3}\end{aligned} \quad (4\text{-}7)$$

さらに，式 (4-7) を変形します．

$$\begin{aligned}h_{fe} + h_{ie} \cdot \dfrac{Z_o + Z_i + Z_3}{Z_o Z_i} \\ = h_{fe} + h_{ie}\left(\dfrac{1}{Z_o} + \dfrac{1}{Z_i} + Z_3 \dfrac{1}{Z_o} \cdot \dfrac{1}{Z_i}\right)\end{aligned}$$

$= 0$

この式に，式 (4-5) を代入して整理すると，式 (4-8) となります．

$$h_{fe} + \dfrac{Z_2 + Z_3}{Z_2} + h_{ie} h_{oe} \dfrac{Z_1 + Z_3}{Z_1}$$
$$+ h_{oe} Z_3 + h_{ie} \dfrac{Z_1 + Z_2 + Z_3}{Z_1 Z_2} = 0$$
$$(4\text{-}8)$$

この式で，出力アドミタンス h_{oe} が十分に小さく無視できると考えると，式 (4-9) となります．

$$h_{fe} + \dfrac{Z_2 + Z_3}{Z_2} + h_{ie} \cdot \dfrac{Z_1 + Z_2 + Z_3}{Z_1 Z_2} = 0$$
$$(4\text{-}9)$$

ここで，式 (4-9) が成立するためには実数部，および虚数部がそれぞれ 0 になる必要があります．$Z_1 \sim Z_3$ のインピーダンスがコイル，またはコンデンサの純リアクタンスで，h パラメータが実数であれば，式 (4-9) の第 1 項は実数，第 2 項は分母分子の j が打ち消されるのでやはり実数となり，第 3 項は虚数となります．したがって，実数部 = 0 とおくと，式 (4-10)

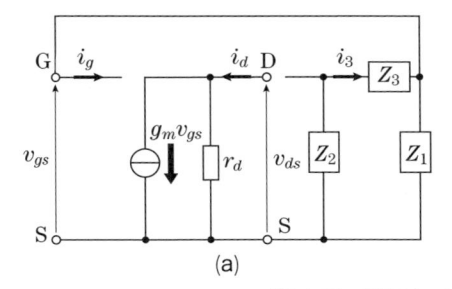

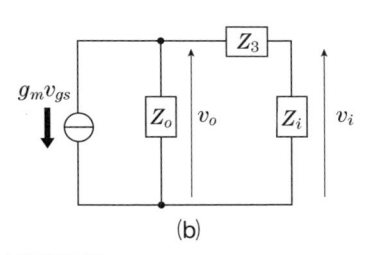

図 4-7　FET による等価回路

■ 4-2　LC 発振回路 ■

の振幅条件となります．

$$h_{fe} + \frac{Z_2 + Z_3}{Z_2} = 0 \quad (4\text{-}10)$$

また，虚数部＝0とおくと，式（4-11）の周波数条件が成立します．

$$Z_1 + Z_2 + Z_3 = 0 \quad (4\text{-}11)$$

ここで，式（4-11）を式（4-10）に代入して整理すると，式（4-12）となります．

$$h_{fe} = \frac{Z_1}{Z_2} \quad (4\text{-}12)$$

$h_{fe} > 0$ となるには，Z_1 と Z_2 は同符号となるので，式（4-11）から Z_3 は，Z_1 と Z_2 と異符号となります．したがって，次の節で紹介しますが，Z_3 がキャパシタンスなら，Z_1，Z_2 はインダクタンスとなり，**ハートレー発振回路**となります．逆に，Z_3 がインダクタンスなら，Z_1，Z_2 はキャパシタンスである**コルピッツ発振回路**となります．

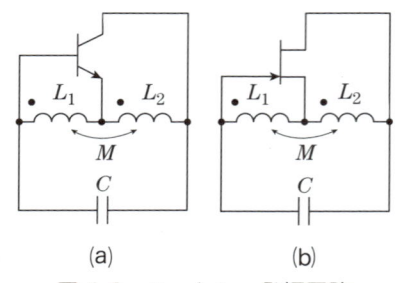

(2) **ハートレー発振回路**

ハートレー発振回路を**図 4-8**に示します．式（4-10），式（4-11）において，Z_1，Z_2 をインダクタンス，Z_3 をキャパシタンスで構成します．したがって，Z_1，Z_2，Z_3 は，式（4-13）のようになります．ここで M は相互インダクタンス，ω（$=2\pi f$）は角周波数を表しています．

$$\left.\begin{array}{l} Z_1 = j\omega(L_1 + M) \\ Z_2 = j\omega(L_2 + M) \\ Z_3 = \dfrac{1}{j\omega C} \end{array}\right\} \quad (4\text{-}13)$$

式（4-12）により，発振を持続するために式（4-14）を満たす必要があります．

$$h_{fe} > \frac{Z_1}{Z_2} = \frac{L_1 + M}{L_2 + M} \quad (4\text{-}14)$$

発振周波数は，式（4-11）の周波数条件に，式（4-13）を代入して整理すると，

$$\begin{aligned} & Z_1 + Z_2 + Z_3 \\ &= j\omega(L_1 + M) + j\omega(L_2 + M) + \frac{1}{j\omega C} \\ &= 0 \end{aligned}$$

より，式（4-15）として求めることができます．

$$f = \frac{1}{2\pi\sqrt{C(L_1 + L_2 + 2M)}} \quad (4\text{-}15)$$

図 4-9にハートレー発振回路の実用回路の例を示します．

(3) **コルピッツ発振回路**

コルピッツ発振回路を**図 4-10**に示します．式（4-10），式（4-11）において，Z_1，Z_2 をキャパシタンス，Z_3 をインダクタンスで構成します．

(a)　　　　　(b)

図 4-8　ハートレー発振回路

第 4 章　発振回路

したがって，Z_1, Z_2, Z_3 は，式（4-16）のようになります．

$$\left. \begin{array}{l} Z_1 = \dfrac{1}{j\omega C_1} \\ Z_2 = \dfrac{1}{j\omega C_2} \\ Z_3 = j\omega L \end{array} \right\} \quad (4\text{-}16)$$

式（4-12）により，式（4-17）を満たす必要があります．

$$h_{fe} > \frac{Z_1}{Z_2} = \frac{C_2}{C_1} \quad (4\text{-}17)$$

発振周波数は，ハートレー発振回路と同様に，式（4-11）の周波数条件に式（4-16）を代入して整理すると，

$$Z_1 + Z_2 + Z_3 = \frac{1}{j\omega C_1} + \frac{1}{j\omega C_2} + j\omega L$$
$$= 0$$

より，式（4-18）として求めることができます．

$$f = \cfrac{1}{2\pi\sqrt{L\left(\cfrac{C_1 C_2}{C_1+C_2}\right)}} \quad (4\text{-}18)$$

図 4-11 にコルピッツ発振回路の実用回路の例を示します．

(4) クラップ発振回路

コルピッツ発振回路を改良して安定度を向上させたクラップ発振回路を**図 4-12** に示します．発振条件は式（4-19），式（4-20）で示されます．

$$\omega^2 = \frac{1}{L}\left(\frac{1}{C_1} + \frac{1}{C_2} + \frac{1}{C_3}\right) \quad (4\text{-}19)$$

$$h_{fe} = \frac{C_2}{C_1} \quad (4\text{-}20)$$

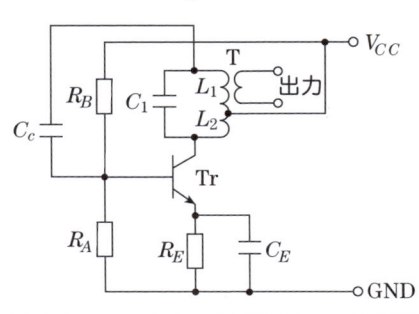

図 4-9　ハートレー発振回路の実用回路

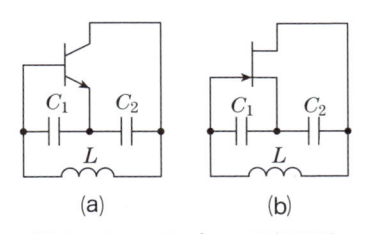

図 4-10　コルピッツ発振回路

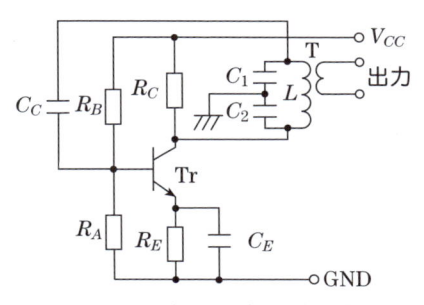

図 4-11　コルピッツ発振回路の実用回路

コルピッツ発振回路を改良して安定度を向上させたのがクラップ発振回路です

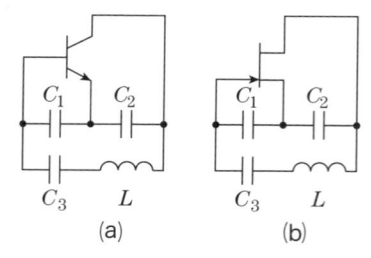

図 4-12 クラップ発振回路

C_1, C_2 を C_3 に対して非常に大きくし，リアクタンスを小さくします．トランジスタのインピーダンス分がこれに比べて大きいので，その変化は同調回路に影響しません．そのため周波数の安定度は，コルピッツ発振回路に比べて非常に良くなります．この回路の

発振条件の式（4-19）を変形すると，式（4-21）となります．

$$\omega^2 = \cfrac{1}{L \cfrac{1}{\cfrac{1}{C_1}+\cfrac{1}{C_2}+\cfrac{1}{C_3}}} \quad (4\text{-}21)$$

この式の分母について，C_1, C_2, C_3 を直列接続した場合の合成容量 C を式（4-22）とすると，

$$C = \cfrac{1}{\cfrac{1}{C_1}+\cfrac{1}{C_2}+\cfrac{1}{C_3}} \quad (4\text{-}22)$$

発振周波数 f は式(4-23)となります．

$$f = \cfrac{1}{2\pi\sqrt{LC}} \quad (4\text{-}23)$$

4-3 RC発振回路

(1) RC移相発振回路

抵抗とコンデンサを組み合わせて帰還回路を構成した発振回路を，**RC発振回路**といいます．RC発振回路は，おもに数十kHz以下の低周波発振に利用されますが，周波数の精度はあまり良くありません．ここでは，RC移相発振回路とウィーンブリッジ発振回路のそれぞれについて説明します．図4-13のような発振回路を**RC移相発振回路**といいます．増幅器の入力電圧v_iと出力電圧v_oが180°の位相差があれば，帰還回路である**移相回路**でさらに180°の位相差を与えることで正帰還となり発振します．図4-13は**進相形（微分形）**，図4-14は**遅相形（積分形）**の移相回路で，遅相形は増幅回路の入力インピーダンスがかなり低い場合に利用されます．また，進相形は，**HP (high pass) 形**，遅相形は，**LP (low pass) 形**とも呼ばれます．移相回路の1段を取り出したものが図4-15で，入力電圧v_iと出力電圧v_oの位相差

$$\theta = \tan^{-1}\frac{X_C}{R}$$

で求められますが，90°未満の位相差となり一段では180°の位相差は得られないので，図4-13のように3段組み合わせて移相回路を構成します．したがって，3段の移相回路で正帰還となる周波数で発振するこ

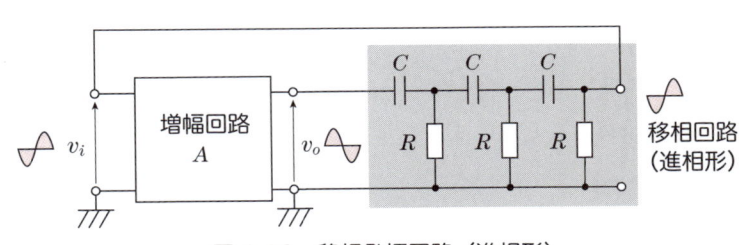

図 4-13 移相発振回路（進相形）

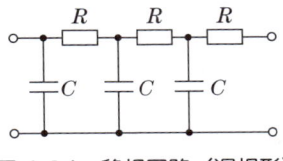

図 4-14 移相回路（遅相形）

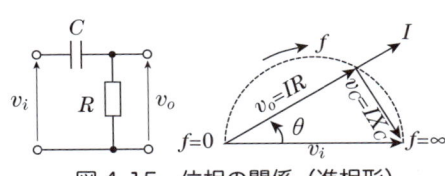

図 4-15 位相の関係（進相形）

とになります．ここで移相発振回路の発振の条件について説明します．考え方を分かりやすくするために，まず，理想的なオペアンプのような入力インピーダンスが無限大，出力インピーダンスがゼロの増幅回路を用いるとすると，移相回路を独立させて考えることができます．増幅回路の増幅度 $A_o = \dfrac{v_o}{v_i}$ が実数となり，虚数部が 0 となる周波数で発振することから発振周波数を求めることができます．v_i は式（4-24）で求まります．

$$v_i = Ri_3 \qquad (4\text{-}24)$$

i_3 を求めるために各部に流れる電流を**図 4-16** のように考えると，式（4-25）が成り立ちます．ただし，X はキャパシタンス C のリアクタンスを表しています．

$$\left.\begin{aligned} &(R-jX)i_1 - Ri_2 = v_o \\ &-Ri_1 + (2R-jX)i_2 - Ri_3 = 0 \\ &-Ri_2 + (2R-jX)i_3 = 0 \end{aligned}\right\} \qquad (4\text{-}25)$$

行列式で i_3 を求めることにします．△ は，

$$\triangle = \begin{vmatrix} (R-jX) & -R & 0 \\ -R & (2R-jX) & -R \\ 0 & -R & (2R-jX) \end{vmatrix}$$

$$= (R-jX)\,(2R-jX)^2 - (R-jX)R^2 - (2R-jX)R^2$$

$$= R(R^2 - 5X^2) - jX(6R^2 + X^2)$$

となることから，

$$i_3 = \frac{1}{\triangle}\begin{vmatrix} (R-jX) & -R & v_o \\ -R & (2R-jX) & 0 \\ 0 & -R & 0 \end{vmatrix}$$

$$= \frac{v_o R^2}{\triangle}$$

となり，整理すると式（4-26）となります．

$$i_3 = \frac{v_o R^2}{R(R^2-5X^2) - jX(6R^2-X^2)} \qquad (4\text{-}26)$$

したがって，発振時における増幅度 A_o は，式（4-27）となります．

$$A_o = \frac{v_o}{v_i}$$

$$= \cfrac{v_o}{\cfrac{v_o R^3}{R(R^2-5X^2) - jX(6R^2-X^2)}}$$

$$= \frac{R(R^2-5X^2) - jX(6R^2-X^2)}{R_3}$$

$$= \frac{R^2-5X^2}{R_2} + \frac{jX(6R^2-X^2)}{R_3}$$

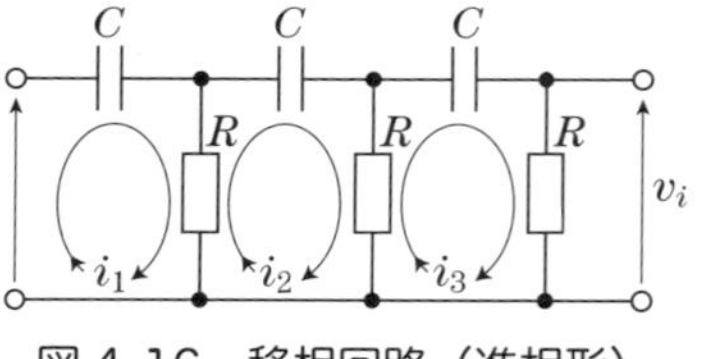
C
C
C
R
R
R
v_o
v_i
i_1
i_2
i_3
図 4-16　移相回路（進相形）

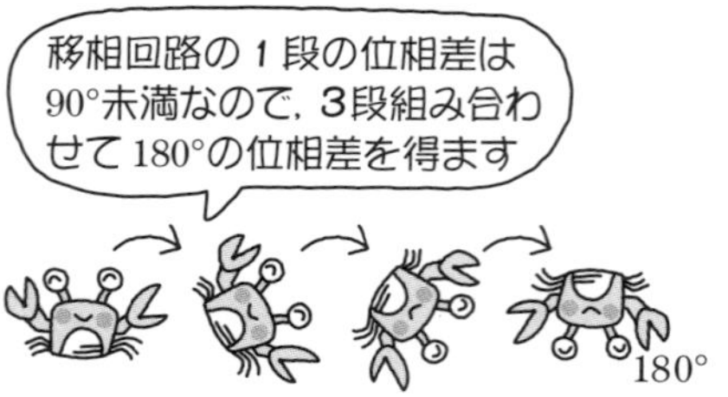
移相回路の 1 段の位相差は 90°未満なので，3段組み合わせて 180°の位相差を得ます
180°

$$= \frac{1}{R_2}(R^2 - 5X^2)$$
$$+ j\frac{X}{R_3}(6R^2 - X^2) \quad (4\text{-}27)$$

ここで，虚数部 = 0 から
$$6R^2 - X^2 = 0 \quad (4\text{-}28)$$
したがって，
$$X = \sqrt{6R^2} \quad (4\text{-}29)$$
$\frac{1}{\omega C} = \sqrt{6} R$ から発振周波数は，式 (4-30) となります．
$$f = \frac{1}{2\pi\sqrt{6}\,CR}\,[\text{Hz}] \quad (4\text{-}30)$$

このとき，発振状態での増幅度は，式 (4-27) に式 (4-29) を代入すると式 (4-31) になります．
$$A_o = \frac{v_o}{v_i} = \frac{R^2 - 30R^2}{R_2}$$

$$= -29 \quad (4\text{-}31)$$

これは，帰還回路の出力 (v_i) が，入力 (v_o) に対して，位相が逆で，$\frac{1}{29}$ に減衰することを意味しています．遅相回路についても同様に計算すると式 (4-32)，式 (4-33) となります．

$$f = \frac{\sqrt{6}}{2\pi CR}\,[\text{Hz}] \quad (4\text{-}32)$$
$$A_o = -29 \quad (4\text{-}33)$$

また，$A_o \beta = 1$ の関係から，式 (4-34) となります．

$$\beta = \frac{1}{29} \quad (4\text{-}34)$$

オペアンプによる**移相形発振回路**を**図 4-17** に示します．ただし，移相回路のオペアンプ側の R と R_1 が並列となるため発振周波数と理論値に差が

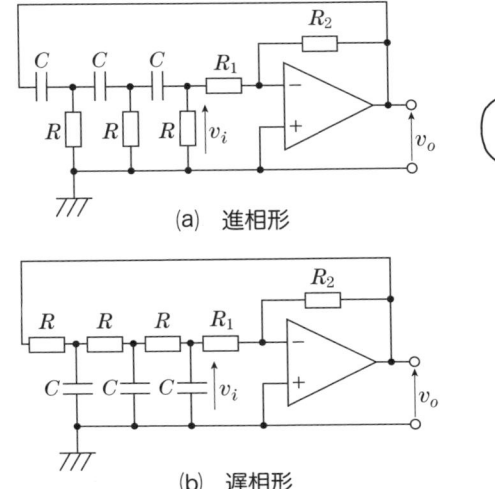

(a) 進相形

(b) 遅相形

図 4-17 オペアンプによる移相形発振回路

オペアンプは第6章で学びます

4-3 RC 発振回路

出ます．したがって，$R_1 \gg R$ となるようにする必要があります．または，移相回路とオペアンプの間にバッファ回路（電圧ホロワ）を挿入します．さらに，RC 移相回路による電圧損失を補填するために，電圧増幅度 $|A| > 29$ となるようにします．

例題 4-1 図 4-17(a)に示す進相形の移相形発振回路について，$R = 5\text{k}\Omega$，$C = 0.01\mu\text{F}$ としたときの発振周波数を求めなさい．また，$R_1 = 1\text{k}\Omega$ とした場合に R_2 をいくらにする必要がありますか．

[解答] 式（4-30）から，

$$f = \frac{1}{2\pi\sqrt{6}CR}$$

$$= \frac{1}{2\pi\sqrt{6} \times 0.01 \times 10^{-6} \times 5 \times 10^3}$$

$$\fallingdotseq 1.3 \text{[kHz]}$$

次に，式（4-31）から $A > -|29|$ なので，

$$A = \frac{R_2}{R_1} \geqq 29$$

$$\therefore \quad R_2 \geqq 29 R_1 = 29 \text{[k}\Omega\text{]}$$

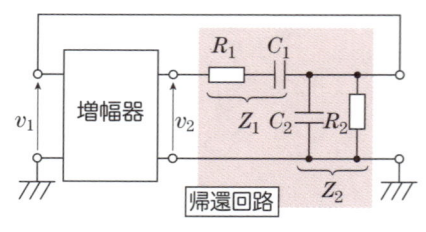

(2) ターマン発振回路

ターマン（Terman）**発振回路**は，図 4-18, 図 4-19 に示すように，増幅回路の入力と出力の電流，または電圧が同相となるようにバンドパスフィルタとして働く正帰還回路を組み合わせたものです．帰還回路の構成によって，**並列入力形ターマン発振回路**，**直列入力形ターマン発振回路**があります．ここでは，それぞれの入力形について説明します．

ⓐ 並列入力形ターマン発振回路

ここで使用する増幅回路は，FET，トランジスタのいずれも利用可能ですが，入力段が高インピーダンスの FET が適しています．トランジスタの場合には，入力抵抗 h_{ie} は R_2 に並列に含めて考えます．まず，v_1 は v_2 を Z_1, Z_2 で分圧することで得られます．したがって，帰還率 β_v は式（4-35）となります．

$$\beta_v = \frac{v_2}{v_1} = \frac{Z_2}{Z_1 + Z_2} = \frac{1}{1 + \dfrac{Z_1}{Z_2}}$$

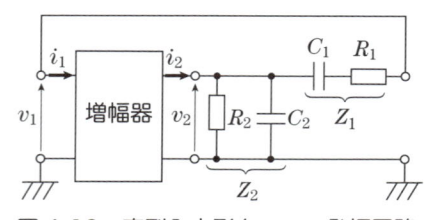

図 4-18 並列入力形ターマン発振回路

図 4-19 直列入力形ターマン発振回路

$$= \cfrac{1}{1+\left(R_1+\cfrac{1}{j\omega C_1}\right)\left(\cfrac{1}{R_2}+j\omega C_2\right)}$$

$$= \cfrac{1}{\left\{\begin{array}{l}1+\cfrac{R_1}{R_2}+\cfrac{C_2}{C_1}\\+j\left(\omega C_2 R_1 - \cfrac{1}{\omega C_1 R_2}\right)\end{array}\right\}}$$

(4-35)

入出力が同相となるためには，分母の虚数部 = 0 から周波数条件として式 (4-36) が求まります．

$$\omega C_2 R_1 - \frac{1}{\omega C_1 R_2} = 0$$

$$\omega = \frac{1}{\sqrt{C_1 C_2 R_1 R_2}} \quad (4\text{-}36)$$

このとき，電圧増幅度を A_v とすると，発振状態では $A_v \beta_v = 1$ が成り立つので，振幅条件として式 (4-37) が求まります．

$$A_v = \frac{1}{\beta_v} = 1 + \frac{R_1}{R_2} + \frac{C_2}{C_1} \quad (4\text{-}37)$$

ここで，$C_1 = C_2 = C$，$R_1 = R_2 = R$ とすると，周波数条件と振幅条件はそれぞれ式 (4-38)，式 (4-39) となり，$A_v \geq 3$ の増幅器を用いればよいことが分かります．

$$\omega = \frac{1}{CR} \quad (4\text{-}38)$$

$$A_v = 3 \quad (4\text{-}39)$$

したがって，このときの発振周波数 f は，式 (4-40) となります．

$$f = \frac{1}{2\pi CR} \quad (4\text{-}40)$$

実際の発振回路では，C_1，C_2 に二連バリコンを用いるなどして周波数を可変にすることがあります．

(b) 直列入力形ターマン発振回路

並列入力形ターマン発振回路の場合，帰還回路の一部の Z_2 にトランジスタの入力インピーダンスが並列に入るために，h_{ie} が小さい場合には発振が困難な場合があります．比較的低い入力インピーダンスのトランジスタの場合には，**図 4-19** に示す**直列入力形ターマン発振回路**を用います．まず，トランジスタの入力抵抗 h_{ie} を抵抗 R_1 と直列，および出力抵抗 $\cfrac{1}{h_{oe}}$ を R_2 に並列に含めて考えます．基本的な式は，前節の並列入力形ターマン発振回路と同様になります．まず，入出力の電流 i_2, i_1 の方向を図 4-19 のようにとると，i_1 は i_2 を Z_1，Z_2 で分流することで得られます．したがって，帰還率 β_i は式 (4-41) となります．

$$\beta_i = \frac{i_1}{i_2} = \frac{Z_2}{Z_1+Z_2} = \cfrac{1}{1+\cfrac{Z_1}{Z_2}}$$

$$= \cfrac{1}{1+\left(R_1\cfrac{1}{j\omega C_1}\right)\left(\cfrac{1}{R_2}+j\omega C_2\right)}$$

4-3 RC 発振回路

$$= \cfrac{1}{\left\{1+\cfrac{R_1}{R_2}+\cfrac{C_2}{C_1} + j\left(\omega C_2 R_1 - \cfrac{1}{\omega C_1 R_2}\right)\right\}}$$

(4-41)

入出力が同相となるためには，分母の虚数部 = 0 から周波数条件として，式（4-42）が求まります．

$$\omega C_2 R_1 - \frac{1}{\omega C_1 R_2} = 0$$

$$\omega = \frac{1}{\sqrt{C_1 C_2 R_1 R_2}} \quad (4\text{-}42)$$

このとき，電流増幅度を A_i とすると，発振状態なので $A_i \beta_i = 1$ が成り立ち，振幅条件として，式（4-43）が求まります．

$$A_i = \frac{1}{\beta_i} = 1 + \frac{R_1}{R_2} + \frac{C_2}{C_1} \quad (4\text{-}43)$$

ここで，$C_1 = C_2 = C$，$R_1 = R_2 = R$ とすると，周波数条件と振幅条件はそれぞれ式（4-44），式（4-45）となり，$A_i \geqq 3$ の増幅器を用いればよいことが分かります．

$$\omega = \frac{1}{CR} \quad (4\text{-}44)$$

$$A_i = 3 \quad (4\text{-}45)$$

したがって，このときの発振周波数 f は式（4-46）となります．

$$f = \frac{1}{2\pi CR} \quad (4\text{-}46)$$

実際の発振回路では，並列型と同様に，C_1，C_2 に二連バリコンを用いるなどして周波数を可変にすることがあります．

(3) ウィーンブリッジ発振回路

ドイツの物理学者ヴィーン（Max Wien）によって発明された**図 4-20** に示す**ウィーンブリッジ発振回路**は，前述のターマン発振回路の正帰還回路と並列に負帰還回路を付加したものです．LC 発振回路は，同調回路の働きで増幅回路が飽和状態で発振していても低ひずみ率の正弦波を出力できま

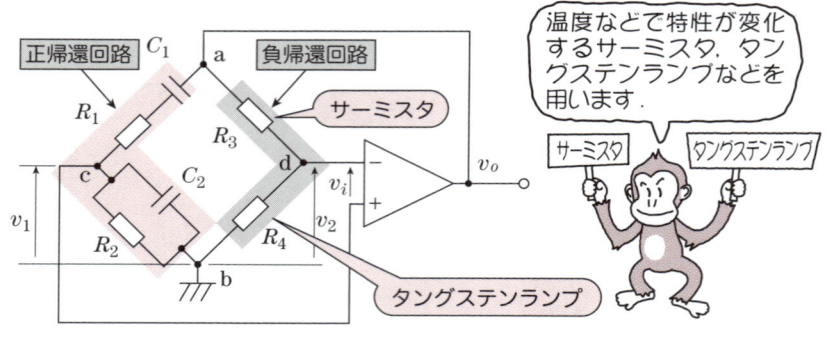

図 4-20 ウィーンブリッジ発振回路

す．しかし，RC 発振回路の場合は同調回路がないため，ひずみが発生しないように増幅回路を線形領域で動作させる必要があるので，負帰還回路を組み合わせるのです．この発振回路は，周波数の可変域が広いので，低周波発振器などのアナログ式の発振器などによく用いられています．正帰還回路の基本的な発振の原理は，ターマン発振回路と同様ですが，正帰還回路の点 c と負帰還回路の点 d の電圧がそれぞれ非反転端子（+），反転端子（−）に接続されるので，v_1 と v_2 の差の電圧が入力となります．負帰還回路の R_3 はサーミスタ，R_4 はタングステンランプなどを用います．

例えば，負帰還回路の働きは次のようになります．出力電圧 v_o が上昇すると点 d の電圧 v_2 が同時に上昇しますが，R_3 にサーミスタを用いている場合には，サーミスタの温度上昇に伴い，サーミスタは負の温度特性を持つので，その抵抗値が減少し，結局，端子 d，つまり，反転入力（−）の入力電圧が上昇し，負帰還量が減少します．もし，R_4 にタングステンランプを用いた場合には，出力電圧 v_o が上昇すると，タングステンランプは正の温度特性を持つので，その抵抗値が増加するため，反転入力（−）の入力電圧が上昇し，負帰還量が減少します．次に，周波数条件と発振条件を求めてみ

ます．まず，電圧 v_1, v_2 は式（4-47）で表されます．

$$\left. \begin{array}{l} v_1 = \dfrac{Z_2}{Z_1 + Z_2} v_o \\ v_2 = \dfrac{R_4}{R_3 + R_4} v_o \end{array} \right\} \quad (4\text{-}47)$$

ただし，Z_1, Z_2 は式（4-48）となります．

$$\left. \begin{array}{l} Z_1 = R_1 + \dfrac{1}{j\omega C_1} \\ Z_2 = \dfrac{1}{\dfrac{1}{R_2} + j\omega C_2} \end{array} \right\} \quad (4\text{-}48)$$

増幅回路の入力電圧 $v_i = v_1 - v_2$ から増幅度 A_v は，式（4-49）となります．

$$A_v = \dfrac{v_o}{v_i} = \left(\dfrac{Z_2}{Z_1 + Z_2} - \dfrac{R_4}{R_3 + R_4} \right)^{-1} \quad (4\text{-}49)$$

ここで，式（4-48）を式（4-49）に代入して整理すると，式（4-50）となります．

$$A_v = \dfrac{v_o}{v_i} = \left(\underbrace{\dfrac{1}{1 + \dfrac{R_1}{R_2} + \dfrac{C_2}{C_1} + j\left(\omega C_2 R_1 - \dfrac{1}{\omega C_1 R_2}\right)}}_{\text{正帰還回路の電圧帰還率}} - \underbrace{\dfrac{R_4}{R_3 + R_4}}_{\text{負帰還回路の電圧帰還率}} \right)^{-1}$$

(4-50)

式（4-50）の負帰還回路は抵抗のみで構成され位相変化は生じず，式（4-51）が成り立つときに，実数部の

みとなるので，周波数条件は式（4-52）となり，ターマン発振回路と変わりありません．

$$\omega C_2 R_1 - \frac{1}{\omega C_1 R_2} = 0 \quad (4\text{-}51)$$

$$\omega = \frac{1}{\sqrt{C_1 C_2 R_1 R_2}} \quad (4\text{-}52)$$

この式から発振周波数 f は式（4-53）となります．

$$f = \frac{1}{2\pi\sqrt{C_1 C_2 R_1 R_2}} \quad (4\text{-}53)$$

次に，発振状態では，式（4-50）は，$1 + \frac{R_1}{R_2} + \frac{C_2}{C_1}$ を整理すると，$A_v \beta_v = 1$ から振幅条件として，式（4-54）となります．

$$A_v = \left(\frac{C_1 R_2}{C_1 R_1 + C_1 R_2 + C_2 R_2} - \frac{R_4}{R_3 + R_4} \right)^{-1} \quad (4\text{-}54)$$

ここで，$C_1 = C_2 = C$，$R_1 = R_2 = R$ とすると，振幅条件は，式（4-55）となります．

$$A_v = \left(\frac{1}{3} - \frac{R_4}{R_3 + R_4} \right)^{-1} \quad (4\text{-}55)$$

また，先ほどの周波数条件は，式（4-56），式（4-57）となります．

$$\omega = \frac{1}{CR} \quad (4\text{-}56)$$

$$f = \frac{1}{2\pi CR} \quad (4\text{-}57)$$

増幅回路の入力電圧は，非反転端子（+），反転端子（−）の電位差となるので，正帰還回路の電圧帰還率 > 負帰還回路の電圧帰還率となる必要があります．したがって，振幅条件の式（4-58）を満たす必要があります．

$$\frac{R_3 + R_4}{R_4} > 3 \quad (4\text{-}58)$$

ウィーンブリッジ発振回路の増幅回路をオペアンプで構成した場合には，非反転増幅回路となります．つまり，増幅度 A_v を3より大きくすればよいことになります．

4-4 水晶発振回路

(1) 水晶発振とは

水晶発振とは，水晶振動子の共振現象を利用した高周波発振回路で，周波数安定度が極めて高く，送信機の主発振器，測定器の基準発振器，標準時計，PLL（Phase-locked loop）の基準発振などに用いられています．水晶振動子の外観例を**図4-21**に示します．

前述のLC発振回路においては，インダクタンスLやキャパシタンスCが温度変化の影響を受けて，その定数が変化したり，使用するトランジスタの温度変化や電圧変化によるバイアスの変動などにより発振周波数の変動が発生するため，安定した発振周波数を保つのは困難です．水晶振動子は，**図4-22**(a)のように，水晶（SiO_2）の単結晶から切り出した板の両端に電極を付けた構造で，圧電効果を利用して固有の振動で発振します．図4-22(b)のようなL，C，Rの直列回路に，振動に無関係な電極間容量C_0を並列に接続した等価回路で示されます．ここで水晶振動子のインピーダンス（ここではリアクタンスXとなります）を求めます．ただし，Rは無視します．

$$Z = jX = \frac{\left(j\omega L + \dfrac{1}{j\omega C}\right)\dfrac{1}{j\omega C_0}}{j\omega L + \dfrac{1}{j\omega C} + \dfrac{1}{j\omega C_0}}$$

分母分子に$j\omega C_0$を掛けて整理すると，式（4-59）となります．

$$Z = j\frac{\omega L - \dfrac{1}{\omega C}}{-\omega^2 LC_0 + \dfrac{C_0}{C} + 1}$$

$$= j\frac{\omega L - \dfrac{1}{\omega C}}{\dfrac{C + C_0}{C} - \omega^2 LC_0} \quad (4\text{-}59)$$

図4-21　水晶振動子の外観例

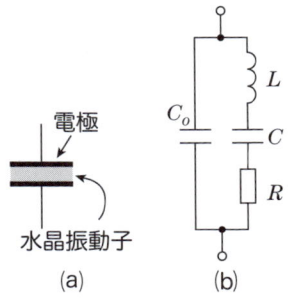

図4-22　水晶振動子の等価回路

リアクタンス特性を**図4-23**に示します．直列共振周波数f_sでは，$X=0$となるので，分子について$\omega L - \dfrac{1}{\omega C}=0$となればよいので，式（4-60）で示されます．

$$f_s = \dfrac{1}{2\pi\sqrt{LC}}\,[\text{Hz}] \qquad (4\text{-}60)$$

また，並列共振周波数f_pでは，$X \to \infty$なので，分母について，$\dfrac{C+C_0}{C} - \omega^2 LC_0 = 0$となればよいので，式（4-61）となります．

$$f_p = \dfrac{1}{2\pi\sqrt{L\dfrac{CC_0}{C+C_0}}}\,[\text{Hz}] \qquad (4\text{-}61)$$

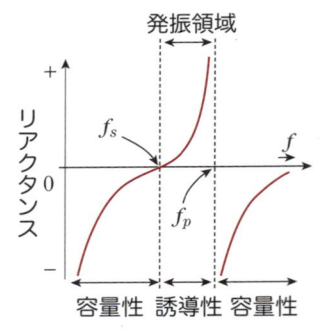

図4-23 水晶振動子のリアクタンス特性

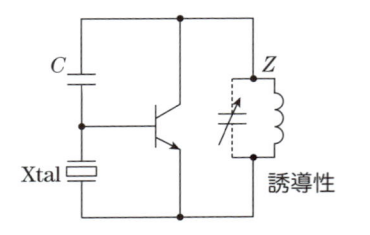

水晶振動子は，直列共振周波数f_sと並列共振周波数f_pとの間のごく狭い範囲で誘導性リアクタンスとなり，その範囲の外では容量性リアクタンスとなります．したがって，水晶振動子を発振回路に使用する場合には，誘導性リアクタンスとして動作させると発振周波数は安定します．このf_sとf_pの間を**発振領域**といいます．さらに，回路の良さQは，式（4-62）で示されますが，一般に，Lの値は非常に大きく，Cの値は小さいので，発振周波数におけるRが極めて小さいことから，Qは非常に大きな値になり，$10^4 \sim 10^5$程度にも達します．

$$Q = \dfrac{2\pi f_s L}{R} = \dfrac{1}{2\pi f_s CR} \qquad (4\text{-}62)$$

水晶発振回路の基本回路であるハートレー形のL_1を，水晶振動子の誘導性リアクタンスに置き換えた**ピアスB-E形**を**図4-24**，ハートレー発振回路の実用回路を**図4-27**に示します．この回路は，同調回路がf_sとf_pの周波数範囲で誘導性のときに発振します．また，コルピッツ形の水晶振動

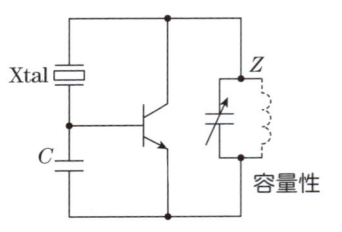

図4-24 ハートレー形（ピアスB-E形）

図4-25 コルピッツ形（ピアスC-B形）

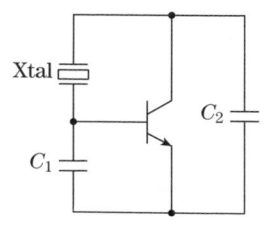

図 4-26　無調整コルピッツ形

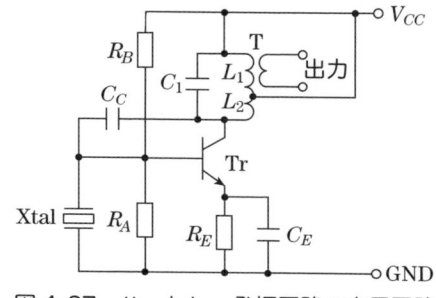

図 4-27　ハートレー発振回路の実用回路

子の L_1 を誘導性リアクタンス，C_2 を C_2 と L_2 の同調回路に置き換えた**ピアス C-B 形**を**図 4-25** に示します．この回路は，同調回路が f_s と f_p の周波数範囲で容量性のときに発振します．

また，**図 4-26** に同調回路が不要で調整部分のない**無調整コルピッツ形水晶発振回路**を示します．

4-5 マルチバイブレータ（非安定型）

(1) マルチバイブレータとは

マルチバイブレータ（multivibrator）は，パルス波形の発生や2値情報の記憶などディジタル動作の基本となる回路です．ここでは，トランジスタを用いた電子回路の例として取り上げることにします．基本的な構成は，**図4-28**(a)のように，トランジスタに2段の正帰還をかけた発振回路ですが，一般的には，図4-28(b)のように対称形の表示方法が用いられます．この結合素子は抵抗とコンデンサから成り，その組み合わせによって，**表4-1**のように，非安定型マルチバイブレータ，単安定型マルチバイブレータ，双安定型マルチバイブレータに分類されます．単安定型マルチバイブレータ，双安定型マルチバイブレータの回路例を

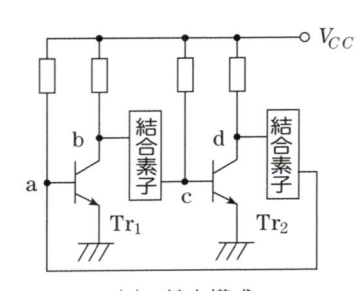

(a) 基本構成 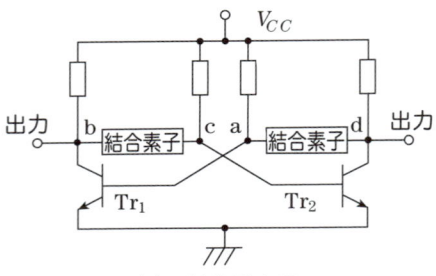　　　(b) 対称形表示

図4-28　マルチバイブレータの構成

表4-1　マルチバイブレータの分類

種類	結合素子	特　徴
非(無)安定	コンデンサ	・電源を入れると，CとRの時定数で決まる周期で連続してパルスを発生し続けます． ・自走マルチバイブレータともいいます．
単安定	コンデンサと抵抗	・入力パルスがあると，その波形に無関係に一定波形（$\tau = CR$）を出力します． ・ワンショットマルチバイブレータともいいます．
双安定	抵抗	・入力トリガの2パルスに対して1パルスが出ます． ・カウンタに利用できます． ・フリップフロップとして動作します．

図 4-29,図 4-30 に,各部の電圧を図 4-31,図 4-32 にそれぞれ示します.ここでは,代表的なマルチバイブレータである非安定型について説明します.

図 4-29,図 4-30 に示す単安定型マルチバイブレータ,双安定型マルチバイブレータを実際に使用する場合には,トランジスタがコンデンサの充電電圧で破壊されないように,図のようにエミッタに**保護ダイオード**を入れる場合があります.

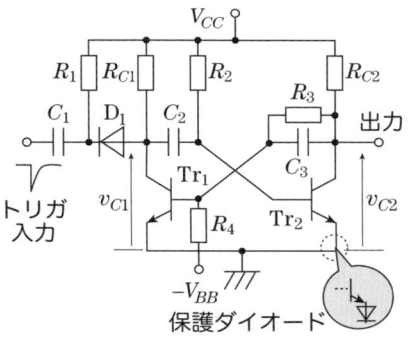

図 4-29 単安定型マルチバイブレータ

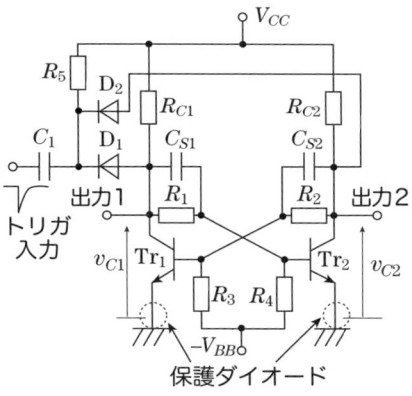

図 4-30 双安定型マルチバイブレータ

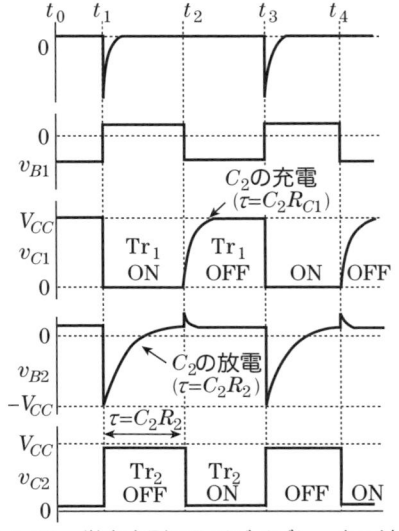

図 4-31 単安定型マルチバイブレータの波形

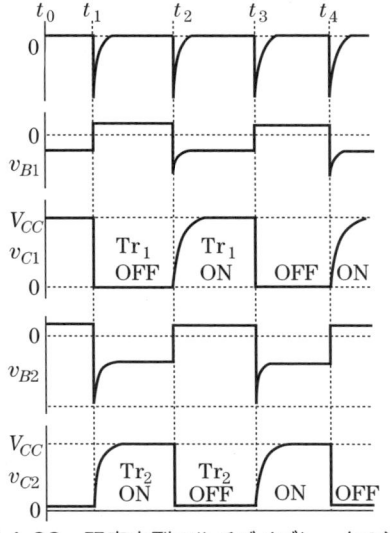

図 4-32 双安定型マルチバイブレータの波形

■ 4-5 マルチバイブレータ(非安定型)■

(2) 非安定型マルチバイブレータの動作

回路構成は，図 4-33 のように結合素子にコンデンサを用いて，それぞれのトランジスタのコレクタともう一方のベースを接続しています．また，

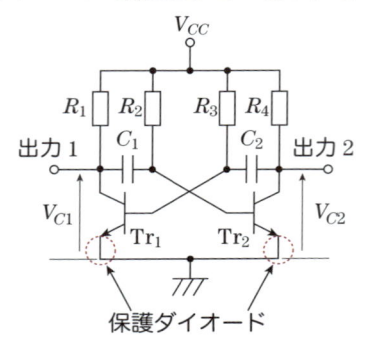

図 4-33　マルチバイブレータ（非安定型）

発振器とするために正帰還のループ利得が 1 以上となるように設定します．次に動作を考えることにします．

ⓐ 電源投入時の電流の流れ

① 電源投入時の電流の流れを図 4-34 に示します．このとき電源が投入されると R_3 を通して Tr_1 に，R_2 を通して Tr_2 にそれぞれベース電流が流れるので，Tr_1 および Tr_2 はそれぞれ ON 状態になります．

② 同時に，$R_1 \rightarrow C_1 \rightarrow \mathrm{Tr}_2$ の順にベースに充電電流が流れるので，コンデンサ C_1 に電荷が溜まり始めます．同様に，$R_4 \rightarrow C_2 \rightarrow \mathrm{Tr}_1$ の順にベースに充電電流が流れ，コンデンサ C_2 に

＜トランジスタのスイッチング動作＞

トランジスタは，図の(a)ように，入力に大きな振幅の方形波を加えて，コレクタ電流を制御することで，スイッチとして動作させることができます．増幅させる場合には，図(b)のように動作点（A 級）を点 Q 付近にしますが，スイッチング動作では，入力がない場合は，逆バイアス（V_{BB}）なので $I_B = 0$ となり，遮断領域の動作点 A になり I_C は流れなくなります．逆に，大きな振幅の方形波が加わると，大きなコレクタ電流 I_C が流れて，飽和領域の動作点 B になります．

以上の結果から，方形波の振幅が 0（low）の期間は遮断状態（OFF の状態）になり，方形波の振幅が最大（high）の期間は飽和状態（ON）となり，トランジスタをスイッチとして動作させることができるわけです．

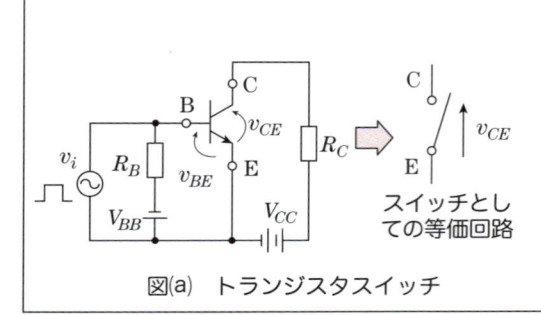

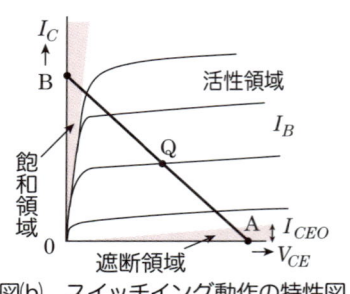

図(a)　トランジスタスイッチ　　図(b)　スイッチング動作の特性図

第 4 章　発振回路

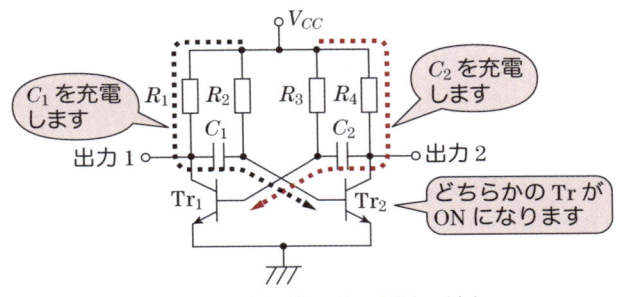

図4-34中の吹き出し:
- C_1 を充電します
- C_2 を充電します
- どちらかの Tr が ON になります

図 4-34　電源投入時の電流の流れ

電荷が溜まり始めます．

※ このように，電源投入時にはベースに順方向のバイアスがかかるので，両方の Tr が OFF になることはありません．

③ Tr_1 および Tr_2 が ON 状態になると，それぞれのコレクタの出力1，2 がほぼ 0V になり，C_1 および C_2 の出力端子側の電位も 0V になります．

④ C_1，C_2 には電源投入時に若干の電荷が溜まっています．この電荷により C_1 は Tr_2 のベースを，C_2 は Tr_1 のベースをそれぞれマイナスにバイアスするのですが，Tr_1，または Tr_2 のどちらか一方の早く負バイアスが働く方のみ OFF 状態となります．例えば，Tr_1 の電圧が早く負バイアスになると，Tr_1 は OFF 状態になります．Tr_1 が OFF 状態となると，$R_1 \rightarrow C_1 \rightarrow Tr_2$ の順にベースに充電電流が流れ続け Tr_2 は OFF 状態にはなりません．

※ 部品のバラツキ（部品の値や Tr の h_{fe} のバラツキ）や雑音（外部雑音，Tr，抵抗器から発生する雑音）などによりどちらか一方の Tr が ON となります．

以上の結果から，電源投入時にはどちらかの Tr が ON となることが分かります．続いて，この初期状態からの動作について説明します．

(b) **発振時の動作**

電源投入後に，**図 4-35** のように Tr_1 が ON，Tr_2 が OFF の状態になっ

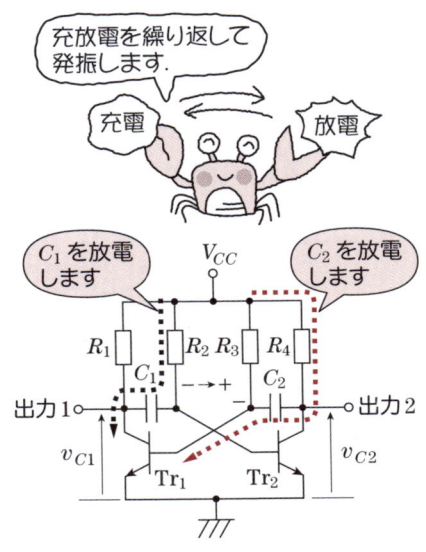

図4-35中の吹き出し:
- 充放電を繰り返して発振します．
- 充電
- 放電
- C_1 を放電します
- C_2 を放電します

図 4-35　Tr_1 オン時の電流の流れ

4-5　マルチバイブレータ（非安定型）

ているものとします．また各部の電圧の変化を**図4-36**に示します．

① Tr_1がONの状態になるとコレクタはほぼ0Vの接地状態となり，$R_2 \to C_1 \to Tr_1$のコレクタの順に電圧がかかります．元々の$R_1 \to C_1 \to Tr_2$の流れとは逆なので，C_1に蓄積されていた電荷が時定数（$\tau = C_1R_2$）で放電され，Tr_2のベースが順バイアスとなるように徐々に電圧が上昇します．図4-36の$t_0 \to t_1$，$t_2 \to t_3$の期間に相当します．

② やがて，Tr_2のベース電位が順バイアス（0.6V以上）になると，Tr_2はONとなりコレクタは飽和状態で，ほぼ0Vの接地状態になり，同時に，C_2のTr_2のコレクタ側は接地状態となります．このときは既に，$R_4 \to C_2 \to Tr_1$のベースの充電電流（$\tau = C_2R_4$）で充電されているので，$C_2 \to Tr_1$のベースに逆バイアス電圧が加わることになり，Tr_1はOFFとなります．このときC_1は，$R_1 \to C_1 \to Tr_2$のベースの充電電流（$\tau = C_1R_1$）で充電されます．

③ ここで，Tr_2のベース電圧（v_{be}）の上昇 → Tr_2のコレクタ電圧（v_{ce}）の低下 → $C_2 \to Tr_1$のベース電圧（v_{be}）の低下 → Tr_1のコレクタ電圧（v_{ce}）の上昇という正帰還が働き，ループ利得が1以上あるので瞬間的にTr_2がONとなり，コレクタは飽和してTr_1はオフとなります．

④ **図4-37**の状態となっているので，最初とは逆に，Tr_2がONの状態になるとコレクタはほぼ0Vの接地状態となり，$R_3 \to C_2 \to Tr_2$のコレクタの順に電圧がかかります．元々の$R_3 \to C_2 \to Tr_2$の流れとは逆なので，C_2に蓄積されていた電荷が時定数（τ

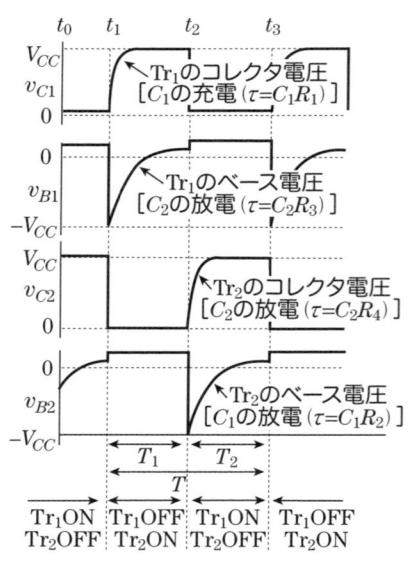

図4-36 各部の電圧波形

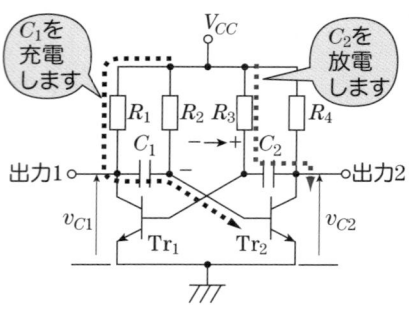

図4-37 Tr_2オン時の電流の流れ

$=C_2R_3$）で放電され，Tr_1 のベースが順バイアスとなるように徐々に電圧が上昇します．図 4-36 の $t_1 \to t_2$, $t_3 \to$ の期間に相当します．

⑤　やがて Tr_1 のベース電位が順バイアス（0.6V 以上）になると，Tr_1 は ON となり，コレクタは飽和状態で，ほぼ 0V の接地状態になります．同時に，C_1 の Tr_1 のコレクタ側は接地状態となり，$C_1 \to Tr_2$ のベースに逆バイアス電圧が加わることになり，Tr_2 は OFF となります．このとき C_2 は，$R_4 \to C_2 \to Tr_1$ のベースの充電電流で充電されます．これは①の状態と同じ動作になります．

以上のように，①〜④の動作を繰り返すことで，図 4-36 のコレクタ波形を発生するわけです．

(c)　発振周期

図 4-36 の $T_1 = t_2 - t_1$ と $T_2 = t_3 - t_2$ が 1 周期となるので，周期 T は次のようになります．

$$T = (t_2 - t_1) + (t_3 - t_2)$$
$$= T_1 + T_2 \qquad (4\text{-}63)$$

ところで，C_1 が放電している状態は，**図 4-38** のようになります．Tr_1 が ON の状態では，蓄えられた電荷によって，接地に対して負の電位となっている C_1 の両端電圧が，抵抗 R_2 を介して $+V_{CC}$ の電位になろうと電荷が蓄積されます．つまり，負の電荷が放電されて，正の電荷が蓄積されるので，

v_{B2} は負（−）→正（＋）という変化をします．このときの C_1 の電位は，式（4-64）で示されます．

$$v_{B2} = +V_{CC} - 2V_{CC}\varepsilon^{-\frac{t-t_2}{C_1R_2}} \qquad (4\text{-}64)$$

ところで，$t = t_3$ では Tr_2 が ON で $v_{B2} \fallingdotseq 0$ となるので，式（4-64）に代入して整理すると，式（4-65）となります．

$$\varepsilon^{-\frac{T_2}{C_1R_2}} \fallingdotseq \frac{1}{2} \qquad (4\text{-}65)$$

したがって，T_2 は式（4-66）となります．

$$T_2 \fallingdotseq C_1R_2 \ln 2 = 0.6931 C_1 R_2$$
$$\fallingdotseq 0.7 C_1 R_2 \qquad (4\text{-}66)$$

T_1 についても同じように考えることができるので，周期 T は，式（4-67）となります．

$$T \fallingdotseq 0.7(C_2R_3 + C_1R_2) \qquad (4\text{-}67)$$

ここで，$C = C_1 = C_2$，$R = R_2 = R_3$ となるように値を選ぶと，結局，周期 T は式（4-68）で求めることができます．

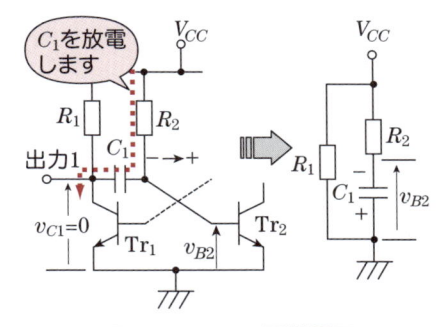

$$T \fallingdotseq 1.4CR \qquad (4\text{-}68)$$

図 4-38　C_1 の両端電圧

章 末 問 題 4

1 発振回路の振幅条件と周波数条件を答えなさい．

2 図 4-11 のコルピッツ発振回路の実用回路で，$C_1 = C_2 = 100\text{pF}$，$L = 10\mu\text{H}$ のときの発振周波数 f を求めなさい．

3 図 4-20 のウィーンブリッジ形発振回路で，$C = C_1 = C_2 = 0.01\mu\text{F}$，$R = R_1 = R_2 = 16\text{k}\Omega$，$R_3 = 5\text{k}\Omega$，$R_4 = 100\Omega$ のときの発振周波数 f と電圧増幅度 A_v を求めなさい．

4 非安定型マルチバイブレータの定数が次の場合の発振周波数（周期）を求めなさい． $R_1 = R_4 = 1\text{k}\Omega$，$R_2 = R_3 = 10\text{k}\Omega$，$C_1 = C_2 = 0.01\mu\text{F}$

5 次の図 4-39 (a), (b)に示す移相回路の名称を述べ，発振周波数を計算しなさい．

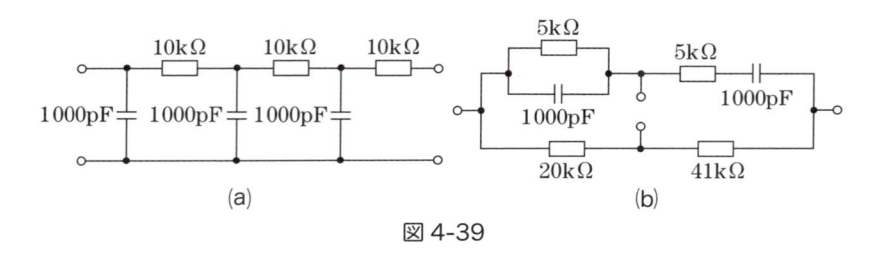

図 4-39

第5章 変調・復調回路

　音声，映像やデータ通信などの各種の電気信号を効率よく伝送するために高い周波数の連続波に乗せたり，パルス列の変化に変換することを変調といい，逆に，変調された信号波形から元の電気信号を取り出すことを復調といいます．

　ここでは，ラジオやテレビなどに用いられるアナログ信号を中心に，変調回路と復調回路について学習します．

5-1 変調方式

(1) 変調とは

ラジオやテレビのような音声や映像などの各種の電気信号をそのままの状態で伝送すると効率よく送ることができませんが，**図5-1**に示すように電気信号を高い周波数の連続波に乗せると効率よく伝送することができます．このように伝送したい信号を高周波の電波に重畳させることを**変調**（modulation）といいます．そして，電気信号を乗せる正弦波を**搬送波**（carrier）といい，一般的に式（5-1）で示すことができます．

$$v_c = A_c \cos(\omega t + \phi) \quad (5\text{-}1)$$

ここで，v_c は瞬時値，A_c は最大値，ω は角周波数（$\omega = 2\pi f_c$，f_c は周波数），ϕ は位相角を示します．

式（5-1）の A_c，f_c，ϕ の3つの量のうち1つを信号波で変化させると，搬送波の v_c が信号波による変化を含むことになります．これにより，変化させる対象に応じた変調を考えることができます．つまり，電気信号の変化で，振幅 A_c を変化させることで**振幅変調**（AM：amplitude modulation）となり，同様に，周波数 f_c を変化させることで**周波数変調**（FM：freqency modulation），位相 ϕ を変化させることで**位相変調**（PM：phase modulation）となります．また，他にも，搬送波にパルス波形を用いる各種のパルス変調

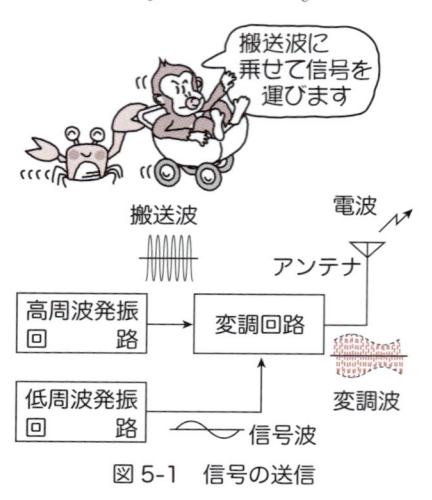

図5-1 信号の送信

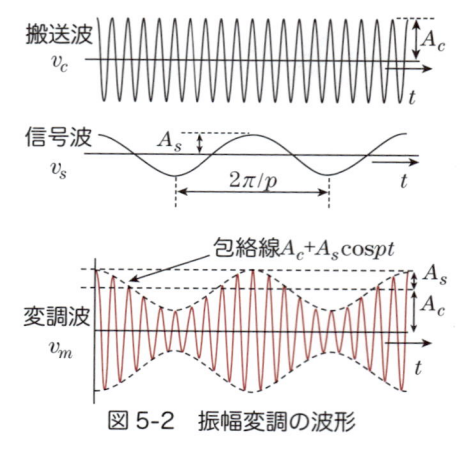

図5-2 振幅変調の波形

方式などがあります．

(2) 振幅変調

振幅変調は，図 5-2 のように，搬送波である正弦波の振幅を伝送したい信号波の振幅の大きさに合わせて変化させる変調方式です．ここで，搬送波を v_c，信号波を v_s とすると，それぞれ式 (5-2)，式 (5-3) と表せます．ただし，A_s を信号波の最大値，p を信号波の角周波数，ϕ_0 を搬送波の初期位相とします．

$$v_c = A_c \cos(\omega t + \phi_0) \quad (5\text{-}2)$$
$$v_s = A_s \cos pt \quad (5\text{-}3)$$

ここで変調波を v_m とすると，その振幅は，図 5-2 のように，搬送波の振幅 v_c を基準として，信号波 v_s の包絡線となるので，式 (5-4) として表されます．

$$A_c + A_s \cos pt \quad (5\text{-}4)$$

したがって，変調波は，式 (5-5) で表されます．

$$\begin{aligned}v_m &= (A_c + A_s \cos pt)\cos(\omega t + \phi_0) \\ &= A_c\left(1 + \frac{A_s}{A_c}\cos pt\right)\cos(\omega t + \phi_0)\end{aligned}$$
$$(5\text{-}5)$$

ここで，$\dfrac{A_s}{A_c}$ を**変調度**といい，m で表します．m は，$0 < m \leq 1$ の値となり，0 に近いほど変調の度合が低く，変調波に含まれる信号波が少ないことを示します．また，m が 1 を超えてしまうと波形がひずんだ**過変調**という状態となります．また，m の値による変調波の波形は，図 5-3 のようになり，変調度 m は，式 (5-6) となります．

$$m = \frac{A-B}{A+B} \quad (5\text{-}6)$$

ここで，分かりやすくするために初期位相 $\phi_0 = 0$ とします．また，$m = \dfrac{A_s}{A_c}$ として，式 (5-5) を展開すると，図 5-4 に示す三角関数に関する積和の公式などから，式 (5-7) となります．

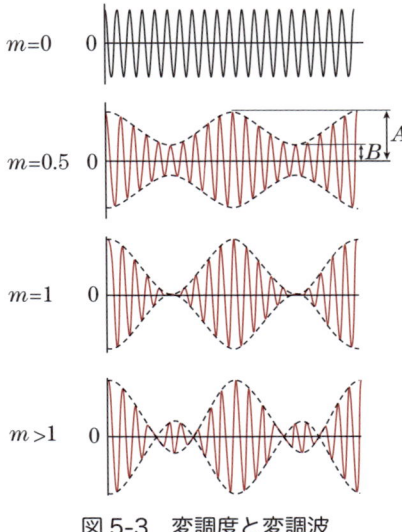

図 5-3 変調度と変調波

$m > 1$ の過変調はひずみの元です．

$$v_m = A_c(1+m\cos pt)\cos\omega t$$
$$= A_c(\cos\omega t + m\cos pt \cdot \cos\omega t)$$
$$= A_c\cos\omega t + mA_c\cos pt \cdot \cos\omega t$$
$$= A_c\cos\omega t \quad \text{搬送波}$$
$$+ \frac{m}{2}A_c\cos(\omega+p)t \quad \text{上側波帯}$$
$$+ \frac{m}{2}A_c\cos(\omega-p)t \quad \text{下側波帯}$$

(5-7)

$$\sin\alpha\cos\beta = \frac{1}{2}\{\sin(\alpha+\beta)+\sin(\alpha-\beta)\}$$
$$\cos\alpha\sin\beta = \frac{1}{2}\{\sin(\alpha+\beta)-\sin(\alpha-\beta)\}$$
$$\cos\alpha\cos\beta = \frac{1}{2}\{\cos(\alpha+\beta)+\cos(\alpha-\beta)\}$$
$$\sin\alpha\sin\beta = -\frac{1}{2}\{\cos(\alpha+\beta)-\cos(\alpha-\beta)\}$$

図 5-4　三角関数に関する積和の公式

(a) スペクトル

(b) 時間軸とスペクトルの変化

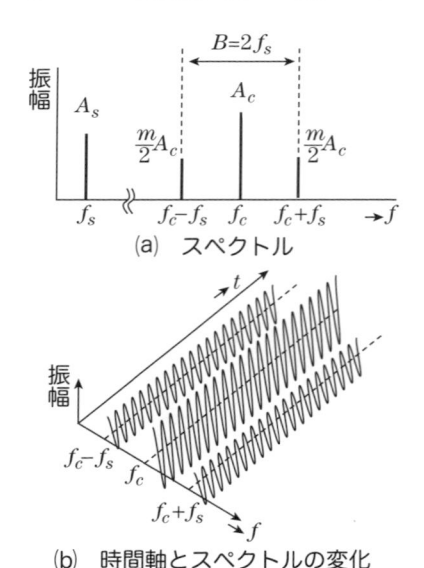

図 5-5　振幅変調の周波数スペクトル

　式（5-7）のように分解した各項を周波数軸上に表示した**図5-5**を**周波数スペクトル**といい，第2項は，f_c+f_sの**上側波帯**（USB：upper sideband），第3項は，f_c-f_sの**下側波帯**（LSB：lower sideband）を表しています．両者をまとめて**側波帯**（sideband）といいます．上側波帯と下側波帯の差$2f_s$を**占有周波数帯域幅**Bといい，変調をかけた場合に，搬送波f_cを中心に両側にf_sの帯域が使用されることを表しています．ここで単一の正弦波を帯（band）というのは違和感がありますが，変調波において，このように単一の正弦波となるのは特殊な場合で，一般的には，帯域を持ちます．これを表すと，**図5-6**のようになります．このことから振幅変調の電波で通信する場合には，帯域幅を持

スペクトルは線に見えますが，実際はサイン波なので振動しています

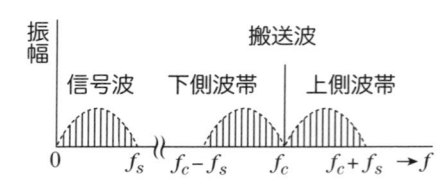

図 5-6　変調信号が帯域を持つ場合のスペクトル

つ増幅回路を構成することと，占有周波数帯域幅が他の通信の周波数と重ならないようにする必要があります．実際の AM ラジオでは，それぞれの放送局の周波数が干渉しないように割り当ててあります．

例題 5-1 次の図の変調波形の変調度 m を求めなさい．

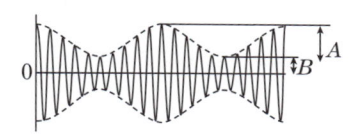

(1) $A = 4.5$, $B = 1.5$
(2) $A = 3.5$, $B = 0$
(3) $A = 4.8$, $B = 1.4$
(4) $A = 7.0$, $B = -1.5$

【解答】

(1) 式 (5-6) から，

$$m = \frac{A-B}{A+B} = \frac{4.5-1.5}{4.5+1.5} = \frac{3.0}{6.0} = 0.5$$

以下同様に，

(2) $m = 1$ (3) $m = 0.55$
(4) $m = 1.55$

*　　*　　*

次に，変調波の電力 P_m は，搬送波電力を P_C，側波帯電力を P_{S1}, P_{S2}，負荷抵抗を R とすると，式 (5-8) となります．

$$P_m = P_C + P_{S1} + P_{S2}$$
$$= \left(\frac{A_C}{\sqrt{2}}\right)^2 \frac{1}{R} \;\text{◀搬送波電力}$$

$$+ \left(\frac{mA_C}{2\sqrt{2}}\right)^2 \frac{1}{R} + \left(\frac{mA_C}{2\sqrt{2}}\right)^2 \frac{1}{R}$$
$$= \left\{\frac{A_C^2}{\sqrt{2}}\left(1+\frac{m^2}{2}\right)\right\}\frac{1}{R} \;\text{側波帯電力}$$
$$= P_C\left(1+\frac{m^2}{2}\right) \qquad (5\text{-}8)$$

この結果から，搬送波と両側波帯の電力比は $P_C : (P_{S1}+P_{S2}) = 1 : \dfrac{m^2}{2}$ となり，$m = 1$ で最大となる 100％の変調時にも信号波の成分を含む側波帯の電力は，全電力の $\dfrac{1}{3}$ にしかならず，振幅変調は高周波電力をあまり有効に利用できないことが分かります．

例題 5-2 正弦波で 60％変調した被変調波の搬送波電力 P_C と両側波電力 P_S を求めなさい．ただし，被変調波の全電力 P_m は 50W とします．

【解答】 式 (5-8) の $P_m = P_C\left(1+\dfrac{m^2}{2}\right)$ から，

$$50 = P_C\left(1+\frac{0.6^2}{2}\right)$$
$$\therefore P_C = \frac{50}{1.18} = 42.4 \,[\text{W}]$$

搬送波と両側波帯の電力比は，

$$P_C : (P_{S1}+P_{S2}) = 1 : \frac{m^2}{2}$$

なので，

$$P_{S1} = P_{S2} = 42.4 \times \frac{0.6^2}{4} = 3.8 \,[\text{W}]$$

(3) 周波数変調

周波数変調（**FM**：frequency modulation）は，振幅変調で用いた式（5-9）で示した正弦波の ω，つまり，周波数を式（5-10）の信号波の振幅の大きさに合わせて変化させる変調方式です．

$$v_c = A_c \cos(\omega t + \phi) \quad (5\text{-}9)$$

$$v_s = A_s \cos pt \quad (5\text{-}10)$$

ここで，ω は角周波数（$\omega = 2\pi f_c$．f_c は搬送波の周波数），p（$p = 2\pi f_s$．f_s は信号波の周波数）は信号波の角周波数を表します．なお，ϕ を変化させると**位相変調**になり，周波数変調と合わせて**角度変調**といいます．ところで，周波数変調は，搬送波 v_c の角周波数 ω を信号波 v_s によって変化させることから，変調後の角周波数 ω_m は，式（5-11）となります．

$$\omega_m = \omega + \triangle\omega \cos pt \quad (5\text{-}11)$$

ここで，$\triangle\omega$ は信号波の振幅 v_s が最大となるときの搬送波の角周波数の変化量，第2項は信号波 v_s による偏移の量となるので**周波数偏移**といいます．ところで，変調波の任意の時刻 t における回転角 θ は，ω_m を時間 t で積分することにより式（5-12）となります．

$$\theta = \int_0^t \omega_m \mathrm{d}t$$

$$= \omega t + \frac{\triangle\omega}{p} \sin pt \quad (5\text{-}12)$$

したがって，変調波 v_m は式（5-13）のようになります．ただし，ここでは，ϕ は0としています．

$$v_m = A_c \cos\theta$$

$$= A_c \cos\left(\omega t + \frac{\triangle\omega}{p} \sin pt\right)$$

$$(5\text{-}13)$$

これから，変調波の振幅は A_c 一定で周波数が変化することが分かります．また，$\triangle\omega$ と p の比を**変調指数** k といい，式（5-14）で示され，振幅変調の変調度 m に相当します．

$$k = \frac{\triangle\omega}{p} = \frac{\triangle f}{f_s} \quad (5\text{-}14)$$

以上の結果から，v_m は式（5-15）となります．

$$v_m = A_c \cos(\omega t + k \sin pt) \quad (5\text{-}15)$$

この式（5-15）から，**図5-7**に示すように，信号波 v_s による周波数偏移に応じて変調波の周波数が変化します．

ところで，式（5-15）を式（5-16）の加法定理で展開すると，v_m は，式（5-17）となります．

$$\left.\begin{array}{l}\sin(\alpha \pm \beta) = \sin\alpha\cos\beta \pm \cos\alpha\sin\beta \\ \cos(\alpha \pm \beta) = \cos\alpha\cos\beta \mp \sin\alpha\sin\beta\end{array}\right\}$$

$$(5\text{-}16)$$

$$v_m = A_c \{\cos\omega t \cos(k \sin pt)$$
$$- \sin\omega t \sin(k \sin pt)\}$$

$$(5\text{-}17)$$

式（5-17）の $\cos(k \sin pt)$，$\sin(k \sin pt)$ のように，余弦関数と正弦関数の変数（ここでは，$k \sin pt$）が三角関数となっている関数を**ベッセル**

(Bessel) 関数といいます．ここで，ベッセル関数に関する公式（5-18）を用いると，式（5-17）について，式（5-19）のように展開できます．ただし，$J_n(k)$ は n 次の第 1 種ベッセル関数です．また，ベッセル関数のグラフを図 5-8 に示します．

式（5-19）を式（5-17）に代入して整理すると，式（5-20）となります．

式（5-21）を用いて，式（5-20）を整理すると，式（5-22）となります．

式（5-23）の第 1 種ベッセル関数に

$$\left.\begin{aligned}\cos(k\sin x) &= J_0(k) + 2\sum_{n=1}^{\infty} J_{2n}(k)\cos 2nx \\ \sin(k\sin x) &= 2\sum_{n=0}^{\infty} J_{2n+1}(k)\sin(2n+1)x\end{aligned}\right\} \quad (5\text{-}18)$$

$$\left.\begin{aligned}\cos(k\sin pt) &= j_0(k) + 2j_2(k)\cos 2pt + 2j_4(k)\cos 4pt + \cdots \\ \sin(k\sin pt) &= 2j_1(k)\sin pt + 2j_3(k)\sin 3pt + \cdots\end{aligned}\right\} \quad (5\text{-}19)$$

$$\begin{aligned}v_m &= A_c[\cos\omega t\{j_0(k) + 2j_2(k)\cos 2pt + 2j_4(k)\cos 4pt + \cdots\} \\ &\quad - \sin\omega t\{2j_1(k)\sin pt + 2j_3(k)\sin 3pt + \cdots\}] \\ &= A_c\{j_0(k)\cos\omega t - j_1(k)(2\sin pt\sin\omega t) + j_2(k)(2\cos 2pt\cos\omega t) \\ &\quad - j_3(k)(2\sin 3pt\sin\omega t) + j_4(k)(2\cos 4pt\cos\omega t) + \cdots\}\end{aligned} \quad (5\text{-}20)$$

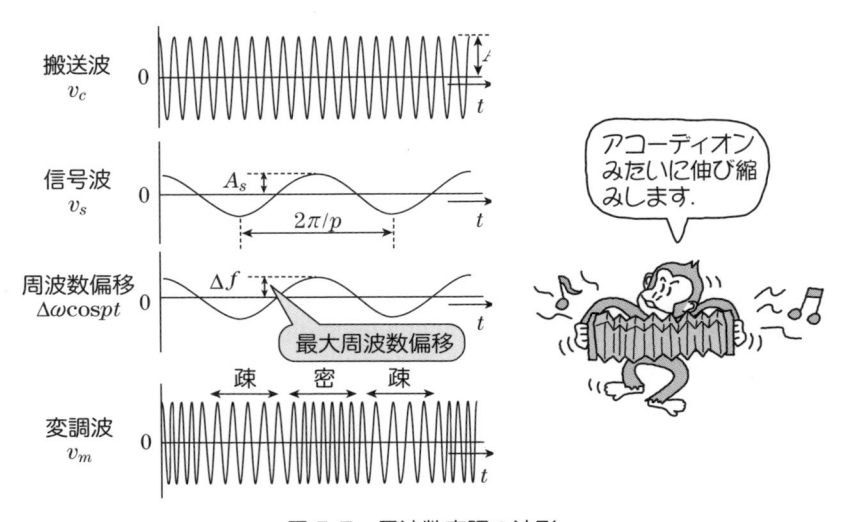

図 5-7 周波数変調の波形

$$\left.\begin{array}{l}\cos\alpha\cos\beta = \dfrac{1}{2}\{\cos(\alpha+\beta)+\cos(\alpha-\beta)\} \\ \sin\alpha\sin\beta = \dfrac{1}{2}\{\cos(\alpha-\beta)-\cos(\alpha+\beta)\}\end{array}\right\} \quad (5\text{-}21)$$

$$\begin{aligned}v_m = A_c[&j_0(k)\cos\omega t + j_1(k)\{\cos(\omega+p)t - \sin(\omega-p)t\} \\ &+ j_2(k)\{\cos(\omega+2p)t + \sin(\omega-2p)t\} \\ &+ j_3(k)\{\cos(\omega+3p)t - \sin(\omega-3p)t\} \\ &+ j_4(k)\{\cos(\omega+4p)t + \sin(\omega-4p)t\} + \cdots] \end{aligned} \quad (5\text{-}22)$$

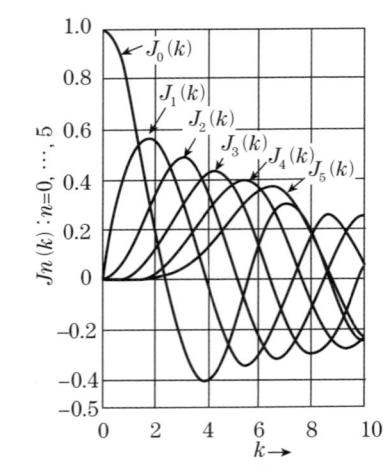

図 5-8 ベッセル関数のグラフ

<表計算のベッセル関数>

市販品やオープンソースの代表的な表計算ソフトウェアでベッセル関数を求めるには，BESSELJ を使います．
書式 BESSELJ(x,n)
x 関数に代入する値を指定します．
n ベッセル関数の次数を指定します．
例 = BESSELJ(2.0,0)
変数 x を 2.0 とする 0 次のベッセル関数 Jn(x) を求めます．(0.223890782)

関して成り立つ関係を用いて式 (5-22) を整理すると，最終的には，v_m は式 (5-24) となります．

$$J_{-n}(k) = (-1)^n J_n(k) \quad (5\text{-}23)$$

$$v_m = A_c[\underbrace{J_0(k)\cos\omega t}_{\text{搬送波}} + \underbrace{\sum_{n=1}^{\infty}\{J_n(k)\cos(\omega+np)t}_{\text{上側波帯}} + \underbrace{J_{-n}(k)\cos(\omega-np)t\}}_{\text{下側波帯}}] \quad (5\text{-}24)$$

式 (5-24) の第 1 項は搬送波，第 2 項は上側波帯，第 3 項は下側波帯を示しています．この結果から，**図 5-9** に示すように，周波数変調のスペクトルは，搬送波の周波数を f_c を中心にして，その両側に信号波が周波数 f_s の間隔で無限に側波帯が広がるのが分かります．しかし，実際には，搬送波から十分離れた側波帯の振幅は非常に小さくなるので，帯域が無限に広がることはありません．また，変調指数 k が小さい場合には，$j_n(k)$ が小さくなるので，側波帯の数が少なくなります．図 5-8 のベッセル関数のグラフから，

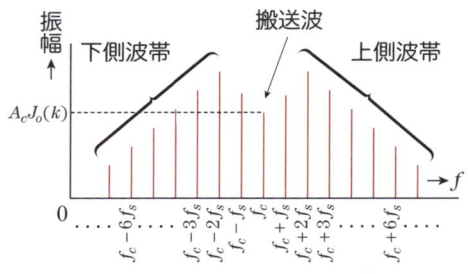

図 5-9 周波数変調のスペクトル

$k \ll 1$ のときには，J_2 以上はほぼ 0 の値になるので，J_0 と J_1 のみを考えればよいことが分かります．J_0 は搬送波，J_1 は搬送波に最も近い上下側波帯にかかる値となります．したがって，この場合の FM の占有周波数帯域幅は，式 (5-25) で表すことができます．ただし，$\triangle f$ は最大周波数偏移を示します．

$$B = 2(f_s + \triangle f) = 2f_s\left(1 + \frac{\triangle f}{f_s}\right)$$
$$= 2f_s(1+k) \quad (5\text{-}25)$$

例題 5-3 FM ラジオ周波数は，$f_s = 15\text{kHz}$，$\triangle f = 75\text{kHz}$ です．占有帯域幅 B を求めなさい．また，FM ステレオ放送の場合には，$f_s = 53\text{kHz}$ です．同じく占有帯域幅 B を求めなさい．

解答 式 (5-25) から，
$$B = 2 \times (15 + 75) = 180 \text{〔kHz〕}$$
ステレオ放送の場合，
$$B = 2 \times (53 + 75) = 256 \text{〔kHz〕}$$

例題 5-4 変調指数 $k = 0.5$ のときの周波数スペクトルを作図しなさい．

解答 図 5-8 のベッセル関数のグラフから，$J_0(0.5) = 0.94$，$J_1(0.5) = 0.24$，$J_2(0.5) = 0.03$ となります．したがって，グラフは下図のようなスペクトルになります．

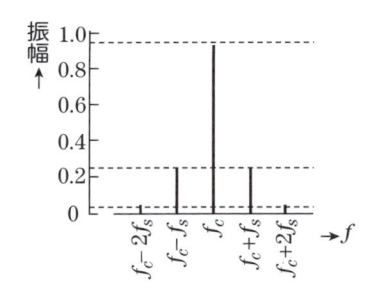

(4) 位相変調

位相変調（PM：phase modulation）は，周波数変調で用いた式 (5-9) で示した正弦波の ϕ，つまり，位相を式 (5-10) の信号波の振幅の大きさに合わせて変化させる変調方式です．位相変調の変調後の位相角 θ_c は，式 (5-26) となります．

$$\theta_c = \triangle\theta \cos pt + \phi_0 \quad (5\text{-}26)$$

ここで，ϕ_0 は初期位相，$\triangle\theta$ は**位相変調指数**といい，m_p で表します．したがって，変調波 v_m は式 (5-27) の

ようになります．ただし，$\phi_0 = 0$ としています．

$$v_m = A_c \cos\theta$$
$$= A_c \cos(\omega t + \triangle\theta \cos pt + \phi_0)$$
$$= A_c \cos(\omega t + m_p \cos pt)$$
(5-27)

ところで，式（5-28）の公式を利用して，式（5-27）を変形すると，式（5-29）となります．

$$\cos pt = \sin\left(pt + \frac{\pi}{2}\right) \quad (5\text{-}28)$$

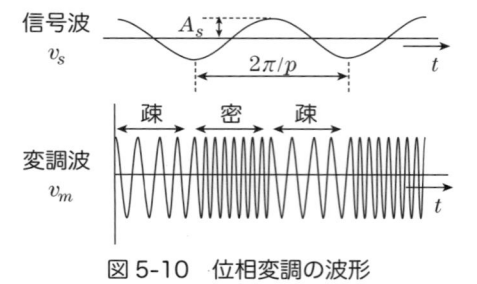

$$v_m = A_c \cos\left\{\omega t + m_p \sin\left(pt + \frac{\pi}{2}\right)\right\}$$
(5-29)

式（5-29）と前出の周波数変調の v_m の式（5-15）を比較してみると，違いは位相が $\frac{\pi}{2}$ だけ進んでいるだけで，位相変調と周波数変調は極めて似かよった変調方式であることが分かります．**図 5-10** に位相変調の波形の例を示します．

図 5-10 位相変調の波形

5-2 変調回路

(1) 振幅変調回路

振幅変調回路は，トランジスタの場合は，ベース変調回路，エミッタ変調回路，コレクタ変調回路の3つに分けることができます．ここでは，変調時のひずみが比較的少ない**コレクタ変調回路**について説明します．コレクタ変調回路は，**図5-11**に示すように，搬送波v_cを飽和するようにベースに加えると図**5-12**のように半波整流と似たような形状の波形となります．これがベース-エミッタ間のpn接合で整流されて，エミッタ抵抗R_Eに直流電圧降下を生じ，バイアス電圧となりC級動作をします．次に，信号波v_sを共振回路（**タンク回路**）と直列に挿入した変圧器を通して電源電圧と重畳するようにコレクタに加えると，コレクタ電圧はV_{CC}を中心として信号波の大きさに応じて変化し，負荷曲線が変動するので，**図5-13**のように，信号波の形状の包絡線の変化の波形となります．この波形が出力部分の共振回路の作用により，振幅変調波が発生することになります．この変調回路は，コレクタ電流の飽和領域を使用するために**線形変調**と呼ばれ，比較的大きな変調度までひずみの少ない変調が可能です．

(2) 周波数変調回路

周波数変調回路には，発振回路のLやCの値を変化させて発振させる**直接周波数変調回路**と位相変調により周波数変調を得る**間接周波数変調回路**があります．ここでは，前者の回路につ

図5-11 コレクタ変調回路

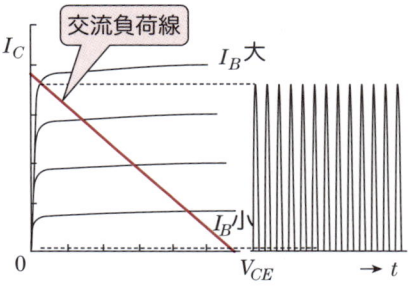

図5-12 搬送波v_cのみの動作

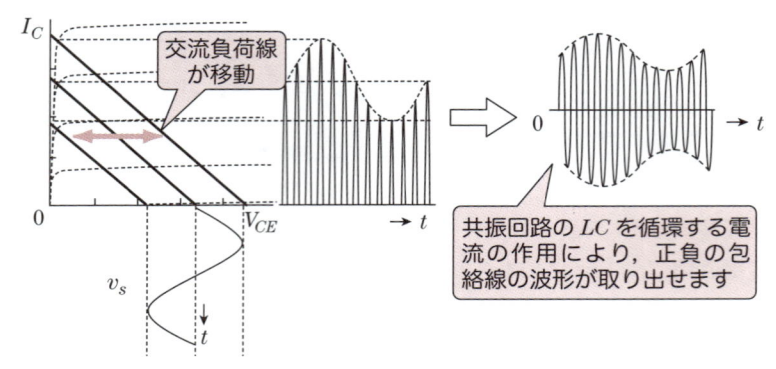

図5-13 信号波 v_s を加えた動作

いて説明します．この方式には，

① 可変容量ダイオードで発振回路の発振周波数を変化させる方法

② コンデンサマイクを用いる方法

③ 発振回路にリアクタンストランジスタを用いる方法

などがあります．それぞれの方法について説明します．

(a) 可変容量ダイオードで発振回路の発振周波数を変化させる方法

可変容量ダイオードは，加える逆方向電圧の大きさによって，pn接合の付近の空乏層の厚さ，つまりpn接合容量が変化するダイオードです．図5-14に，コルピッツ発振回路を変形し安定度を高くした**クラップ発振回路**に可変容量ダイオードDを接続した周波数変調回路を示します．発振周波数 f は式（5-30）となります．

$$f = \frac{1}{2\pi\sqrt{LC}} \qquad (5\text{-}30)$$

ただし，$C = \dfrac{1}{\dfrac{1}{C_1}+\dfrac{1}{C_2}+\dfrac{1}{C_3}}$

したがって，可変容量ダイオードDに加わる変調信号によって C_3 が変化するので，その変化に応じた周波数変化が得られることになります．

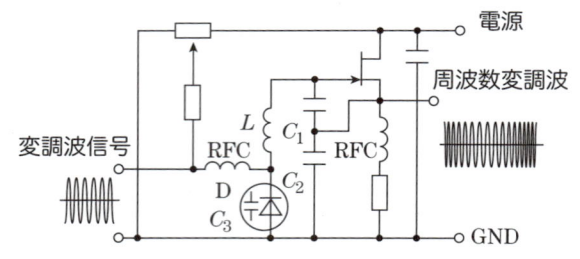

図5-14 可変容量ダイオードを用いた周波数変調回路

(b) **コンデンサマイクを用いる方法**

コンデンサマイクは，図5-15のように振動板と固定電極でコンデンサを構成したマイクです．このコンデンサの静電容量は，マイク入力の音量に応じた振動板の変動により変化します．発振回路の静電容量にこのマイクを接続すると，音声によって周波数を変化させることができるので周波数変調となります．FMワイヤレスマイクなどに利用されています．

(c) **発振回路にリアクタンストランジスタを用いる方法**

等価的にインダクタンス，またはキャパシタンスの性質を持つ回路をリアクタンストランジスタといいます．図5-16において，式(5-31)が成り立ちます．

$$v_i = i_o Z_2 = v_o \frac{Z_2}{Z_1 + Z_2} \quad (5\text{-}31)$$

したがって，エミッタ接地トランジスタの相互コンダクタンス g_m は式(5-32)で表されます．

$$g_m = \frac{dI_C}{dV_{BE}} \quad (5\text{-}32)$$

$i_0 = i_c$, $v_i = v_{BE}$ とすると，式(5-33)となります．

$$\begin{aligned} i_0 &= g_m v_i \\ &\fallingdotseq g_m v_o \frac{Z_2}{Z_1 + Z_2} \end{aligned} \quad (5\text{-}33)$$

ここで，ベース電流がコレクタ電流より十分小さいので無視し，エミッタ電流 i_o に等しいとみなすと，式(5-34)が成り立ち，

$$Z_0 = \frac{v_o}{i_o} \fallingdotseq \frac{Z_1 + Z_2}{g_m Z_2} \quad (5\text{-}34)$$

図5-17のように表すことができま

図5-15 コンデンサマイクの構造

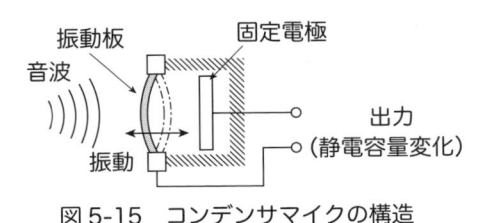

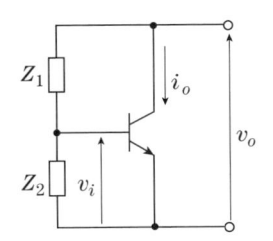

図5-16 リアクタンストランジスタ

図5-17 等価回路

す．したがって，回路全体のインピーダンス Z は，式（5-35）となります．

$$Z = \frac{Z_0(Z_1+Z_2)}{Z_1+Z_2+Z_0} \quad (5\text{-}35)$$

式（5-35）に式（5-34）を代入すると，式（5-36）となります．ただし，$\frac{1}{g_m} \ll Z_1$ とします．Z_2 についても同様です．

$$\begin{aligned}
Z &= \frac{\left(\dfrac{Z_1+Z_2}{g_m Z_2}\right)(Z_1+Z_2)}{Z_1+Z_2+\left(\dfrac{Z_1+Z_2}{g_m Z_2}\right)} \\
&= \frac{\dfrac{Z_1+Z_2}{g_m Z_2}}{1+\dfrac{1}{g_m Z_2}} = \frac{Z_1+Z_2}{1+g_m Z_2} \\
&\fallingdotseq \frac{1}{g_m}\left(1+\frac{Z_1}{Z_2}\right) \quad (5\text{-}36)
\end{aligned}$$

次に，**図 5-18** のように，$Z_1 = C$，$Z_2 = R$ とした**容量性の回路**の場合の Z を導くことにします．

$Z_1 = \dfrac{1}{j\omega C}$，$Z_2 = R$ を代入すると，式（5-37）となります．

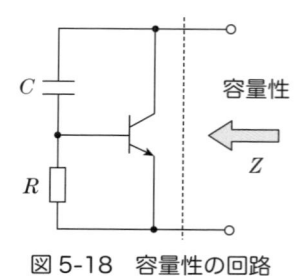

$$\begin{aligned}
Z &= \frac{1}{g_m}\left(1+\frac{Z_1}{Z_2}\right) \\
&= \frac{1}{g_m}\left(1+\frac{\frac{1}{j\omega C}}{R}\right) \\
&= \frac{1}{g_m}\left(1+\frac{1}{j\omega CR}\right) \quad (5\text{-}37)
\end{aligned}$$

ここで，$CR \ll 1$ が成り立つとすると，式（5-38）となります．

$$Z \fallingdotseq \frac{1}{j\omega CR g_m} \quad (5\text{-}38)$$

このことから，コレクタ－エミッタ間には式（5-39）で表される**等価キャパシタンス** C_{ce} が存在すると考えることができます．

$$C_{ce} = g_m CR \quad (5\text{-}39)$$

同様に，**図 5-19** のように，$Z_1 = R$，$Z_2 = C$ とした**誘導性の回路**の場合の Z を導出することにします．

$Z_1 = R$，$Z_2 = \dfrac{1}{j\omega C}$ を代入すると，

$$Z = \frac{1}{g_m}\left(1+\frac{Z_1}{Z_2}\right)$$

図 5-18　容量性の回路

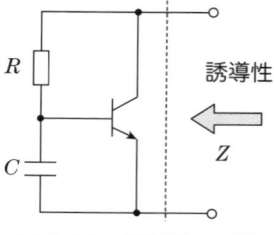

図 5-19　誘導性の回路

$$= \frac{1}{g_m}\left(1 + \frac{R}{\frac{1}{j\omega C}}\right)$$

$$= \frac{1}{g_m}(1 + j\omega CR) \qquad (5\text{-}40)$$

ここで，$CR \ll 1$ が成り立つとすると，式（5-41）となります．

$$Z \fallingdotseq \frac{j\omega CR}{g_m} \qquad (5\text{-}41)$$

このことから，コレクタ−エミッタ間には，式（5-42）で表される**等価インダクタンス** L_{ce} が存在すると考えることができます．

$$L_{ce} = \frac{CR}{g_m} \qquad (5\text{-}42)$$

これらの関係が成立するのは，トランジスタの α 遮断周波数が動作する周波数に比較して十分に高いことが前提となります．

以上の結果から，式（5-32）の v_{BE} に変化を与えるためにベースに変調信号を加えて，g_m を変化させることで，等価キャパシタンス，または，等価インダクタンスが変化するので，発振回路に利用すると周波数変調を行うことができるのが分かります．**図5-20**に，コルピッツ形発振回路に**リアクタンストランジスタを用いた周波数変調回路**を示します．

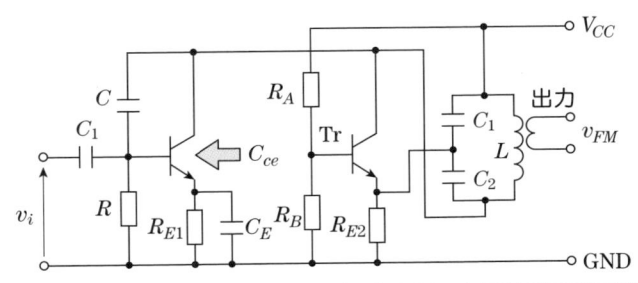

図5-20 リアクタンストランジスタを用いた周波数変調回路

5-3 復調回路

(1) 復調回路とは

変調波から元の信号波を取り出すことを**復調**といいます．振幅変調波の場合は**検波**ともいいます．

(2) 振幅変調波の復調回路

振幅変調の復調は図 5-21 に示すようなダイオードを用いた方法がよく利用されます．この回路に加える変調波が小さい場合には，図 5-22 のようにダイオードの非線形特性を利用して元の信号を自乗（二乗）した出力の得られる**自乗検波**になり，低域フィルタを通すと元の信号を取り出すことができます．この方式は，感度が良いという利点があるのですが，出力が小さくひずみが大きいという欠点もあります．また，図 5-23 のように大きな変調波を加えると，ダイオード D の整流作用により波形の半分を分離して取り出すことができます．この出力を低周波成分のみを通過させる低域フィ

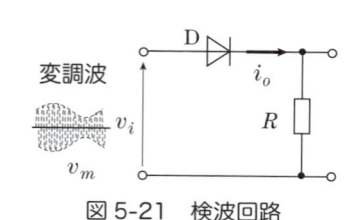

図 5-21 検波回路

図 5-22 自乗検波

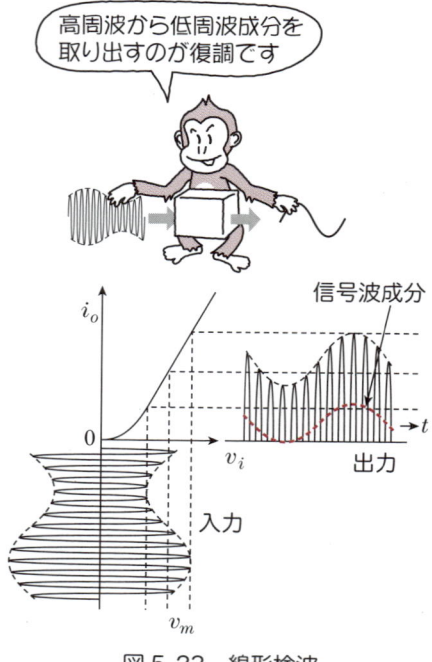

図 5-23 線形検波

ルタに通すと，自乗検波同様に元の信号を取り出すことができます．これを**線形検波**といいます．以上の2つの方法をまとめて**平均値検波**といいます．

次に，平均値検波の欠点を改善した回路として，図 5-24 に示すように，平均値検波回路の出力にコンデンサ C を並列に接続した**包絡線検波回路**があります．これは，図 5-25 に示すように，入力電圧の正の半波の最大に近い期間のみコンデンサ C を充電します．充電電圧が最大値からやや下がり，充電されたコンデンサの両端電圧より

入力電圧が低下すると，ダイオード D は非導通となり，コンデンサ C から CR の時定数で決まる放電が始まります．この充放電を繰り返し，包絡線に入力波形とほぼ等しい形が得られ変調信号が検波できます．また，変調波の搬送波成分は低域フィルタによって除去されます．この方法が一般に用いられますが，CR の時定数が長くなると図 5-26 のように，**ダイアゴナルクリッピング**が発生し，ひずみの元となるので注意が必要です．また，信号波の周波数が高く，変調度が高いほど発

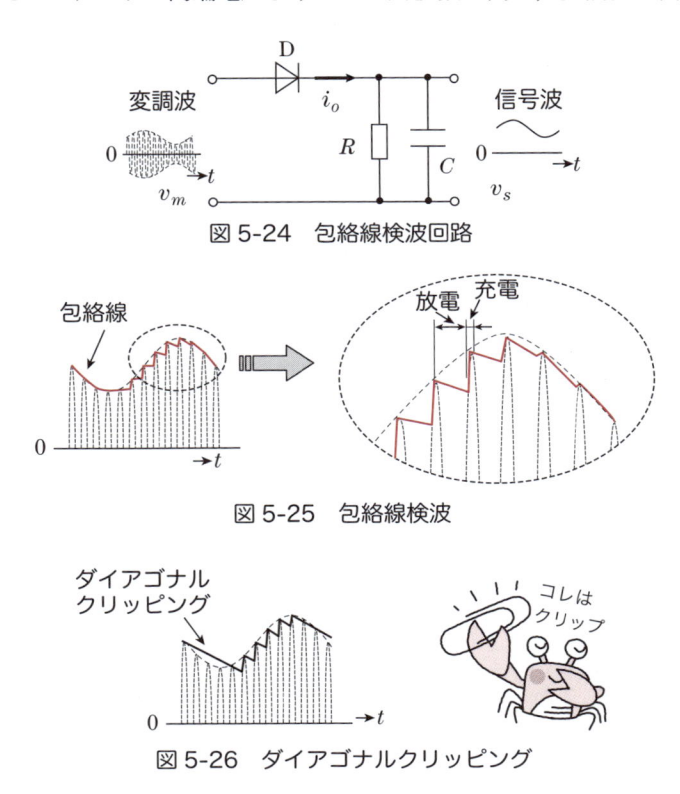

図 5-24　包絡線検波回路

図 5-25　包絡線検波

図 5-26　ダイアゴナルクリッピング

5-3　復調回路

生傾向が高まりますが，式（5-43）を満足するように CR を決定すれば実用上の大きな支障は生じません．ただし，$f_{s\max}$ は信号波の最高周波数です．

$$CR \leq \frac{1}{2\pi f_{s\max}} \qquad (5-43)$$

(2) 周波数変調波の復調回路

周波数変調波は，振幅が一定で周波数が変調信号の振幅変化に対応しているので，直接検波しても，変調信号は取り出せません．そこで，**図 5-27** のように周波数の変化を振幅の変化に変換し，その後，振幅変調の復調回路を用いて信号波を取り出します．

このような方式で復調を行う回路を**周波数弁別器**といいます．周波数変調の復調回路には，復同調周波数弁別回路，フォスター・シーレ（Fostre-Seeley）周波数弁別回路，比検波回路（ratio detector），位相同期ループ（PLL：phase locked loop），パルスカウント復調方式などがあります．ここでは，復同調周波数弁別回路，フォスター・シーレ周波数弁別回路，比検波回路について説明します．

(a) 復同調周波数弁別回路

復同調周波数弁別回路は，LC 並列共振回路が共振周波数で，端子電圧が最大となる性質を利用した周波数変調波の復調回路です．**図 5-28** に回路例を示します．共振回路 ⓐ は，共振周波数を搬送波 f_c に設定します．また，共振回路 ⓑ，共振回路 ⓒ の共振周波数を，それぞれ $f_c + \alpha$，$f_c - \alpha$ に設定する**スタガ同調**とすると，**図 5-29** のように共振回路 ⓑ，ⓒ の共振特性の点線で示す波形となります．

2つの共振回路の出力電圧を，D_1，D_2 で構成される包絡線復調回路を通すと，互いに逆向きになる電流 i_1，i_2

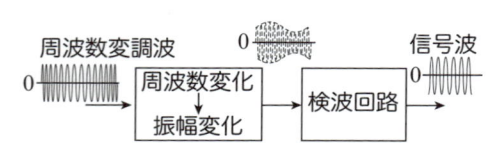

図 5-27　周波数変調波の復調の流れ

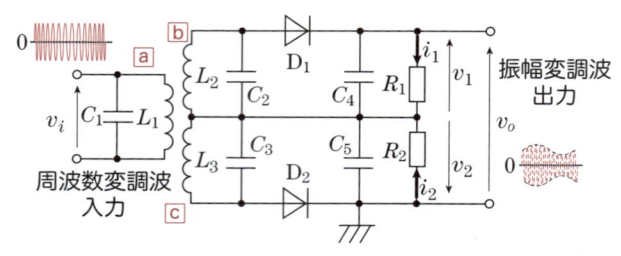

図 5-28　復同調周波数弁別回路

が出力されます．図 5-29 からも分かるように，無変調時には，出力電流 i_1, i_2 (v_1, v_2) の大きさが等しく，互いに打ち消しあうので，v_o はゼロとなり出力されません．また，変調波の周波数が低い場合には $i_1 < i_2$ となり，周波数が高い場合には $i_1 > i_2$ となります．この回路は構成が簡単で良好な直線特性が得られるので，搬送波の周波数が高い場合に比較的よく利用されています．

(b) フォスター・シーレ周波数弁別回路

フォスター・シーレ周波数弁別回路は，一次側の L_1 と C_1 と疎に結合された二次側の L_2 と C_2 の2つの共振回路で構成されます．図 5-30 に回路例を示します．どちらの共振回路も FM 波の中心周波数を f_c に同調させています．また，v_2 は v_1 よりも 90°進み位相となっています．この回路の v_1 と v_2 の関係について調べてみることにします．まず，$\omega L_1 \gg r_1$ とすると，式 (5-44) から式 (5-45) が成り立ち

図 5-29 復同調周波数弁別回路の周波数特性

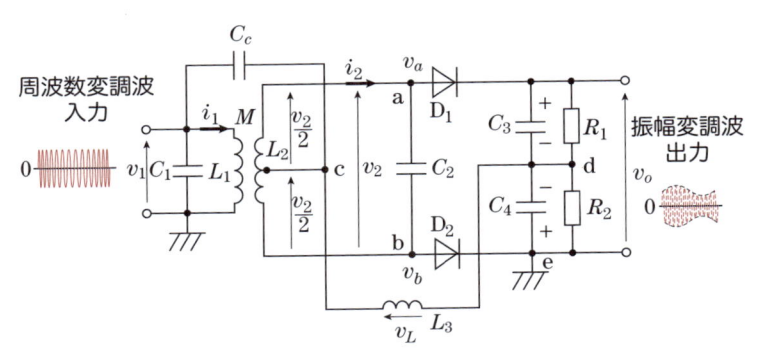

図 5-30 フォスター・シーレ周波数弁別回路

5-3 復調回路

ます．ただし，r_1 は一次側のコイルの内部抵抗で，疎結合なので $j\omega M i_2$ の影響は無視しています．

$$v_1 = (j\omega L_1 + r_1)i_1 - j\omega M i_2$$
$$\fallingdotseq j\omega L_1 i_1 \qquad (5\text{-}44)$$

$$i_1 = \frac{v_1}{j\omega L_1} \qquad (5\text{-}45)$$

この電流 i_1 により二次側に起電力 $j\omega M i_1$ が発生し，式 (5-46) に示す二次側電流 i_2 となります．

$$i_2 = \frac{j\omega M i_1}{r_2 + j\left(\omega L_2 - \dfrac{1}{\omega C_2}\right)}$$
$$= \frac{M v_1}{L_1\left\{r_2 + j\left(\omega L_2 - \dfrac{1}{\omega C_2}\right)\right\}}$$
$$(5\text{-}46)$$

この電流 i_2 により C_2 の両端に式 (5-47) に示す電圧 v_2 が生じます．

$$v_2 = \frac{i_2}{j\omega C_2}$$
$$= \frac{1}{j\omega C_2} \cdot \frac{M v_1}{L_1\left\{r_2 + j\left(\omega L_2 - \dfrac{1}{\omega C_2}\right)\right\}}$$
$$= \frac{-j M v_1}{\omega C_2 L_1\left\{r_2 + j\left(\omega L_2 - \dfrac{1}{\omega C_2}\right)\right\}}$$
$$(5\text{-}47)$$

次に，L_2 と C_2 の共振周波数を変調波の搬送波の周波数 f_c（ω_c は共振周波数における角周波数）に同調させると，$\omega_c L_2 - \dfrac{1}{\omega_c C_2} = 0$ となるので，v_2 は式 (5-48) となります．

$$v_2 = -j \frac{M}{\omega_c C_2 L_1 r_2} v_1 \qquad (5\text{-}48)$$

したがって，共振周波数 f_c において，v_2 は v_1 より 90° 進み位相になっています．共振周波数 f_c より高い周波数では位相進みが 90° より小さく，低い周波数では 90° より大きくなります．C_C と C_4 のインピーダンスは，L_3 のインピーダンスより十分小さくなるように設定するので，$v_1 = v_L$ が成り立ちます．したがって，アース端子 e と端子 a，b 間の電圧 v_a，v_b は，それぞれ $v_2 = v_{ab}$ の半分の電圧と v_1 の合成された式 (5-49) となります．

$$\left.\begin{array}{l} v_a = v_1 + \dfrac{v_{ab}}{2} \\ v_b = v_1 - \dfrac{v_{ab}}{2} \end{array}\right\} \qquad (5\text{-}49)$$

また，v_a，v_b は，それぞれ D_1，D_2 の両端電圧にほぼ等しくなります．したがって，2 つの包絡線復調回路を通過した出力 v_o は，式 (5-50) となります．ただし，η はダイオードの検波効率です．

$$v_o = \eta(|v_a| - |v_b|) \qquad (5\text{-}50)$$

ここで，入力変調波の周波数 f が変化した場合の v_a，v_b がどのように変化するかを考えます．$f = f_c$ のときには，v_a と v_b の振幅は等しいので，**図 5-31** (a) のように，$|v_a| = |v_b|$ となり v_o は 0 となります．$f > f_c$ のときには，

L_2C_2 の共振回路が誘導性となり，i_2 と v_2 の位相が遅れるので，図 5-31 (b) のように，$|v_a| > |v_b|$ となり v_o は正の値となります．逆に，$f < f_c$ のときには，L_2C_2 の共振回路が容量性となり，i_2 と v_2 の位相が進むので，図 5-31 (c) のように，$|v_a| < |v_b|$ となり v_o は負の値となります．このようにして，周波数変化を振幅の変化として取り出すことができます．フォスター・シーレ周波数弁別回路の周波数特性を図 5-32 に示します．この回路は，調整が難しいのですが，復同調弁別回路より大きな出力を得ることができ，直線性も良いので広く利用されています．

しかし，入力信号の振幅に比例して出力電圧成分が発生するので，入力前に**振幅制限（limiter）回路**を設けて振幅の変化を除去する必要があります．

(c) **比検波回路**

比検波（ratio detection）回路を図 5-33 に示します．この回路はフォスター・シーレ周波数弁別回路を改良したものですが，ダイオードの接続方向が逆で出力電圧がベクトル和となる点が異なります．この回路も，一次側の L_1 と C_1 と二次側の L_2 と C_2 のどちらの共振回路も FM 波の中心周波数 f_c に同調させています．共振時には v_L と v_2 には $\frac{\pi}{2}$ の位相差があるので，

$v_L + \frac{v_2}{2}$，$v_L - \frac{v_2}{2}$ の高周波電圧がダイオード D_1，D_2 にそれぞれ加わり，

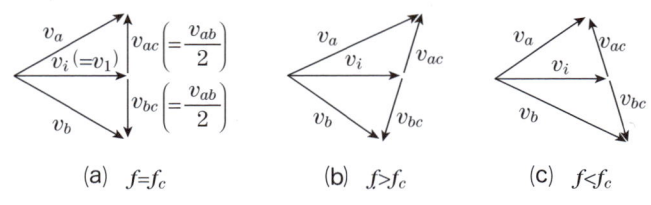

(a) $f = f_c$　　(b) $f > f_c$　　(c) $f < f_c$

図 5-31　フォスター・シーレ周波数弁別回路のベクトル図

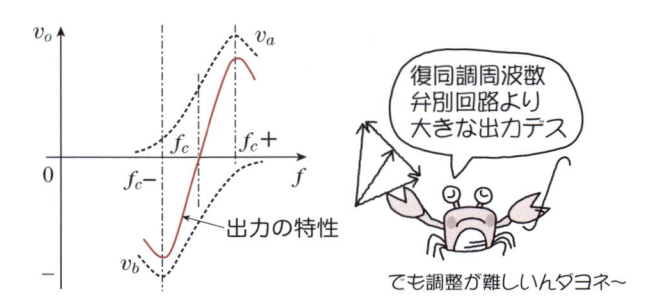

図 5-32　フォスター・シーレ周波数弁別回路の周波数特性

それぞれの整流電流によりコンデンサ C_3, C_4 の両端には，v_3, v_4 の電圧が発生します．一方，C_5 と R_1, R_2 による時定数を大きくすることで，二次巻線の v_3, v_4 が変動しても直流平均値である電圧 $v = v_3 + v_4$ はほとんど変化しないので，振幅制限回路は必要ありません．さらに，電圧 v は，$R_1 = R_2$ とすると R_1, R_2 によって分圧されるので接続点の電圧 $\dfrac{v}{2}$ も変化しません．ところで，出力電圧 v_o は，接続点の電圧 $\dfrac{v}{2}$ と v_3, v_4 のそれぞれの差となるので極性を考慮すると式（5-51）となります．

$$v_o = \left(\frac{v}{2} - v_3\right)$$
$$= \left(v_4 - \frac{v}{2}\right) \quad (5\text{-}51)$$

したがって，式（5-51）から電圧 v_o は式（5-52）のようになります．

$$2v_o = \left(\frac{v}{2} - v_3\right) + \left(v_4 - \frac{v}{2}\right)$$
$$= v_4 - v_3$$
$$v_o = \frac{v_4 - v_3}{2} \quad (5\text{-}52)$$

ここで v_3, v_4 はそれぞれ周波数のずれに応じて変化するので，結局 FM から AM への変換が行われることになります．具体的には，

・$f = f_c$ のとき $v_3 = v_4$ から　$v_o = 0$
・$f < f_c$ のとき $v_3 < v_4$ から　$v_o > 0$
・$f > f_c$ のとき $v_3 > v_4$ から　$v_o < 0$

また，式（5-52）から，出力電圧 v_o はフォスター・シーレ周波数弁別回路の半分となり，位相も反転することが分かります．比検波回路のベクトル図は，図 5-31 のフォスター・シーレ周波数弁別回路と同様に考えることができます．

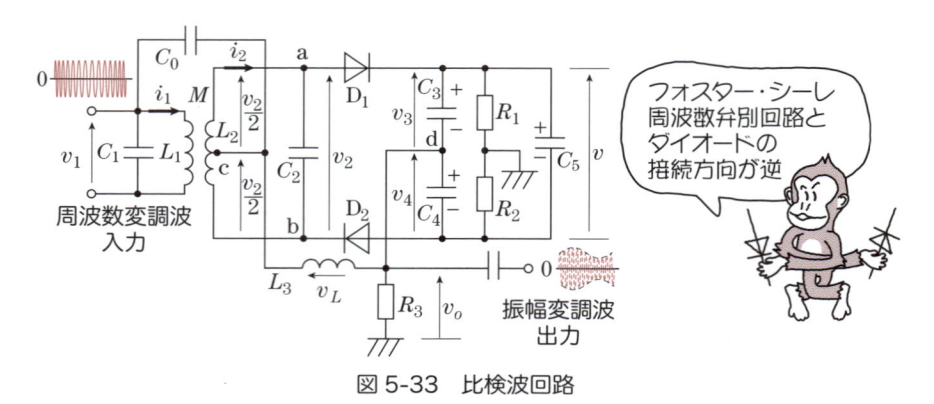

図 5-33　比検波回路

フォスター・シーレ周波数弁別回路とダイオードの接続方向が逆

第5章　変調・復調回路

5-4 パルス符号変調

(1) パルス変調とは

パルス変調は,前節までの振幅変調,周波数変調などの連続変調方式とは異なり,情報の伝送・生成をパルスの変化によって行う変調方式です.振幅,周波数などのうち,どのパラメータを変調に用いるかによって様々な方式がありますが,代表的な変調方式を次に示します.

・**PAM(パルス振幅変調)**

信号波の振幅に比例してパルスの高さを変化させる方式.pulse amplitude modulation の略称.

・**PWM(パルス幅変調)**

信号波の振幅に比例してパルスの幅を変化させる方式.pulse width modulation の略称.PDM(pulse duration modulation)と呼ぶこともあります.

・**PPM(パルス位置変調)**

信号波の振幅に比例してパルスの位置を時間的に前後に変化させる方式.pulse positon modulation の略称.

・**PCM(パルス符号変調)**

信号波の標本化パルスを量子化→符号化し連続変調波とする方式.pulse code modulation の略称.

それぞれの方式の波形を図 5-34 に示します.ここでは,パルス変調の原理と方式について,PCM を中心に詳しく説明することにします.

PCM 方式は,連続的に変化するアナログ信号を時間,および振幅の変化として不連続なパルス符号に変換する変調方式です.その原理を図 5-35 に示します.

(2) パルス符号の変調回路

ⓐ 標本化

連続的なアナログ量をディジタル値

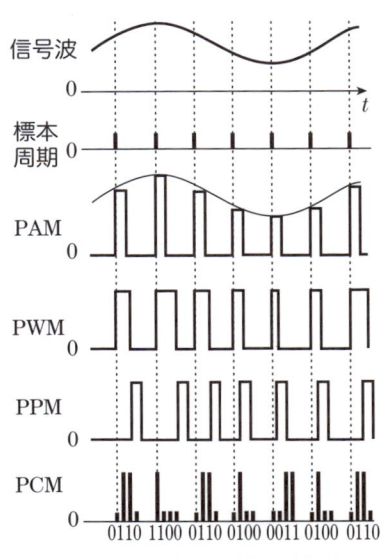

図 5-34 パルス変調の波形

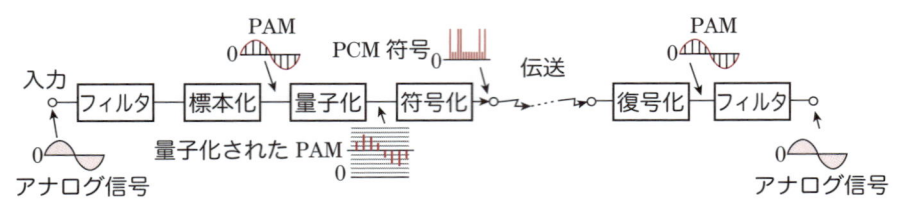

図5-35　PCMの原理（データ送受信）

に変換するとき，**図5-36**のように一定時間の間隔でアナログ信号の振幅を取り出す操作を**標本化**（sampling）といいます．この標本の数が多いほど元の波形（信号波）を忠実に再現できますが，同時にデータ量も増えるのであまり数を増やすことはできません．

ナイキストの標本化定理（原信号に含まれる最大周波数成分を W とすると，$\frac{1}{2}W$ 以下の短い間隔で標本化した信号は，低域通過フィルタで高域成分を除去すれば原信号を完全に復元可能）に基づき，サンプリングは原信号に含まれる最高周波数の2倍以上の周波数で標本化します．標本化されたパルス列はPAMとなります．例えば，音楽CDではサンプリング周波数44.1kHz,

量子化ビット数16bitなので，22kHz（可聴周波数の最大値付近）程度までの周波数のアナログ成分が含まれていることになります．

(b) **量子化**

標本化によりサンプリングした振幅値を，有限個の振幅段階に**図5-37**のように区切ることを**量子化**といいます．連続値である振幅を不連続値である数値に変換するので，どうしても変換誤差が発生します．この誤差によって発生する雑音を**量子化雑音**といい，信号の振幅の大きさに関係なく一定となるため，振幅が小さいときにはS/N比（信号対雑音比）が悪くなってしまいます．量子化段階数を多くするほど変換の際の誤差は軽減されます．しかし，信号が小さい場合には誤差の

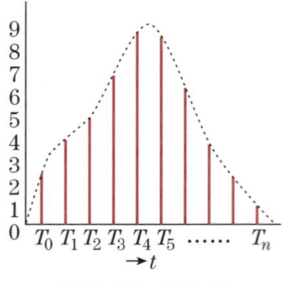

図5-36　標本化

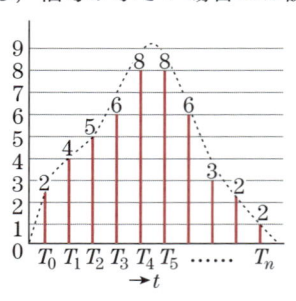

図5-37　量子化

影響が大きくなるので，量子化の前に図 5-38 のような特性の圧縮回路を通し，信号の振幅の大きさに応じて量子化の解像度を変えます．大きな振幅の信号では解像度を下げ（圧縮する），小さな振幅の信号ほど解像度を上げる非直線量子化を行っています．

(c) 符号化

量子化によって離散的な振幅値に変換されたパルスを，複数個のパルス列の組み合わせに変換する操作を**符号化**といいます．符号化の符号としては一般的に 2 進符号が用いられます．例えば，$2^n - 1$（$n = 1, 2, \cdots$）のパルスを，パルスありを 2 進数の '1'，パルスなしを '0' に対応させて，2 進数で表すと n 桁となるので，n 個のパルスに符号化できます．図 5-39 のように $n = 5$ のときには，$2^5 - 1 = 31$ 個なので，5 桁の 2 進数で 0 〜 31 を表せます．つまり，量子化された振幅を 0 〜 31 段階の範囲の 2 進数 5 桁で表すことができます．

(d) 復号化

PCM 信号を PAM に復元する操作を**復号化**といいます．量子化段階での圧縮を復元する伸張回路や低域フィルタに通すことで元のアナログ信号に復元します．

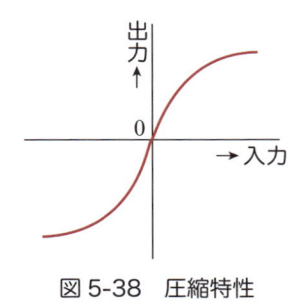

図 5-38　圧縮特性

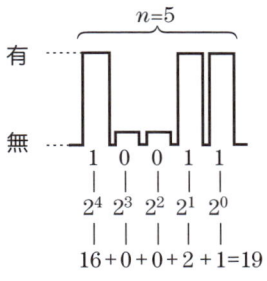

図 5-39　パルス符号変調

章 末 問 題 5

1 搬送波電力 P_C が 100W，変調率 m が 60％の変調波の被変調波電力 P_m と両側波電力 P_{S1}，P_{S2} を求めなさい．

2 次の語句を説明しなさい．
 (1) PWM
 (2) PCM

3 信号周波数を 15kHz，最大周波数偏移を 75kHz の周波数変調の変調指数 k を求め，図 5-8 のベッセル関数のグラフから，周波数スペクトルを作図し，占有帯域幅を求めなさい．

4 次の PCM の原理図の空欄に適語を記入しなさい．

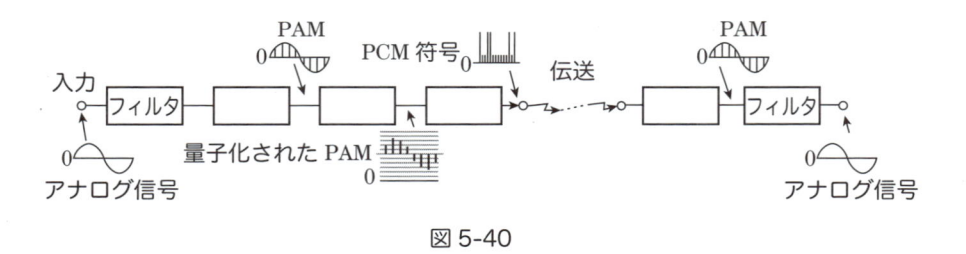

図 5-40

5 ダイアゴナルクリッピングについて説明しなさい．

第6章 オペアンプ

　この章では，電子回路の様々な分野で用いられるオペアンプについて説明します．アナログコンピュータで用いられていた演算増幅回路が1960年代にIC化されオペアンプとして飛躍的に用いられるようになり，今や，演算回路や増幅回路としてだけでなく，フィルタや発振回路などに利用され，電子回路では欠かせない重要な電子部品となっています．

6-1 オペアンプ

(1) オペアンプとは

オペアンプは，オペレーショナル・アンプリファイア（operational amplifier）の略称で，OPアンプとも呼ばれ，日本語では**演算増幅器**と呼ばれます．トランジスタやFETで構成されIC化された増幅器で，信号の増幅や，加算・減算などの演算，微分回路，積分回路，フィルタ回路，コンパレータ回路，発振回路，AD変換器，DA変換器などのアナログ処理回路など多目的な用途に利用されています．演算増幅器の名称は，アナログコンピュータや自動制御の分野で，微積分・比較・加算・減算などのアナログ演算に用いられたことに由来しています．**図6-1**(a)に慣用されている図記号を示しますが，図6-1(b)の電源を省略した簡略表記の記号がよく用いられます．理想的なオペアンプでは，次のような条件が成立すると定義します．

① 増幅度が無限大
② 入力インピーダンスが∞
③ 出力インピーダンスが0Ω
④ 周波数帯域は，DC～∞

これは，**図6-2**のように表すことができます．しかし，残念ながらこのような理想的なオペアンプは存在しま

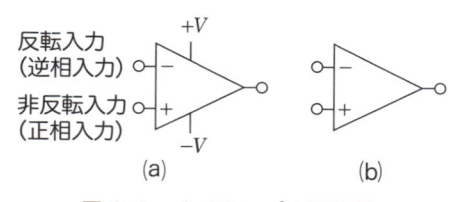

図6-1 オペアンプの図記号

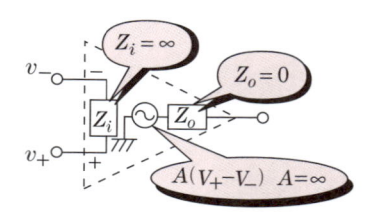

図6-2 内部等価回路

図6-3 外観

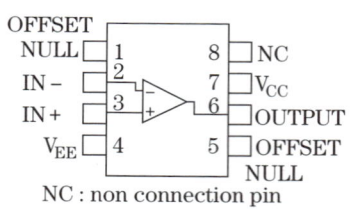

図6-4 端子配列

NC : non connection pin

せん．実際のオペアンプは次のような特徴を持ちます．

① 増幅度が非常に大きい（$10^4 \sim 10^6$ 倍程度）

② 入力インピーダンスが非常に高い（数百 kΩ ～数十 MΩ）

③ 出力インピーダンスが極めて低い（数十 Ω）

④ 広い周波数帯域（DC ～数 MHz）

ただし，増幅度は大きいのですが，電源電圧以上の出力が得られないことは他の増幅器と同じです．オペアンプの外観を**図 6-3** に，DIP 型の NJM741（新日本無線）の端子配列を**図 6-4** に示します．また，**図 6-5** にオペアンプの内部回路の例を示します．

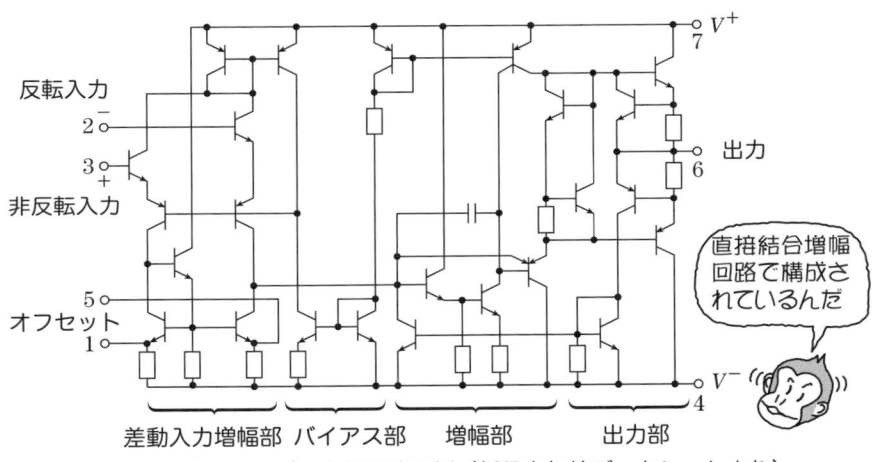

図 6-5　オペアンプの内部回路の例（新日本無線データシートより）

―<オペアンプの図記号>――

オペアンプでは，(a)の慣用されている図記号が一般的によく用いられています．JIS 規格では(b)の図記号が規定されていますが，あまり目にすることはありません．本書では，(a)の慣用されている図記号を使用します．

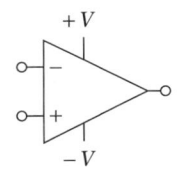

(a) 慣用されている図記号　　(b) JIS による図記号

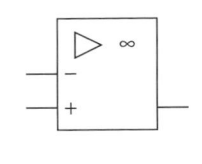

6-1　オペアンプ

6-2 増幅回路

(1) 反転増幅回路

オペアンプの基本となる**反転増幅回路（逆相増幅回路）**を図 6-6 に示します．この回路は，入力端子となる反転入力端子（−）に抵抗 R_1 と，帰還抵抗 R_f を接続した負帰還回路として動作します．入力信号に対して出力信号の位相が反転，つまり，180°ずれる増幅回路です．図 6-6 の i_1, i_f について次の式 (6-1)，式 (6-2) が成立します．

$$i_1 = \frac{v_i - v_s}{R_1} \tag{6-1}$$

$$i_f = \frac{v_s - v_o}{R_f} = -\frac{v_o - v_s}{R_f} \tag{6-2}$$

オペアンプの入力インピーダンスは非常に大きいので，反転入力には電流がほとんど流れ込まず，$i_2 ≒ 0$ と見なすことができるので，$i_1 ≒ i_f$ となり，式 (6-1)，式 (6-2) から式 (6-3) が成立します．

$$\frac{v_i - v_s}{R_1} = \frac{v_s - v_o}{R_f} \tag{6-3}$$

また，オペアンプ単体の増幅度を A_o とすると，式 (6-4) が成り立ちます．

$$v_s = -\frac{v_o}{A_o} \tag{6-4}$$

ここで，オペアンプ単体の増幅度は相当大きく，$A_o = \infty$ と見なせるので，端子間電圧 v_s に関して，式 (6-4) は $v_s = 0$ となります．これは負帰還をかけている場合に，反転端子と非反転端子が短絡した状態となる**イマジナリショート**（後述）といいます．この結果を式 (6-3) に代入すると式 (6-5) となります．

$$\frac{v_i - 0}{R_1} = \frac{0 - v_o}{R_f}$$

$$\rightarrow \frac{v_i}{R_1} = -\frac{v_o}{R_f} \tag{6-5}$$

式 (6-5) を変形すると，電圧増幅

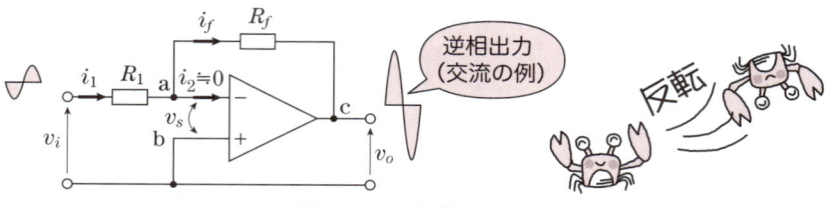

図 6-6 反転増幅回路

度 A_v は式（6-6）で表されます．

$$A_v = \frac{v_o}{v_i} = -\frac{R_f}{R_1} \quad (6\text{-}6)$$

この式から，オペアンプに負帰還をかけることで，反転増幅回路の増幅度 A_v は，R_f, R_1 によって一意に決定され，温度変化や特性のバラツキの影響を受けないことが分かります．ここで，負の符号は，入力電圧と出力電圧が逆位相であることを示しています．非反転増幅回路よりも特性が安定するので，位相が問題にならない場合は反転増幅回路がよく用いられます．

例題 6-1 図 6-6 の回路で $R_f = 100\mathrm{k}\Omega$，$R_1 = 10\mathrm{k}\Omega$ としたときの電圧増幅度 A_v を求めなさい．また，出力電圧 $v_o = -500\mathrm{mV}$ の場合の入力電圧 v_i はいくらになるか．

解答 式（6-6）から，

$$A_v = \frac{v_o}{v_i} = -\frac{R_f}{R_1}$$

$$= -\frac{100 \times 10^3}{10 \times 10^3} = -10$$

式（6-6）を変形して，

$$v_i = \frac{v_o}{A_v} = \frac{-500\mathrm{mV}}{-10} = 50\,[\mathrm{mV}]$$

(2) イマジナリショート

図 6-7 で，入力端子 a，つまりオペアンプの（−）端子に加わった電圧 v_s が正電圧の場合には，逆極性の負電圧がオペアンプの出力端子 c に出力されます．この電圧 v_o が帰還抵抗 R_f によって端子 a に帰還され，電圧 v_s が 0V に近づくように電圧 v_s は低下します．つまり，図のように点 a が持ち上がろうとすると，点 c の電圧が下がることで，結局，点 a 自体は変化しないのです．ちょうどシーソーのある点が固定されているような状態です．逆に，電圧 v_s が負電圧の場合には，逆極性の正の出力電圧 v_o が帰還され，やはり電圧 v_s を上昇させるので，電圧 v_s は 0V に近づくように動作します．オペアンプ単体の増幅度 A_o は，理想

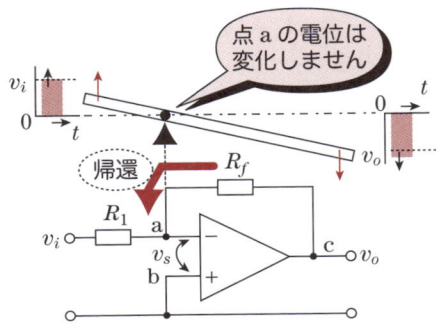

図 6-7 反転増幅器と入出力の関係

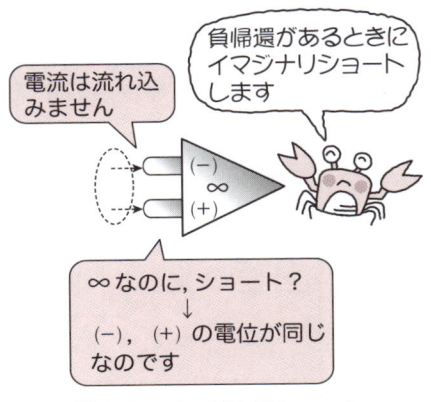

図 6-8 イマジナリショート

オペアンプでは $A_o = \infty$ ですが，実際のオペアンプも極めて大きいので，この一連の動作は瞬時に行われます．その結果，端子 a およびアースと接続された端子 b は，ともに同電位，つまり 0V となり，端子 a-b 間はあたかも短絡されたようになり，端子間電圧 $v_s = 0V$ と見なせるわけです．このように，オペアンプの入力インピーダンスが非常に大きいのにもかかわらず，負帰還をかけたオペアンプの (−)−(+) 間の入力端子が短絡したように見えることを，**イマジナリショート**（imaginary short：仮想短絡）といいます．**バーチャルショート**（virtual short）と呼ばれることもあります．この例では，(+) 端子がアースに接続されているので，(−) 端子を**イマジナリアース**ともいいます．

(3) 非反転増幅回路

図 6-9 に，オペアンプの基本となる**非反転増幅回路（同相増幅回路）**を示します．この回路は，反転入力端子 (−) に，抵抗 R_1 と帰還抵抗 R_f を接続し，R_1 の片側を接地した負帰還回路として動作します．入力信号に対して出力信号が同相となる増幅回路です．図 6-9 の i_1, i_f について，次の式 (6-7)，式 (6-8) が成立します．

$$i_1 = \frac{0 - v_s}{R_1} \quad (6\text{-}7)$$

$$i_f = \frac{v_s - v_o}{R_f} = -\frac{v_o - v_s}{R_f} \quad (6\text{-}8)$$

反転増幅器と同様に，$i_2 \fallingdotseq 0$ と見なすことができるので，$i_1 \fallingdotseq i_f$ となり，式 (6-7)，式 (6-8) から式 (6-9) が成立します．

$$\frac{0 - v_s}{R_1} = -\frac{v_o - v_s}{R_f} \quad (6\text{-}9)$$

また，オペアンプ単体の増幅度を A_o とすると，式 (6-10) が成り立ちます．

$$v_i - v_s = -\frac{v_o}{A_o} \quad (6\text{-}10)$$

ここで，オペアンプ単体の増幅度は相当大きく，$A_o = \infty$ と見なせるので，端子間電圧 $v_i - v_s$ に関して，式 (6-10) は $v_i - v_s = 0$，$v_i = v_s$ となります．これを式 (6-9) に代入すると，式 (6-11) となります．

$$\frac{0 - v_i}{R_1} = -\frac{v_o - v_i}{R_f}$$

$$\rightarrow \frac{v_i}{R_1} = \frac{v_o - v_i}{R_f} \quad (6\text{-}11)$$

式 (6-11) を変形すると，電圧増幅度は式 (6-12) で表されます．

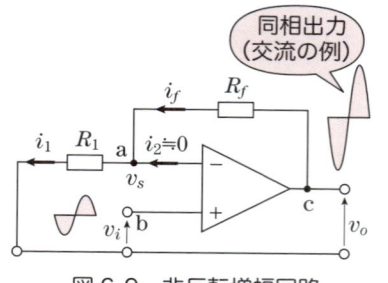

図 6-9 非反転増幅回路

$$A_v = \frac{v_o}{v_i} = 1 + \frac{R_f}{R_1} \quad (6\text{-}12)$$

この式から，オペアンプに負帰還をかけることで，反転増幅器と同様に，非反転増幅回路の増幅度 A_v は，R_f，R_1 によって一意に決定され，温度変化や特性のバラツキに影響を受けないことが分かります．

例題 6-2 図 6-9 の回路で $R_f = 100\text{k}\Omega$，$R_1 = 10\text{k}\Omega$ としたときの電圧増幅度 A_v を求めましょう．また，入力電圧 $v_i = 50\text{mV}$ の場合の出力電圧 v_o はいくらになるか．

解答 式 (6-12) から，

$$A_v = \frac{v_o}{v_i} = 1 + \frac{R_f}{R_1} = 1 + \frac{100\text{k}\Omega}{10\text{k}\Omega}$$
$$= 11$$

式 (6-12) を変形して

$$v_o = v_i \times A_v = 50\text{mV} \times 11$$
$$= 550\,[\text{mV}]$$

＊　　＊　　＊

図 **6-10** のように，$R_f = 0$，$R_1 = \infty$ として電圧増幅率を 1 とした回路を **電圧ホロワ（ボルテージ・ホロワ）** と呼び，入力インピーダンスが非常に高く，出力インピーダンスが低くなることから，回路間の **バッファ（緩衝増幅器）** として用い，それぞれの回路の影響を排除することができます．

(4) 差動増幅回路

図 6-5 で示したように，オペアンプの内部回路の入力段は，一般的に特性の優れた差動増幅回路で構成されています．**差動増幅回路** は，2 入力端子間の信号電圧（または，電流）の差に出力電圧（電流）が比例することからこのように呼ばれます．差動増幅回路は，直接結合増幅回路であるために，入力がゼロのときにも出力が生じてしまいます．また，出力が温度や時間の変化で変動する **ドリフト** などの発生のため，トランジスタや FET を単に組み合わせただけでは，実用的な安定度の回路の実現は困難です．

しかし，モノリシック IC の登場により，差動増幅回路のトランジスタの電圧特性や温度特性などがそろい，熱的にもよく結合されているため，実用的なオペアンプが安価に入手可能となりました．ここでは，図 **6-11**(a)に示すトランジスタで構成された差動増幅回路の動作についての基本を学ぶことにします．この回路のエミッタ抵抗は，実際には図 **6-12** のような定電流回路として安定を図ります．

図 6-11 (b) に等価回路を示します．

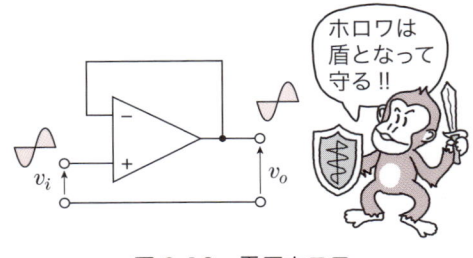

図 6-10　電圧ホロワ

Tr_1, Tr_2 のそれぞれのベース電圧 v_{b1}, v_{b2} は，入力抵抗 h_{ie1}, h_{ie2} とベース電流 i_{b1}, i_{b2} による電圧降下，およびエミッタ電流 i_{e1}, i_{e2} によるエミッタ抵抗 R_E の電圧降下の和なので，式 (6-13)，式 (6-14) になります．

$$v_{b1} = i_{b1}h_{ie1} + i_e R_E$$
$$= i_{b1}h_{ie} + i_e R_E \quad (6\text{-}13)$$
$$v_{b2} = i_{b2}h_{ie2} + i_e R_E$$
$$= i_{b2}h_{ie} + i_e R_E \quad (6\text{-}14)$$

また，コレクタ電流 i_{c1}, i_{c2} は，電流増幅率 h_{fe1}, h_{fe2} から式 (6-15)，式 (6-16) となります．

$$i_{c1} = i_{b1}h_{fe1} = i_{b1}h_{fe} \quad (6\text{-}15)$$
$$i_{c2} = i_{b2}h_{fe2} = i_{b2}h_{fe} \quad (6\text{-}16)$$

ここで，オペアンプは集積回路であることから，Tr_1, Tr_2 はトランジスタの特性がそろっていると考えることができるので，それぞれの h_{ie1}, h_{ie2} を h_{ie} とし，h_{fe1}, h_{fe2} を h_{fe} と見なしています．さらに，$R_c = R_{c1} = R_{c2}$ とすると，式 (6-17)，式 (6-18) となり，出力電圧 v_o については式 (6-19) となります．

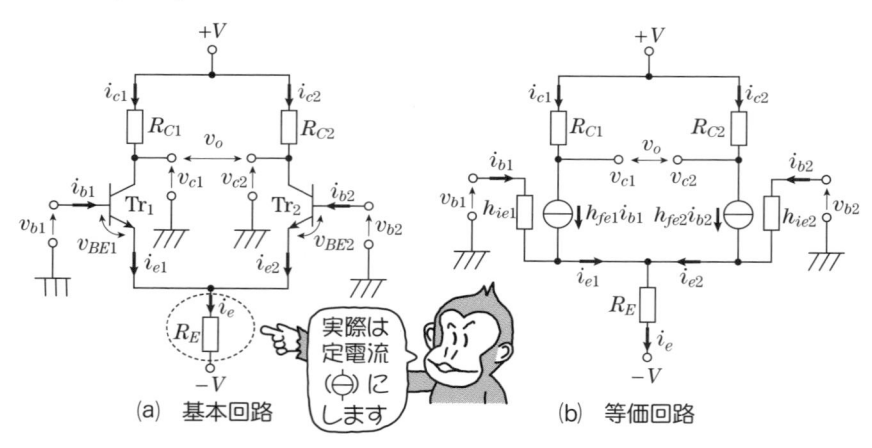

(a) 基本回路　　(b) 等価回路

図 6-11　差動増幅回路

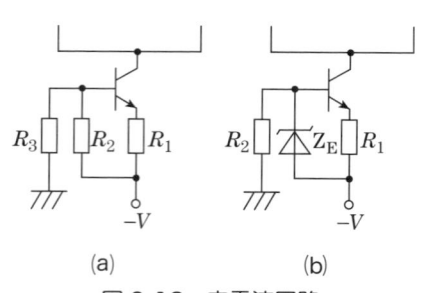

(a)　　(b)

図 6-12　定電流回路

$$v_{c1} = -i_{c1}R_{C1} = -i_{c1}R_C \quad (6\text{-}17)$$
$$v_{c2} = -i_{c2}R_{C2} = -i_{c2}R_C \quad (6\text{-}18)$$
$$v_o = v_{c1} - v_{c2} \quad (6\text{-}19)$$

以上の式から，式 (6-13) – 式 (6-14) とすると，式 (6-20) となります．

$$\begin{aligned}v_{b1} - v_{b2} &= i_{b1}h_{ie} + i_e R_E - (i_{b2}h_{ie} + i_e R_E) \\ &= (i_{b1} - i_{b2})h_{ie} \quad (6\text{-}20)\end{aligned}$$

式 (6-15)，式 (6-16) を式 (6-20) に代入し，i_{b1}, i_{b2} を消去し整理すると，式 (6-21) となります．

$$\begin{aligned}v_{b1} - v_{b2} &= \left(\frac{i_{c1}}{h_{fe}} - \frac{i_{c2}}{h_{fe}}\right) h_{ie} \\ &= (i_{c1} - i_{c2})\frac{h_{ie}}{h_{fe}}\end{aligned}$$

$$i_{c1} - i_{c2} = (v_{b1} - v_{b2})\frac{h_{fe}}{h_{ie}} \quad (6\text{-}21)$$

また，式 (6-19) に式 (6-17)，式 (6-18) を代入すると式 (6-22) となります．

$$\begin{aligned}v_o &= -i_{c1}R_C - (-i_{c2}R_C) \\ &= -R_C(i_{c1} - i_{c2}) \quad (6\text{-}22)\end{aligned}$$

さらに，式 (6-22) に式 (6-21) を代入すると，式 (6-23) となります．

$$v_o = -(v_{b1} - v_{b2})\frac{h_{fe}}{h_{ie}}R_C \quad (6\text{-}23)$$

この結果から差動増幅回路の 2 つの入力の差の電圧が出力となっていることが分かります．

この差動増幅回路とオペアンプの記号との対応を示すと，**図 6-13**(a)のようになります．図 6-13(b)のように，Tr_1 を非反転入力，Tr_2 の反転入力を接地して Tr_2 のコレクタを出力とすると，Tr_1 はコレクタ接地，Tr_2 はベー

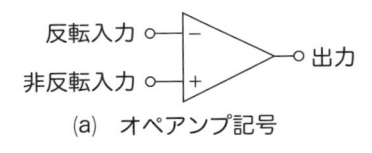

(a) オペアンプ記号

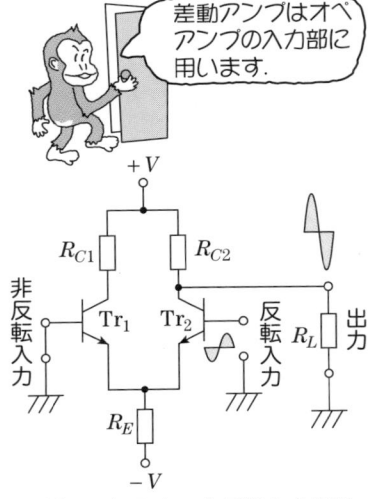

差動アンプはオペアンプの入力部に用います．

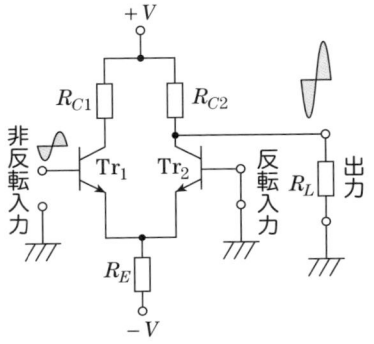

(b) 非反転入力 - 反転入力接地

(c) 反転入力 - 非反転入力接地

図 6-13　オペアンプと差動増幅回路

ス接地となるので非反転出力となります．図6-13(c)のように，Tr_2を反転入力，Tr_1の非反転入力を接地してTr_2のコレクタを出力とすると，Tr_1はベース接地，Tr_2はコレクタ接地となるので反転出力となります．実際のオペアンプはこの回路を基本として，バイアス回路，増幅回路，出力回路などを組み合わせて構成されています．

次に，**図6-14**のオペアンプで**差動増幅回路**を構成した場合について説明します．非反転入力と反転入力に信号を加えるので，反転増幅回路と非反転増幅回路を組み合わせたものと考えることができます．それぞれの増幅度は，すでに学んだように，式(6-24)，式(6-25)となります(式(6-6)，式(6-12)を参照)．

$$A_v^- = \frac{v_o}{v_i} = -\frac{R_f}{R_1} \quad (6\text{-}24)$$

$$A_v^+ = \frac{v_o}{v_i} = 1 + \frac{R_f}{R_1} \quad (6\text{-}25)$$

図6-14の反転増幅回路の増幅度は，式(6-24)ですが，非反転増幅回路に加わる電圧v_{i2}がR_2とR_3で分圧されて非反転端子に加わり，A_v^+倍されるので，出力v_o^+は，式(6-26)となります．

$$v_o^+ = \left(1 + \frac{R_f}{R_1}\right)\left(\frac{R_3}{R_2 + R_3}\right)v_{i2}$$
$$(6\text{-}26)$$

また，式(6-24)から反転増幅器としての出力v_o^-は，式(6-27)となります．

$$v_o^- = -\frac{R_f}{R_1}v_{i1} \quad (6\text{-}27)$$

したがって，出力v_oは，v_o^+とv_o^-の差の電圧となるので，式(6-28)となります．ただし，$R_1 = R_2$，$R_f = R_3$としています．

$$\begin{aligned}
v_o &= v_o^+ - v_o^- \\
&= \left(1 + \frac{R_f}{R_1}\right)\left(\frac{R_3}{R_2 + R_3}\right)v_{i2} - \frac{R_f}{R_1}v_{i1} \\
&= \frac{R_f}{R_1}v_{i2} - \frac{R_f}{R_1}v_{i1} \\
&= \frac{R_f}{R_1}(v_{i2} - v_{i1}) \quad (6\text{-}28)
\end{aligned}$$

つまり，式(6-28)から，図6-14のオペアンプの差動増幅回路は，2つ

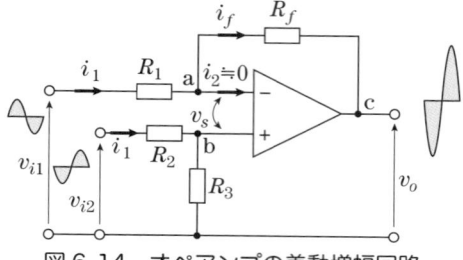

図6-14 オペアンプの差動増幅回路

の入力に加えた電圧 v_{i1}, v_{i2} の差を $\dfrac{R_f}{R_1}$ 倍に増幅していることを示しています．また，v_{i2} と v_{i1} の差が出力となることから**減算回路**としても利用されます．なお，トランジスタによる差動増幅回路の出力を示す式（6-23）では，温度変化の影響を受ける h_{fe} が含まれますが，式（6-28）は単純に抵抗比だけを使っていることから，温度の影響を受けないことが分かります．

例題 6-3 図 6-14 の回路で $R_1 = R_2 = 1\text{k}\Omega$, $R_f = R_3 = 10\text{k}\Omega$, 入力電圧 $v_{i1} = 5\text{mV}$, $v_{i2} = 20\text{mV}$ を加えた場合の出力電圧 v_o はいくらになるか．

解答 式（6-28）から，

$$v_o = \frac{R_f}{R_1}(v_{i2} - v_{i1})$$

$$= \frac{10 \times 10^3}{1 \times 10^3} \times (20 \times 10^{-3} - 5 \times 10^{-3})$$

$$= 150 \,[\text{mV}]$$

(5) **オフセット**

非反転，反転増幅回路では，理想的なオペアンプを用いた場合，入力電圧をゼロにすると出力電圧もゼロになります．しかし，実際のオペアンプはモノリシック IC であっても，各ベース - エミッタ間の電圧 V_{BE} の差やバイアス電流 I_B の違い（h_{FE} のバラツキ）により初段の差動増幅回路のバランスが完全にはならないので，入力電圧をゼロにしても出力電圧がゼロとならず，**図 6-15** のようにわずかな出力があります．これを**オフセット電圧**といいます．このとき，2 つの入力端子に流れるバイアス電流 I_B（I_B^+, I_B^-）の差は式（6-29）のように表せます．

$$I_{IO} = |I_B^+ - I_B^-| \qquad (6\text{-}29)$$

これを**入力オフセット電流**（I_{IO}）といい，トランジスタ入力型のオペアンプでは nA オーダとなり，FET 入力型ではさらに少なく pA オーダとなります．

$$I_1 = -\frac{V^-}{R_1} = -\frac{V^+}{R_1}$$

$$= \frac{R_2 I_B^+}{R_1} \qquad (6\text{-}30)$$

抵抗 R_f に流れる電流 I_f について，

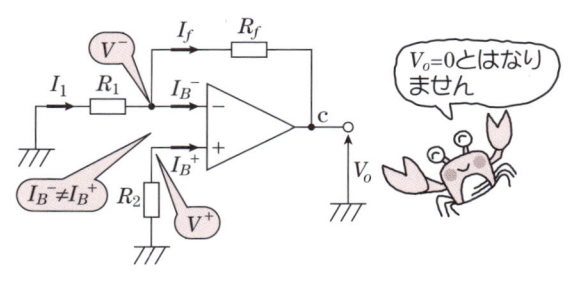

図 6-15 出力オフセット電圧

式（6-31）が成り立ちます．

$$I_f = \frac{V^- - V_o}{R_f} \quad (6\text{-}31)$$

次に，入力段の差動増幅回路のトランジスタの V_{BE} の差は，式（6-32）のように表せます．これを**入力オフセット電圧**（V_{IO}）といいます．

$$V_{IO} = V_{BE1} - V_{BE2} \quad (6\text{-}32)$$

それぞれのオフセットを等価的に表すと，**図6-16**のように電流源と電圧源に置き換えることができます．入力オフセット電圧特性の例を**図6-17**に示します．オフセット電圧 V_{IO} による出力電圧への影響 $\triangle V_o$ は，非反転増幅回路の式（6-33）となります．

$$\triangle V_o = \left(1 + \frac{R_f}{R_1}\right) V_{IO} \quad (6\text{-}33)$$

実際のオペアンプでは，バラツキによる影響が出ないように，それぞれのオフセットに対する補償を行います．**図6-18**のように入力オフセット電圧の補正は，図6-5 の初段の差動増幅回路のエミッタ電流を調整して入力のないときの出力をゼロに補正します．

図6-19についてオフセット電流 I_{IO} の影響を考えてみます．

まず，式（6-34）が成り立ちます．

$$I_1 = I_f + I_B^- \quad (6\text{-}34)$$

イマジナリショートが成り立つとすると，$V^+ = V^-$ が成立し，式（6-35）となります．

$$V^- = V^+ = -R_2 I_B^+ \quad (6\text{-}35)$$

また，I_1 に関して，式（6-35）を式（6-31）に代入すると，式（6-36）となります．

$$I_f = \frac{V^- - V_o}{R_f}$$

$$= \frac{-R_2 I_B^+ - V_o}{R_f} \quad (6\text{-}36)$$

式（6-34）に式（6-30），式（6-36）を代入して整理すると式（6-37）となります．

$$\frac{R_2 I_B^+}{R_1} = \frac{-R_2 I_B^+ - V_o}{R_f} + I_B^-$$

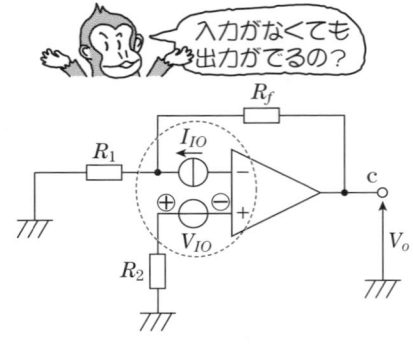

図6-16　オフセットの影響

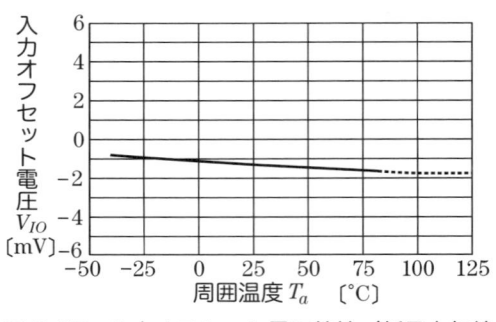

図6-17　入力オフセット電圧特性（新日本無線データシートより．NJM741）

$$I_B{}^- = \frac{R_2 I_B{}^+}{R_1} + \frac{R_2 I_B{}^+ + V_o}{R_f}$$

$$I_B{}^- = \frac{R_2 I_B{}^+}{R_1} + \frac{R_2 I_B{}^+}{R_f} + \frac{V_o}{R_f}$$

(6-37)

変形すると，V_o が式（6-38）のように求まります．ただし，$I_B = I_B{}^+ = I_B{}^-$ としています．

$$V_o = R_f I_B{}^- - \frac{R_f R_2 I_B{}^+}{R_1} - R_2 I_B{}^+$$

$$= R_f I_B{}^- - \left(\frac{R_f R_2}{R_1} - R_2\right) I_B{}^+$$

(6-38)

ここで，式（6-29）の関係式 $I_{IO} = |I_B{}^+ - I_B{}^-|$ から $I_B{}^- = I_B{}^+ - I_{IO}$ を式（6-38）に代入して整理すると，式（6-39）となります．

$$V_o = R_f(I_B{}^+ - I_{IO})$$

$$- \left(\frac{R_f R_2}{R_1} - R_2\right) I_B{}^+$$

$$= I_B{}^+ \left\{ R_f - \left(\frac{R_f R_2}{R_1} + R_2\right)\right\}$$

$$- R_f I_{IO}$$

(6-39)

$|R_f I_{IO}|$ はほぼ一定値と見なせるので，{ } の内部が 0 になると，$I_B{}^+$ による影響がなくなることになります．したがって，式（6-40）の関係となるように R_2 の値を決めることにより，オフセット電流 I_{IO} の影響を受けなくなります．

$$R_f - \left(\frac{R_f R_2}{R_1} + R_2\right) = 0$$

$$\therefore R_2 = \frac{R_1 R_f}{R_1 + R_f} \quad (6\text{-}40)$$

本来であれば，入力オフセット電流の補償回路も別に用意すればいいのですが，回路が複雑になるので，式（6-40）の関係となるように R_2 を選びます．この R_2 を**バイアス補償抵抗**といいます．これを式（6-39）に代入すると，式（6-41）となります．

$$V_o = -R_f I_{IO} \quad (6\text{-}41)$$

もし，補償抵抗 $R_2 = 0$，つまり，非反転端子に接続しないときには，出力電圧 V_o' は，式（6-38）から式（6-42）となります．

$$V_o' = R_f I_B{}^- \quad (6\text{-}42)$$

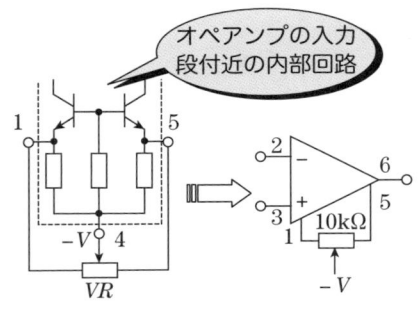

図 6-18　オフセットの調整方法

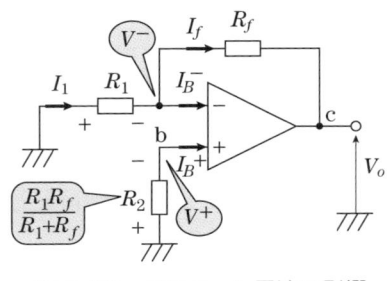

図 6-19　オフセット電流の影響

式（6-41），および式（6-42）により，$I_B^- \gg I_{IO}$ から $V_o' \gg V_o$ となるので，一般には補償抵抗 R_2 を付け安定させます．ところで，バイアス電流の影響についてはこのようになりましたが，バイアス電流の平均値を入力バイアス電流 I_B といい，式（6-43）で表します．

$$I_B = \frac{I_B^+ + I_B^-}{2} \quad (6\text{-}43)$$

オペアンプの入力段の差動増幅回路を動作させるには，このようにバイアス電流を流す必要があります．入力バイアス電流は，入力オフセット電流に比べると相当大きな値となります．**図6-20** に**入力バイアス電流特性**の例を示します．

(6) CMRR

オペアンプの入力段が理想的な差動増幅回路で構成されている場合には，非反転入力と反転入力に加えた信号の差分が増幅されて出力となります．しかし，オフセットの項でも述べたように，実際の差動増幅回路では，使用されるトランジスタの特性を完全に同一にはできないので，同じ振幅，位相の信号を同時に加えたとしても出力はゼロとはなりません．すなわち，出力される信号は，図 6-21 のように，**（差動入力×差動増幅度）**と**（同相入力×同相増幅度）**の和となります．2つの入力端子に同相信号を加えたときの増幅度と，差動信号を加えたときのこの増幅度の比を**同相信号除去比**（**CMRR**；common mode rejection ratio）といい式（6-44）で表されます．CMRR が大きな値であるほど高性能な差動増幅回路であることを示します．

$$\text{CMRR} = \frac{差動増幅度}{同相増幅度} \quad (6\text{-}44)$$

また，規格表では，式（6-45）で示され，汎用的なオペアンプでは，80dB 以上の値をとります．一般的には周波数 100Hz 以下で規定されますが，周波数が高くなると CMRR は劣化します．

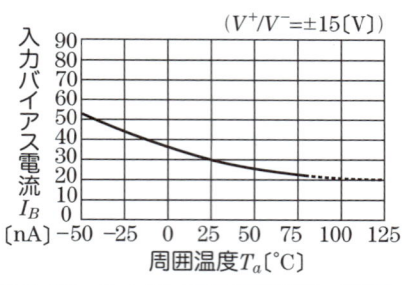

図 6-20　入力バイアス電流特性（新日本無線データシートより．NJM741）

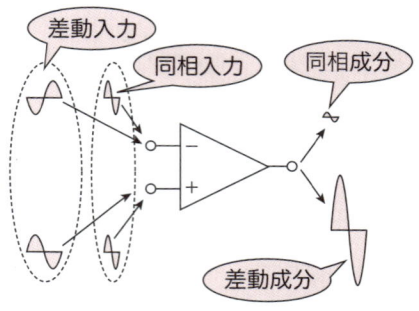

図 6-21　オペアンプの CMRR

$$\text{CMRR} = 20\log_{10}\frac{\text{差動増幅度}}{\text{同相増幅度}}\,\text{(dB)}$$

$$(6\text{-}45)$$

なお，メーカによっては，式（6-46）のように入力電圧の変化と入力オフセット電圧の変化の比と定義している場合もあります．

$$\text{CMRR} = \frac{\triangle \text{入力電圧}\ V_I}{\triangle \text{入力オフセット}\ V_O}$$

$$(6\text{-}46)$$

差動増幅回路は，2つの入力に同時に入る雑音を同相成分として打ち消す働きを利用して，信号の伝送などに使用されるので，CMRRが重要となります．

(7) スルーレート

現実のオペアンプでは，入力電圧が急激に変化すると，**図 6-22** のように出力電圧がその変化に追従できなくなります．このときの 1μs 当たりの出力電圧の変化率を表したものを**スルーレート（SR：slew rate）**と呼び，式（6-47）で表します．

$$\text{SR} = \left(\frac{\triangle V_o}{\triangle t}\right)_{\max}\,[\text{V}/\mu\text{s}]\quad(6\text{-}47)$$

さらに，図 6-22 のステップ電圧のような立ち上がりの速い波形だけでなく，正弦波に関しても，大振幅で周波数が高い場合にはスルーレートが問題となります．正弦波の振幅と周波数がスルーレートを超えると出力波形にひずみが発生するからです．いま，角周波数 ω $(=2\pi f_0)$ の正弦波出力 $V_m\sin\omega t$ について，出力電圧の最大変化率は，式（6-48）から ωV_m となります．

$$\frac{\mathrm{d}v_o(t)}{\mathrm{d}t} = \frac{\mathrm{d}}{\mathrm{d}t}V_m\sin\omega t$$

$$= \omega V_m\cos\omega t \qquad(6\text{-}48)$$

入力周波数 f_0 の単位を MHz で表すと，$2\pi f_0 V_m$ の単位は V/μs となるので，無ひずみで増幅するための条件は，式（6-49）で与えられます．

$$\text{SR} \geqq \omega V_m = 2\pi f_0 V_m\,[\text{V}/\mu\text{s}]$$

$$(6\text{-}49)$$

ところで，スルーレートの原因はおもに入力段増幅回路の飽和電流と負帰還をかけた場合に発振して動作が不安

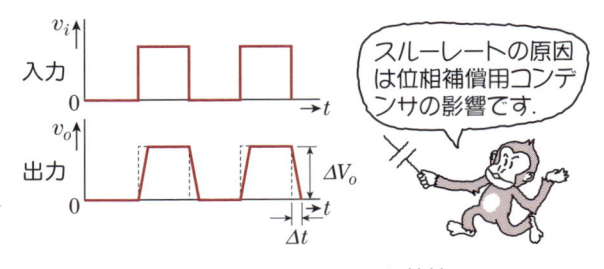

図 6-22　スルーレート特性

定にならないように挿入する**位相補償用コンデンサ**（数〜数十 pF．内蔵，または外付け）によるものです．つまり，使用されているトランジスタの電流供給能力の限界から補償用コンデンサを充電する能力に限界があり，速い変化の信号に追いつけずスルーレートが制限されるのです．標準的なオペアンプのスルーレートは 0.3 〜 10V/μs 程度ですが，高速オペアンプでは 25V/μs に達します．

例題 6-4 $f_0 = 10\text{kHz}$ の場合に，$V_m = \pm 10\text{V}$ とするために必要なスルーレートを求めましょう．

解答 式（6-49）から，

$$\text{SR} \geqq 2\pi f_0 V_m = 2\pi \times 10 \times 10^{-3} \times 10$$
$$= 0.628 \text{[μV/s]}$$

この式では，f_0 の単位を MHz としていることに注意しましょう．

例題 6-5 SR = 5V/μs のオペアンプがあります．このオペアンプで $\pm 10 V_p$ の正弦波をひずみなく何 kHz まで出力できるか求めましょう．

解答 式（6-49）から，

$$f_{\max} = \frac{\text{SR}}{2\pi V_m} = \frac{5}{2\pi \times 10}$$
$$= 0.0796 \text{[MHz]}$$
$$\fallingdotseq 80 \text{[kHz]}$$

6-3 演算回路

(1) 加算回路

図 6-23 のように，V_a，V_b，V_c のような複数の入力電圧を加算した値を V_o として出力する回路を **加算回路** といいます．いま，図のように入力側の抵抗 R_a，R_b，R_c に流れる入力電流を I_a，I_b，I_c とすると，オペアンプの入力インピーダンスは非常に大きいため，オペアンプ内に電流は流れ込まず，電流 I_f として帰還抵抗 R_f を流れるので式 (6-50)，式 (6-51) が成り立ちます．

$$I_f = I_a + I_b + I_c \tag{6-50}$$

$$\begin{aligned}V_o &= -I_f R_f \\ &= -(I_a + I_b + I_c) R_f\end{aligned} \tag{6-51}$$

また，非反転端子と反転端子はイマジナリショートで $V_s = 0$ と見なせるため，式 (6-52) が成り立ちます．

$$I_a = \frac{V_a}{R_a}, \quad I_b = \frac{V_b}{R_b}, \quad I_c = \frac{V_c}{R_c} \tag{6-52}$$

式 (6-51)，式 (6-52) から，式 (6-53) となります．

$$V_o = -\left(\frac{V_a}{R_a} + \frac{V_b}{R_b} + \frac{V_c}{R_c}\right) R_f \tag{6-53}$$

ここで，$R_a = R_b = R_c = R_f$ とすると，式 (6-53) は，式 (6-54) となり，出力電圧 V_o は，V_a，V_b，V_c の和となります．なお，$R_1 = R_a // R_f$ とします．

$$V_o = -(V_a + V_b + V_c) \tag{6-54}$$

以上のように，オペアンプを用いて加算回路を構成すれば，精度の高い演算結果を得ることができます．ただし，加算された出力電圧はオペアンプの電源電圧の電圧を超えることはできません．

例題 6-6 図 6-23 の回路で，$R_a = R_b = R_c = R_f = 1\text{k}\Omega$ としたときに，$V_a = 1\text{mV}$，$V_b = 2\text{mV}$，$V_c = 3\text{mV}$ を加え

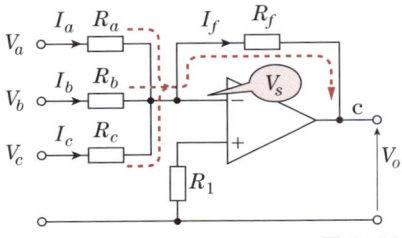

図 6-23　加算回路

たときの出力 V_o を求めなさい．また，R_1 を計算しなさい．

解答　式（6-54）から，
$$V_o = -(V_a + V_b + V_c) = -(1 + 2 + 3)$$
$$= -6 \text{ [mV]}$$

また，$R_1 = R_a // R_f$ から，
$$R_1 = \frac{R_a R_f}{R_a + R_f} = \frac{1 \times 1}{1 + 1}$$
$$= 0.5 \text{ [kΩ]} = 500 \text{ [Ω]}$$

(2) 減算回路

図 6-14 のオペアンプの差動増幅回路は，入力信号の差を出力するので，入力 V_a と V_b の差に比例した電圧 V_o を出力します．式（6-28）において，抵抗や電圧の記号を**図 6-24** に示すようにすると式（6-55）が得られ，**減算回路**として動作します．

$$V_o = \frac{R_f}{R_a}(V_b - V_a) \qquad (6\text{-}55)$$

ただし，$R_a = R_b$，$R_1 = R_f$ となるように値を選びます．

(3) 微分回路

図 6-25 に，オペアンプによる**微分回路**を示します．オペアンプの入力端子はイマジナリショートで $v_1 = 0$ と見なせるので，入力電圧 v_i でコンデンサ C に蓄積される電荷 q は，式（6-56）で示されます．

$$q = Cv_i \qquad (6\text{-}56)$$

この電荷 q を時間 t で微分すると，式（6-57）のように，コンデンサ C に流れる電流 i_C の式が得られます．

$$i_C = \frac{dq}{dt} = C\frac{dv_i}{dt} \qquad (6\text{-}57)$$

また，抵抗 R に流れる電流 i_R は式（6-58）となります．

$$i_R = -\frac{v_o}{R} \qquad (6\text{-}58)$$

オペアンプの入力抵抗は無限大と見なすことができるので，電流 i_C は抵抗 R にすべて流れ，電流 i_R に関して式（6-59）が成り立ちます．

$$i_C = i_R \qquad (6\text{-}59)$$

式（6-57），式（6-58）を式（6-59）に代入すると式（6-60）となります．

$$C\frac{dv_i}{dt} = -\frac{v_o}{R} \qquad (6\text{-}60)$$

式（6-60）を変形すると式（6-61）となり，$-CR$ を比例定数として，v_i を微分した値に比例した出力電圧 v_o が得られます．

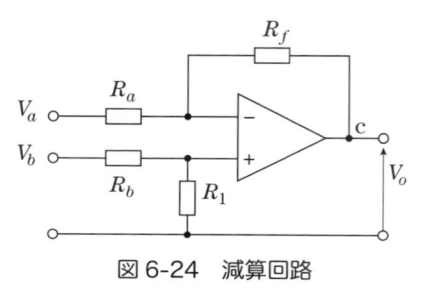

図 6-24　減算回路

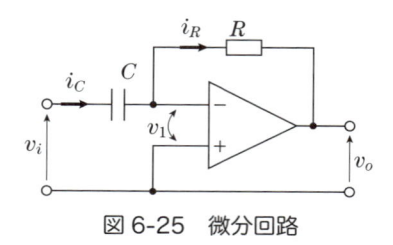

図 6-25　微分回路

$$v_o = -CR\frac{dv_i}{dt} \quad (6\text{-}61)$$

この回路の交流の増幅度 A_v は，式 (6-62) で示されます．

$$A_v = \frac{R_f}{\frac{1}{j\omega C}} = -j\omega CR_f \quad (6\text{-}62)$$

したがって，増幅度は周波数に比例して増大し，このままでは雑音が大きくなったり，発振したりするので実用とはなりません．実際の回路では，**図6-26** のように，コンデンサ C_1 に直列に抵抗 R_1 を接続します．この回路は式 (6-63) で示す周波数 f_c 以下では微分回路として動作し，高い周波数では反転増幅器として動作します．また，式 (6-64) で示す周波数 f_s で増幅度＝1 となります．

さらに，微分回路の雑音を低減するために，帰還抵抗 R_f に並列にコンデンサ C_2 を接続すると，式 (6-65) で示す f_p の周波数で特性が変化します．この回路の入出力波形は**図6-27** のようになります．以上の関係を**図6-28** に示します．

$$f_c = \frac{1}{2\pi C_1 R_1} \quad (6\text{-}63)$$

$$f_s = \frac{1}{2\pi C_1 R_f} \quad (6\text{-}64)$$

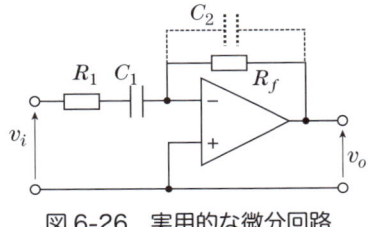

図6-26 実用的な微分回路

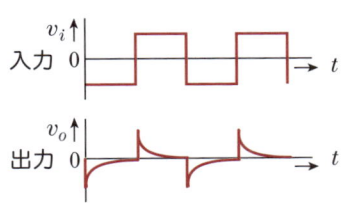

図6-27 微分回路の入出力波形

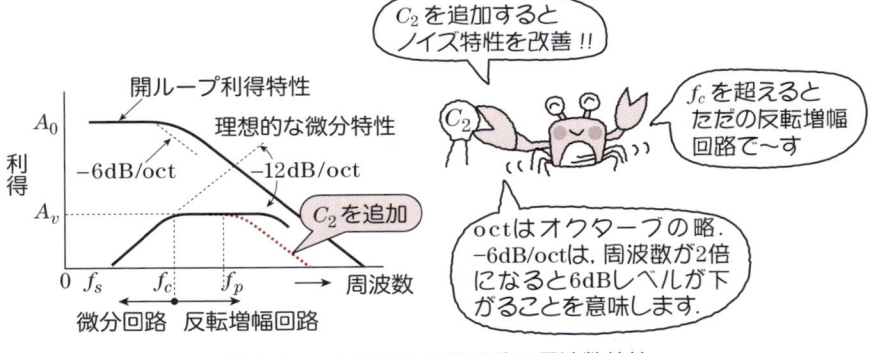

図6-28 実用的な微分回路の周波数特性

C_2 を追加するとノイズ特性を改善!!

f_c を超えるとただの反転増幅回路で～す

octはオクターブの略．-6dB/octは，周波数が2倍になると6dBレベルが下がることを意味します．

6-3 演算回路

$$f_p = \frac{1}{2\pi C_2 R_f} \quad (6\text{-}65)$$

例題 6-7 図 6-26 に関する式 (6-63) を導きなさい．

解答 微分回路の入力部の合成インピーダンス Z_i は，次の式(1)となります．

$$Z_i = R_1 + \frac{1}{j\omega C_1} \quad (1)$$

$$\therefore A_v = -\frac{R_f}{Z_i} = -\frac{R_f}{R_1 + \dfrac{1}{j\omega C_1}}$$

$$= -\frac{j\omega C_1 R_f}{1 + j\omega C_1 R_1}$$

$$|A_v| = \frac{\omega C_1 R_f}{\sqrt{1 + (\omega C_1 R_1)^2}} \quad (2)$$

・$1 \ll \omega C_1 R_1$ では増幅回路として動作

$$|A_v| = \frac{\omega C_1 R_f}{\omega C_1 R_1} = \frac{R_f}{R_1} \quad (3)$$

・$1 \gg \omega C_1 R_1$ では微分回路として動作

$$|A_v| = \omega C_1 R_f \quad (4)$$

したがって，周波数 f_c について，

$$\omega_c C_1 R_f = \frac{R_f}{R_1}$$

とおいて，

$$\therefore f_c = \frac{1}{2\pi C_1 R_1}$$

(4) 積分回路

図 6-29 に，オペアンプによる**積分回路**を示します．オペアンプの入力端子はイマジナリショートですから $v_1 = 0$ となり，式 (6-66) が成立します．

$$i_R = \frac{v_i}{R} \quad (6\text{-}66)$$

さらに，入力抵抗も無限大と見なすことができるので，抵抗 R に流れる電流 i_R はコンデンサ C にすべて流れることになり，式 (6-67) が成立することになります．

$$i_C = i_R \quad (6\text{-}67)$$

また，コンデンサ C の両端電圧は i_C を時間積分したものになり，v_o と等しくなるので，式 (6-68) が成立します．

$$v_o = -\frac{1}{C}\int i_R \mathrm{d}t$$

$$= -\frac{1}{CR}\int v_i \mathrm{d}t \quad (6\text{-}68)$$

このように，積分回路として動作するので，出力 v_o は入力電圧 v_i を積分した値に $-\dfrac{1}{CR}$ を比例定数にした電圧が取り出せることを示します．

この回路の交流の増幅度 A_v は，式 (6-69) で示されます．

$$A_v = \frac{\dfrac{1}{j\omega C}}{R_f} = -j\frac{1}{\omega C R_f} \quad (6\text{-}69)$$

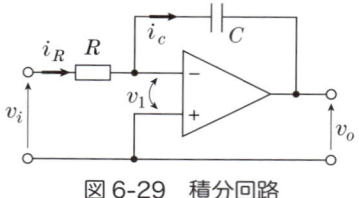

図 6-29 積分回路

実際に動作させると，式（6-69）から分かるように直流での増幅度が非常に大きくなるので，微小なオフセット電圧が大きく増幅されてしまいます．実用的な積分回路とするには，図6-30のように，帰還抵抗 R_f を追加し，直流での増幅度を下げて反転増幅器を構成しますが，一般には，10倍程度の増幅度となるようにします．この回路は式（6-70）で示す周波数 f_c 以下では反転増幅器として動作し，高い周波数では積分回路として動作します．また，式（6-71）で示す周波数 f_e で増幅度＝1となります．

$$f_c = \frac{1}{2\pi CR_f} \quad (6\text{-}70)$$

$$f_e = \frac{1}{2\pi CR} \quad (6\text{-}71)$$

この回路の入出力波形は，図6-31のようになります．以上の関係を図6-32に示します．

例題 6-8 図6-30に関する式(6-70)を導きなさい．

解答 積分回路の帰還部の合成インピーダンス Z_f は，次の式(1)となります．

$$Z_f = \frac{\frac{R_f}{j\omega C}}{\frac{R_f}{1+j\omega C}} = \frac{R_f}{1+j\omega CR_f} \quad (1)$$

$$\therefore A_v = -\frac{Z_f}{R} = -\frac{\frac{R_f}{1+j\omega CR_f}}{R}$$

$$= -\frac{R_f}{R(1+j\omega CR_f)}$$

$$|A_v| = \frac{R_f}{R} \cdot \frac{1}{\sqrt{1+(\omega CR_f)^2}} \quad (2)$$

図6-30 実用的な積分回路

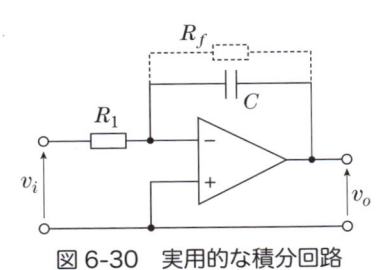

図6-31 積分回路の入出力波形

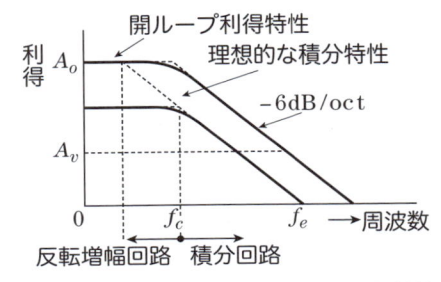

R_f がないとオフセットの影響大

図6-32 実用的な積分回路の周波数特性

6-3 演算回路

ここで，$1 \ll \omega CR_f$ では積分回路として動作します．

$$|A_v| = \frac{R_f}{R} \cdot \frac{1}{\omega CR_f} = \frac{1}{\omega CR} \quad (3)$$

$1 \gg \omega CR_f$ では積分回路として動作せずに増幅器として動作します．

$$|A_v| = \frac{R_f}{R} \quad (4)$$

したがって，周波数 f_c について，

$$\frac{1}{\omega C_c R} = \frac{R_f}{R}$$

とおいて，

$$\therefore f_c = \frac{1}{2\pi CR_f}$$

例題6-9 図6-30の積分回路で，$R = 10\text{k}\Omega$，$R_f = 100\text{k}\Omega$，$C = 0.005\mu\text{F}$ の場合の周波数 f_c，f_e を求めなさい．

解答 式 (6-70)，式 (6-71) から，

$$f_c = \frac{1}{2\pi CR_f}$$

$$= \frac{1}{2 \times \pi \times 0.005 \times 10^{-6} \times 100 \times 10^3}$$

$$= 318.5 \text{ [Hz]}$$

$$f_e = \frac{1}{2\pi CR}$$

$$= \frac{1}{2 \times \pi \times 0.005 \times 10^{-6} \times 10 \times 10^3}$$

$$= 3.185 \text{ [kHz]}$$

6-4 パルス発生回路

　オペアンプを用いて，方形波を発振する回路を構成することができます．第4章 発振回路でトランジスタを用いた非安定型マルチバイブレータを紹介しましたが，ここでは**図6-33**に示す，オペアンプによる**非安定型マルチバイブレータ**の動作について説明します．まず，図6-33のように，電源投入時のような初期状態ではコンデンサCの電荷は0なので反転入力の電圧v_aは0V，出力v_oが$+V_o$（電源電圧は$\pm V_o$とします）となります．このとき，非反転入力の電圧v_bは，R_1とR_2で分圧され式（6-72）となります．

$$v_b = \frac{R_2}{R_1 + R_2} V_o \quad (6\text{-}72)$$

　出力電圧$+V_o$によって，抵抗R_fを介してコンデンサCに充電電流が流れます．電荷が溜まることによってコンデンサCの電位が上昇するので，反転入力の電圧v_aも上昇することになり，式（6-72）の電圧v_bを超えた瞬間に出力v_oは$-V_o$に達し，$v_a > v_b$となります．

　このとき出力$v_o = -V_o$となっているので，電圧v_bは式（6-73）となります．

$$v_b = -\frac{R_2}{R_1 + R_2} V_o \quad (6\text{-}73)$$

　この出力電圧$-V_o$によって抵抗R_fを介してコンデンサCに蓄えられていた電荷は，図6-33のように放電電流として流れ，コンデンサCの電位が低下します．同時に，反転入力の電圧v_aも下降することになり，式（6-73）の電圧v_bより低下した瞬間に出力v_oは$+V_o$に反転します．

図 6-33　オペアンプを用いた非安定型マルチバイブレータ回路

以上の動作は繰り返されることになり，結果として電圧 v_a は図 6-34 (a) に示すように，三角波状の波形となり，同時に，出力 v_o は，$\pm V_o$ の振幅をもったデューティ 50% の方形波となります．周期 T は図 6-34(b) のように，$\dfrac{R_2}{R_1+R_2}V_o$ から $-\dfrac{R_2}{R_1+R_2}V_o$ まで v_a が変化する時間の 2 倍となり，式の誘導の説明は割愛しますが 1 周期 T は，式（6-74）で求めることができます．

$$T = 2R_f C \ln \frac{R_1 + 2R_2}{R_1} \quad (6\text{-}74)$$

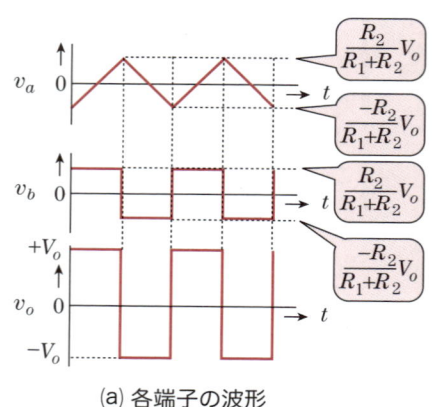

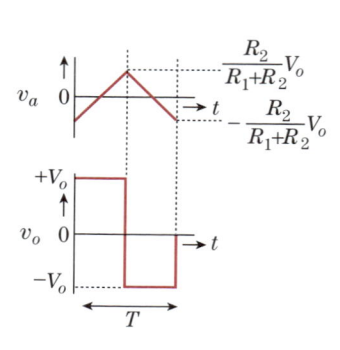

(a) 各端子の波形　　(b) 1 周期の波形

図 6-34　非安定型マルチバイブレータの波形

＜単安定型マルチバイブレータ＞

オペアンプを用いた単安定型マルチバイブレータ回路を示します．単安定型マルチバイブレータは，入力されたトリガパルスと同じ数の方形波を出力する回路です．

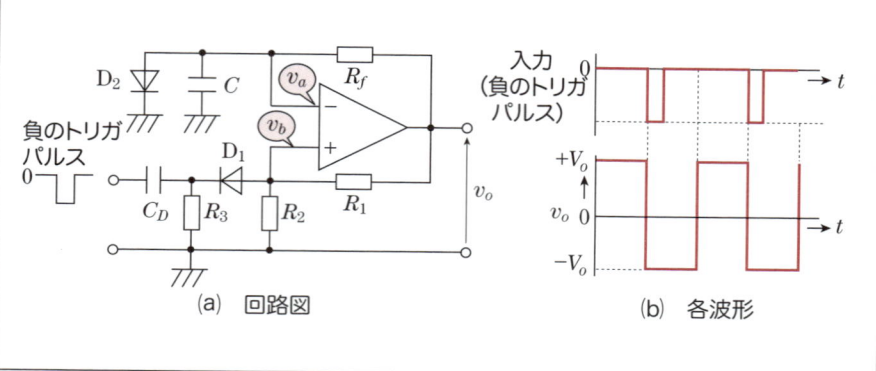

(a) 回路図　　(b) 各波形

第 6 章　オペアンプ

例題 6-10 図 6-33 の非安定マルチバイブレータで，$R_1 = 100\text{k}\Omega$，$R_2 = 10\text{k}\Omega$，$R_f = 33\text{k}\Omega$，$C = 0.1\mu\text{F}$ の場合の周期 T，発振周波数 f を求めなさい．

解答 式（6-74）から，

$$T = 2R_f C \ln\frac{R_1 + 2R_2}{R_1}$$

$$= 2 \times 33 \times 10^3 \times 0.1 \times 10^{-6}$$
$$\times \ln\frac{100 \times 10^3 + 2 \times 10 \times 10^3}{100 \times 10^3}$$
$$= 1.2 \text{[ms]}$$

$$f = \frac{1}{T} = 833.3 \text{[Hz]}$$

章末問題 6

1 オペアンプの特徴を説明しなさい．

2 次の用語について説明しなさい．
① CMRR ② イマジナリショート ③ オフセット電圧 ④ スルーレート

3 次の図 6-35, 図 6-36 の名称と出力電圧 V_o を求める式を書きなさい．

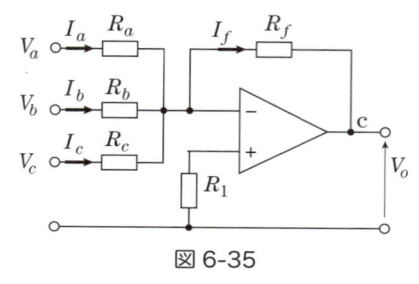

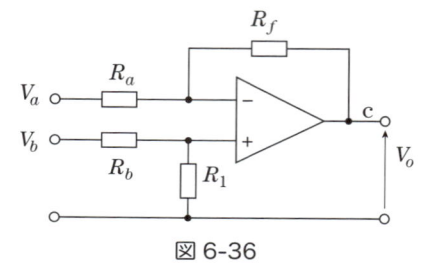

図 6-35

図 6-36

4 次のオペアンプに関する文章について，正しいものを選びなさい．

① オペアンプの非反転入力と反転入力は，常にイマジナリショート状態となっている．

② オペアンプの入力インピーダンスは，非常に大きいが，回路構成によっては，入力インピーダンスは常に無限大とはならない．

③ オペアンプの微分回路の実用回路は，入力側の抵抗と直列にコンデンサを接続する．

④ オペアンプの積分回路の実用回路は，帰還抵抗をコンデンサと並列に接続する．

⑤ オペアンプを動作させるためには入力部の差動増幅器にバイアス電流を流す必要がある．

5 図 6-37 に示す回路の入力オフセット電圧が 2mV であった場合，出力オフセット電圧を求めなさい．また，オフセット電圧をゼロにするためバイアス補償抵抗 R_1 をいくらにすればよいでしょうか．

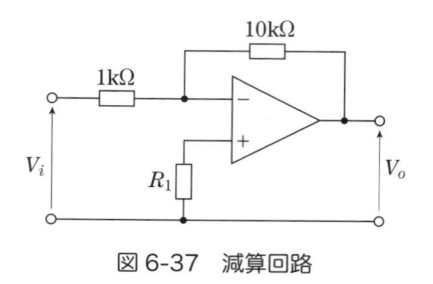

図 6-37　減算回路

第7章 電源回路

　各種の電子回路を動作させるには直流電源が必要になります．この電源を供給するための回路が電源回路です．電源回路は，一般に，変圧回路，整流回路，平滑回路，安定化回路から構成されます．この章では，それぞれの回路の動作原理や使用方法の基礎知識について解説します．

7-1 電源回路

(1) 電源回路とは

交流を直流に変換する回路を**電源回路**といい，**コンバータ**（convertor）と呼ぶ場合もあります．次の**図 7-1**のような回路構成が一般的で，大まかな流れとしては，変圧回路で交流を適切な電圧に変換し，整流回路によって直流に変換します．この段階では完全な直流ではない**脈流**（リプル成分）となり，次の**平滑回路**で脈流を低減してほぼ完全な直流にし，さらに，安定な電圧を保てるように**安定化回路**で出力となる直流電圧を一定電圧に安定化させます．

(2) 変圧回路

変圧回路は，例えば，商用電源の交流入力電圧 100V を 5～30V 程度まで降圧させる回路です．一般に**図 7-2** (a)に示す**トランス（変圧器）**が用いられ，記号で表すと図 7-2 (b)のようになります．ただし，N_1, V_1, I_1 は一次側の巻数，電圧の実効値，電流の実効値を示し，同様に，N_2, V_2, I_2 は二次側の各値について示します．図で入力巻線（一次側）の交流電流 I_1 の変化により発生する磁束の変化が，巻数 N_1, N_2 のコイルの相互インダクタンスで結合された出力巻線（二次側）に

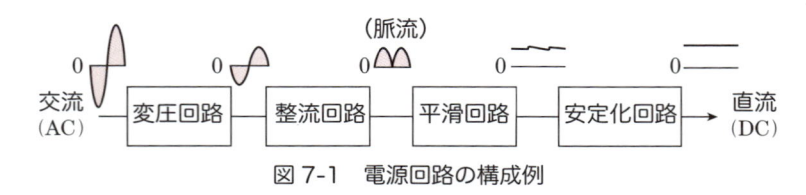

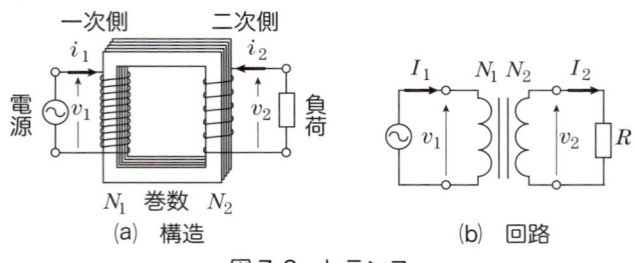

図 7-1　電源回路の構成例

図 7-2　トランス

誘導され，交流電流 I_2 に変換されます．巻数比を n とすると式（7-1）が成立しますが，電流比が巻数比に反比例することに注意してください．

$$n = \frac{N_1}{N_2} = \frac{V_1}{V_2} = \frac{I_2}{I_1} \quad (7\text{-}1)$$

また，一次側，二次側の電力 P は，式（7-2）に示す関係が成立します．

$$P = V_1 I_1 = V_2 I_2 \quad (7\text{-}2)$$

変圧回路は，この式から分かるように，電圧や電流は変換できても電力は変化しません．また，トランスには，鉄損や銅損などのエネルギーの損失があるので，すべての電力を二次側に伝えられません．なお，**鉄損**は鉄心にコイルを巻き，交流で磁化したときに失われる電気エネルギーを表し，**銅損**は，負荷電流が流れてコイルの導線の抵抗によって失われる電気エネルギーを表します．

例題 7-1 一次定格電圧 120V，二次定格電圧 24V のトランスについて，次の設問に答えなさい．

① 一次電圧が 110V に低下したときの二次電圧はいくらか．

② 二次電圧が 30V のときの一次電圧を求めなさい．

③ 一次コイルが 1000 回のときの二次コイルの巻数はいくらか．

解答

① まず，式（7-1）から巻数比を求めます．

$$n = \frac{N_1}{N_2} = \frac{V_1}{V_2} = \frac{120}{24} = 5$$

$$V_2 = \frac{V_1}{n} = \frac{110}{5} = 22 \text{ [V]}$$

② $V_1 = nV_2 = 5 \times 30\text{V} = 150 \text{ [V]}$

③ $N_2 = \frac{N_1}{n} = \frac{1000}{5} = 200$ 回

(3) 整流回路

交流を直流に変換する整流回路には，第 1 章 2 節で説明したダイオードの整流作用を利用します．

ⓐ 半波整流回路

半波整流回路は，図 7-3 のように接続したダイオードの整流作用により，順方向電圧がかかる正の半周期だけ正の電圧が取り出せる回路です．式（7-3）の電圧を加えたときの出力電流 i は，式（7-4）で表されます．なお，

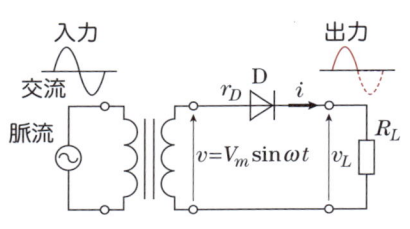

図 7-3 半波整流回路

7-1 電源回路

ダイオードを逆に接続すると負の電圧を取り出すことができます．

$$v = V_m \sin \omega t \quad (7\text{-}3)$$

$$\left.\begin{array}{l} i = \dfrac{V_m}{r_d + R_L} \sin \omega t = I_m \sin \omega t \\ \quad (0 \leq \omega t \leq \pi : 正の半周期) \\ i = 0 \\ \quad (\pi \leq \omega t \leq 2\pi : 負の半周期) \\ ただし，I_m = \dfrac{V_m}{r_d + R_L} \end{array}\right\}$$

$$(7\text{-}4)$$

したがって，負荷の端子電圧 v_L は，式（7-5）のようになります．

$$\left.\begin{array}{l} v_L = iR_L = \dfrac{R_L}{r_d + R_L} V_m \sin \omega t \\ \quad (0 \leq \omega t \leq \pi : 正の半周期) \\ v_L = 0 \\ \quad (\pi \leq \omega t \leq 2\pi : 負の半周期) \end{array}\right\}$$

$$(7\text{-}5)$$

また，正弦波交流の平均値 I_a は，式（7-6）で表されます．

$$I_a = \frac{1}{\pi} \int_0^\pi I_m \sin \omega t \, d\omega t$$

$$= \frac{I_m}{\pi} [-\cos \omega t]_0^\pi$$

$$= \frac{I_m}{\pi} \{-\cos \pi - (-\cos 0)\}$$

$$= \frac{2}{\pi} I_m \quad (7\text{-}6)$$

半波整流では，さらに，その $\dfrac{1}{2}$ の大きさの電流 I_{DC} となるため，式（7-7）となります．

$$I_{DC} = \frac{I_m}{\pi} \quad (7\text{-}7)$$

したがって，負荷の端子電圧 V_{DC} は，式（7-8）となります．

$$V_{DC} = I_{DC} R_L = \frac{I_m}{\pi} R_L$$

$$= \frac{V_m}{\pi} \frac{R_L}{r_d + R_L}$$

$$= \frac{V_m}{\pi} \left(\frac{r_d + R_L - r_d}{r_d + R_L} \right)$$

$$= \frac{V_m}{\pi} \left(1 - \frac{r_d}{r_d + R_L} \right)$$

$$= \frac{V_m}{\pi} - I_{DC} r_d \quad (7\text{-}8)$$

図 7-4 に入力電圧と出力電流の関係を示します．

次に，負荷電流の実効値 I_rms を求

> 半分しか通らないので γ は 100% を超えてしまいます

図 7-4　半波整流回路の入出力波形

める式,

$$I_{\mathrm{rms}} = \sqrt{\frac{1}{2\pi}\int_0^{2\pi} i^2 \, \mathrm{d}\omega t}$$

について,電流が流れるのは半周期なので,$0 \sim \pi$ までを定積分の範囲とし,$\pi \sim 2\pi$ を0として求めると,式(7-9)となります.

$$\begin{aligned}
I_{\mathrm{rms}} &= \sqrt{\frac{1}{2\pi}\int_0^{\pi} (I_m \sin\omega t)^2 \, \mathrm{d}\omega t} \\
&= \sqrt{\frac{I_m^2}{2\pi}\int_0^{\pi} \sin^2\omega t \, \mathrm{d}\omega t} \\
&= \sqrt{\frac{I_m^2}{2\pi}\int_0^{\pi} \frac{1-\cos 2\omega t}{2} \, \mathrm{d}\omega t} \\
&= \sqrt{\frac{I_m^2}{2\pi}\left[\frac{\omega t}{2} - \frac{\sin 2\omega t}{4}\right]_0^{\pi}} \\
&= \frac{I_m}{2} \qquad (7\text{-}9)
\end{aligned}$$

リプル率 γ は,式(7-10)のように,整流された電圧,または電流についての全交流成分の実効値と直流成分(平均値)の大きさの比で表されます.

$$\gamma = \frac{\text{全交流成分の実効値}}{\text{直流値(平均値)}} \qquad (7\text{-}10)$$

ここで,負荷に流れる電流 i に含まれる交流成分の瞬時値を i_r,その交流成分の実効値を I_r,負荷電流の実効値を I_{rms},直流成分を I_{DC} とすると,式(7-11),式(7-12)が成り立ちます.

$$i = I_{DC} + i_r \qquad (7\text{-}11)$$
$$I_{\mathrm{rms}}^2 = I_{DC}^2 + I_r^2 \qquad (7\text{-}12)$$

これらを,式(7-10)に当てはめると式(7-13)が成り立ちます.

$$\begin{aligned}
\gamma &= \frac{I_r}{I_{DC}} \\
&= \frac{\sqrt{I_{\mathrm{rms}}^2 - I_{DC}^2}}{I_{DC}} \qquad (7\text{-}13)
\end{aligned}$$

したがって,リプル率 γ は式(7-14)のようになります.

$$\begin{aligned}
\gamma &= \frac{I_r}{I_{DC}} \\
&= \frac{\sqrt{\left(\frac{I_m}{2}\right)^2 - \left(\frac{I_m}{\pi}\right)^2}}{\frac{I_m}{\pi}} \\
&= \sqrt{\frac{\pi^2}{4} - 1} \\
&\fallingdotseq 1.21 \rightarrow 121\,[\%] \qquad (7\text{-}14)
\end{aligned}$$

γ は,小さいほどよいため,実際の電子回路に用いるには,後述の平滑回路と組み合わせる必要があります.

次に,**整流効率** η は式(7-15)で求めることができます.ただし,P_{DC} は直流電力,P_{AC} は入力の交流電力を表します.

$$\eta = \frac{P_{DC}}{P_{AC}} \qquad (7\text{-}15)$$

ここで,P_{DC} は,式(7-7)から式(7-16)で表されます.

$$\begin{aligned}
P_{DC} &= I_{DC}^2 R_L \\
&= \left(\frac{I_m}{\pi}\right)^2 R_L \\
&= \frac{I_m^2}{\pi^2} R_L \qquad (7\text{-}16)
\end{aligned}$$

また,P_{AC} は式(7-9)から式(7-17)

で表されます．

$$P_{AC} = I_{\rm rms}^2(r_d + R_L)$$
$$= \left(\frac{I_m}{2}\right)^2(r_d + R_L)$$
$$= \frac{I_m^2}{4}(r_d + R_L) \quad (7\text{-}17)$$

式（7-16），および式（7-17）から，

$$\eta = \frac{P_{DC}}{P_{AC}}$$
$$= \frac{\dfrac{I_m^2}{\pi^2}R_L}{\dfrac{I_m^2}{4}(r_d + R_L)}$$
$$= \frac{4}{\pi^2}\frac{R_L}{r_d + R_L} \quad (7\text{-}18)$$

ここで，$r_d \ll R_L$ が成立すると，ダイオードの内部抵抗 r_d は無視できるので，

$$\eta = \frac{P_{DC}}{P_{AC}} = \frac{4}{\pi^2} \fallingdotseq 0.406$$
$$\to \ 40.6〔\%〕 \quad (7\text{-}19)$$

となり，効率は最大でも40％程度に過ぎないことが分かります．

以上のことから，半波整流回路は，シンプルな構成ですが，リプルが多く整流効率も良くないことが分かります．また，半波整流器回路は，トランスの二次側コイルに一方向の電流（直流）しか流れないので，**直流偏磁**になり鉄心が磁気飽和を起こします．その結果，損失が増大し利用率が低下するので比較的小容量の電源に用いられます．ところで，電源回路の特性を表す整流効率 η，リプル率 γ について説明

しましたが，それ以外に負荷の変化による出力電圧の**電圧変動率** δ があります．出力電流が0となる無負荷時の出力電圧を V_0，負荷を接続したときの出力電圧を V_L とすれば式（7-20）が成立します．δ の値が小さいほど良い電源であるといえます．

$$\delta = \frac{V_0 - V_L}{V_L} \times 100〔\%〕 \quad (7\text{-}20)$$

例題 7-2 無負荷時の出力電圧が9Vの電源回路に負荷を接続したときに，出力電圧が8.5Vに変化しました．この電源回路の電圧変動率を求めなさい．

解答

$$\delta = \frac{V_0 - V_L}{V_L} \times 100$$
$$= \frac{9 - 8.5}{8.5} \times 100$$
$$\fallingdotseq 5.9〔\%〕$$

(b) **全波整流回路**

全波整流回路は，図7-5のように接続した2つのダイオードの整流作用により，正の半周期と負の半周期のどちらも，負荷に同じ方向に順方向電圧

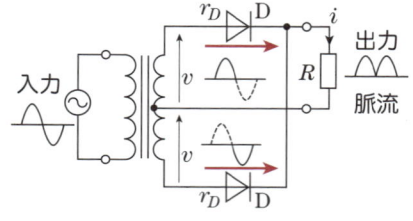

図7-5　全波整流回路

がかかります．この結果，図 7-6 のように，全周期にわたって，正の電圧が取り出せる回路で，**両波整流回路**とも呼ばれます．したがって，直流電流 I_{DC} は，正弦波交流の式（7-6）の平均値 I_a と等しくなり，負荷電流の実効値 I_{rms} は，式（7-21）のようになります．

$$\begin{aligned}
I_{\text{rms}} &= \sqrt{\frac{1}{2\pi}\int_0^{2\pi} i^2\,d\omega t} \\
&= \sqrt{\frac{1}{\pi}\int_0^{\pi}(I_m\sin\omega t)^2\,d\omega t} \\
&= \sqrt{\frac{I_m{}^2}{\pi}\int_0^{\pi}\sin^2\omega t\,d\omega t} \\
&= \sqrt{\frac{I_m{}^2}{\pi}\int_0^{\pi}\frac{1-\cos 2\omega t}{2}\,d\omega t} \\
&= \sqrt{\frac{I_m{}^2}{\pi}\left[\frac{\omega t}{2} - \frac{\sin 2\omega t}{4}\right]_0^{\pi}} \\
&= \frac{I_m}{\sqrt{2}} \quad\quad (7\text{-}21)
\end{aligned}$$

以上の結果から，式（7-22）が成立します．

$$\left.\begin{aligned} I_{DC} &= \frac{2}{\pi}I_m \\ I_{rms} &= \frac{I_m}{\sqrt{2}} \end{aligned}\right\} \quad (7\text{-}22)$$

したがって，リプル率 γ は式（7-23）のようになります．

$$\begin{aligned}
\gamma &= \frac{I_r}{I_{DC}} = \frac{\sqrt{I_{\text{rms}}{}^2 - I^2{}_{DC}}}{I_{DC}} \\
&= \frac{\sqrt{\left(\dfrac{I_m}{\sqrt{2}}\right)^2 - \left(\dfrac{2}{\pi}I_m\right)^2}}{\dfrac{2}{\pi}I_m} \\
&= \sqrt{\left(\frac{\pi}{2\sqrt{2}}\right)^2 - 1} \\
&\fallingdotseq 0.483 \;\to\; 48.3[\%] \quad (7\text{-}23)
\end{aligned}$$

全波整流回路は，半波整流回路と比較すると連続した脈流であることから，出力リプルは入力周波数の 2 倍になり改善されるのですが，電子回路の電源として用いるには，後述の平滑回路と組み合わせる必要があります．

次に，整流効率 η は半波整流回路同様に，式（7-15）で求めることができます．

ここで，P_{DC} は，式（7-22）から式（7-24）で表されます．

$$P_{DC} = I_{DC}{}^2 R_L = \left(\frac{2I_m}{\pi}\right)^2 R_L$$

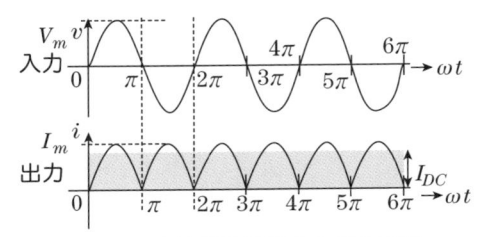

図 7-6 全波整流回路の入出力波形

$$= \frac{4I_m^2}{\pi^2} R_L \qquad (7\text{-}24)$$

また，P_{AC} は式 (7-22) から式 (7-25) で表されます．

$$\begin{aligned} P_{AC} &= I_{\text{rms}}^2 (r_d + R_L) \\ &= \left(\frac{I_m}{\sqrt{2}}\right)^2 (r_d + R_L) \\ &= \frac{I_m^2}{2} (r_d + R_L) \qquad (7\text{-}25) \end{aligned}$$

式 (7-24)，および式 (7-25) から，

$$\begin{aligned} \eta = \frac{P_{DC}}{P_{AC}} &= \frac{\dfrac{4I_m^2}{\pi^2} R_L}{\dfrac{I_m^2}{2}(r_d + R_L)} \\ &= \frac{8}{\pi^2} \frac{R_L}{r_d + R_L} \qquad (7\text{-}26) \end{aligned}$$

ここで，$R_d \ll R_L$ が成立すると，R_d は無視できるので，

$$\eta = \frac{P_{DC}}{P_{AC}} = \frac{8}{\pi^2}$$

$$\fallingdotseq 0.811 \rightarrow 81.1 [\%] \qquad (7\text{-}27)$$

となり，効率は最大で80％程度に達し，半波整流回路に比べ2倍になり，リプル率も大幅に改善されています．図7-5に示したように，センタタップで分割されるそれぞれの二次巻線には半周期しか電流は流れませんが，交互に鉄心の磁束が発生するので，直流偏磁の影響はほとんどなくなります．ダイオードの逆耐電圧は，半波整流を組み合わせた値と考えられるので，トランスの二次側交流電圧の2倍以上必要です．

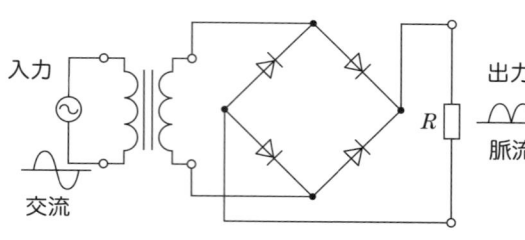

(c) ブリッジ整流回路

ブリッジ整流回路は，**図7-7**のようにダイオード4個を組み合わせ，両波整流回路と同様に入力の交流の全周期を利用して整流するものです．センタタップは不要で，二次巻線の巻き数も半波整流回路と同じです．基本的な動作は，前項の全波整流回路と同様です．**図7-8，図7-9**に正と負の半周期の電流の経路を示します．全波整流回路は，半波整流回路と比較すると連続した脈流であることから，出力リプルは，入力周波数の2倍になりリプル率が大幅に改善されています．図7-8のように，ブリッジ整流回路では経路当たり2個のダイオードを通過することになるので，ダイオードによる電圧降下が半波整流回路の2倍になります．

ダイオードの逆耐電圧は，電流の経

図7-7　ブリッジ整流回路

路にダイオードが直列に接続されるので，トランスの二次側交流電圧の 1.5 倍以上で済みます．また，トランスに交互に二次電流が流れるので直流偏磁の影響もほとんどありません．

(d) **倍電圧整流回路**

倍電圧整流回路は，図 7-10，図 7-11 のようにダイオードとコンデン

図 7-8　半周期の整流の流れ(1)

図 7-9　半周期の整流の流れ(2)

図 7-10　半波倍電圧整流回路

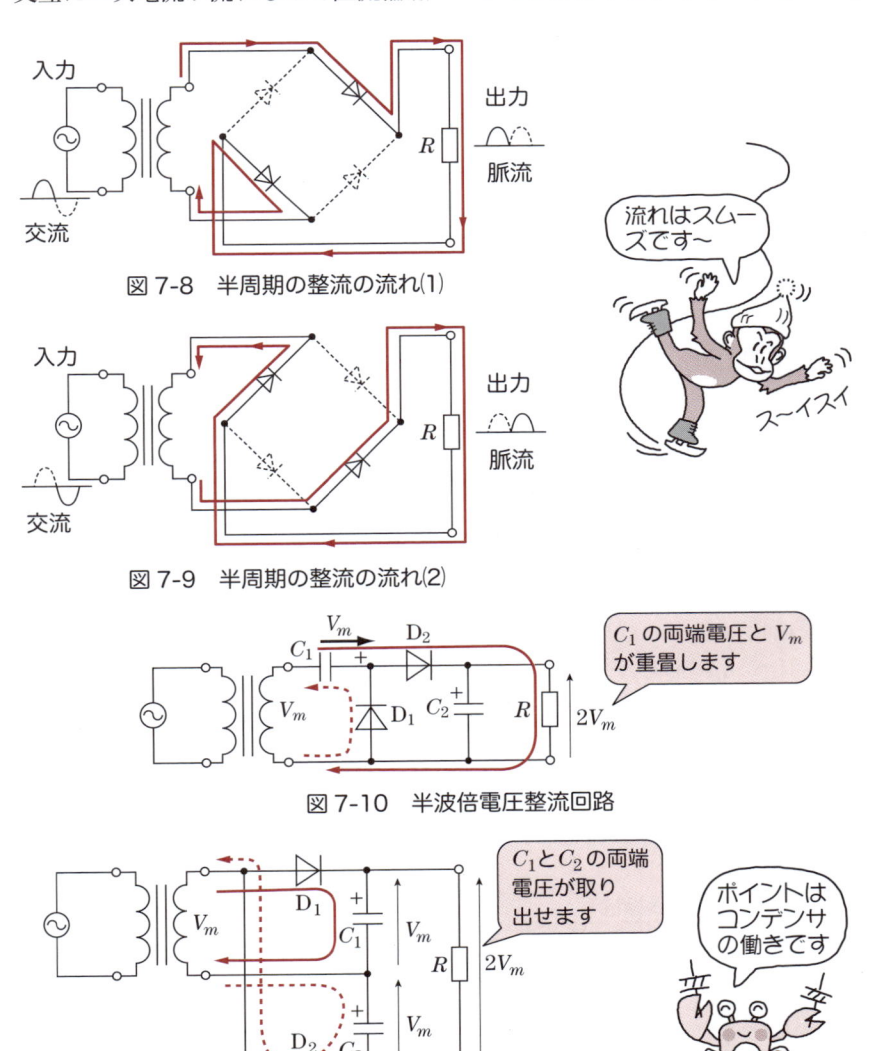

図 7-11　全波倍電圧整流回路

7-1　電源回路

サを組み合わせることで，トランスの出力電圧以上の直流電圧を発生する回路です．図 7-10 の**半波倍電圧整流回路**の場合，交流の負の半周期では破線の経路のようにダイオード D_1 が導通してコンデンサ C_1 を充電し，正の半周期では実線の経路のように，ダイオード D_2 が導通し，トランスの出力電圧 V_m とコンデンサ C_1 の電圧が重畳されてコンデンサ C_2 が充電されます．その結果，出力に 2 倍の電圧 $2V_m$ を取り出すことができますが，コンデンサに蓄えられた電荷を取り出して電圧を作るため，大きな電流は取り出せず，電源回路としてはあまり用いられません．図 7-11 の**全波倍電圧整流回路**の場合，交流の正の半周期では実線の経路のようにダイオード D_1 が導通してコンデンサ C_1 を充電し，負の半周期では点線の経路のようにダイオード D_2 が導通しコンデンサ C_2 が充電されます．そして，出力には，直列に接続された C_1，C_2 の両端電圧 V_m の 2 倍の電圧 $2V_m$ を取り出すことができます．しかし，半波倍電圧整流回路同様に大きな電流は取り出せないので，電源回路としてはあまり用いられません．

(4) 平滑回路

平滑回路は，整流回路から出力される脈流の交流成分を抑制して直流に近い状態へと平滑し，電子回路の電源として利用できるようにするフィルタ回路の一種です．代表的な平滑回路には，図 7-12 に示す**コンデンサ入力形**と**チョーク入力形**がよく用いられますが，インダクタンスを用いたチョーク入力形は，コイルが大きく高価になるため，コンデンサ入力形が一般には用いられます．

半波整流回路に，コンデンサ入力形平滑回路を組み合わせた**コンデンサ入力形半波整流回路**を図 7-13，その出力波形を図 7-14 に示します．なお，

(a) コンデンサ入力形　(b) チョーク入力形
図 7-12　平滑回路

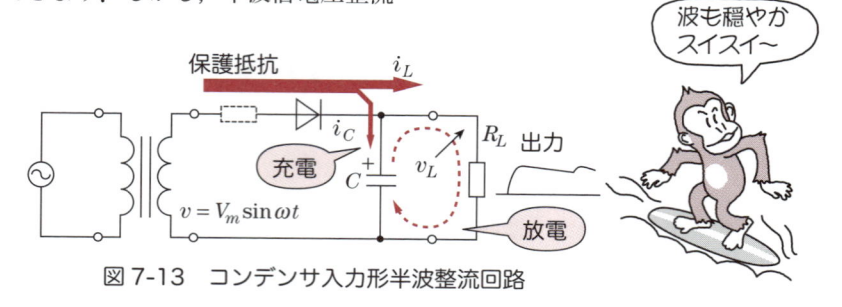

図 7-13　コンデンサ入力形半波整流回路

保護抵抗は，電源投入時にコンデンサに流れる突入電流によって，ダイオードが破壊されないように電流を制限するために入れます．この波形で，点線の脈流波形はトランスの二次側に誘起される端子電圧を示し，実線は平滑後の出力波形を示しています．ここで用いる半波整流回路は，ダイオードの順方向電圧がかかる正の半周期だけ正の電圧で充電され電荷が蓄積されます．このコンデンサに蓄えられた電荷が負の半周期に放電されることにより電圧が維持されることになりますが，負荷がある場合には，負の半周期にコンデンサの電荷の放電により出力電圧が図7-14のように低下します．**図7-15**に示すように正の半周期にコンデンサの電圧を超えたとき，ダイオードに間欠的に電流が流れて電荷が蓄積されることになり，放電した電荷を補います．このときの放電の時定数 τ は，コンデンサ C と負荷抵抗 R_L によって，$\tau = CR_L$ として決まり，負荷抵抗の端子電圧 V_L は，$V_{\max} \exp\left(\dfrac{-t}{CR_L}\right)$ に沿って放電カーブを描きながら減少していきます．

また，**図7-16**のように，コンデンサ入力形の場合のリプル波形を振幅 $\triangle V_L$ ののこぎり波で近似すると，直流電流 I_{dc} は，式（7-28）となります．ただし，放電電荷 $\triangle Q$ は，周期 T の期間に $2\triangle V_L$ だけ低下するので，$\triangle Q = 2C\triangle V_L$ としています．

$$I_{dc} = \frac{\triangle Q}{T} = \frac{2C\triangle V_L}{T}$$
$$= 2fC\triangle V_L \qquad (7\text{-}28)$$

ここで，のこぎり波 $\triangle V_L$ の実効値 $V_{Lrms} = \dfrac{\triangle V_L}{\sqrt{3}}$ から，式（7-28）は，次の式（7-29）となります．

$$I_{dc} = 2\sqrt{3}\, fC\triangle V_{Lrms} \qquad (7\text{-}29)$$

さらに，出力電圧 $V_{dc} = V_{\max} - \triangle V_L$

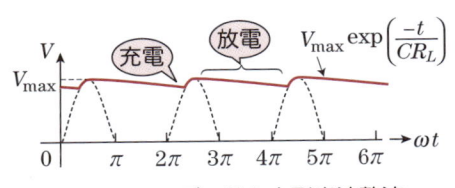

図7-14 コンデンサ入力形半波整流回路の平滑出力波形

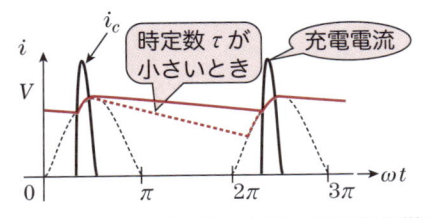

図7-15 コンデンサ入力形の充放電の様子

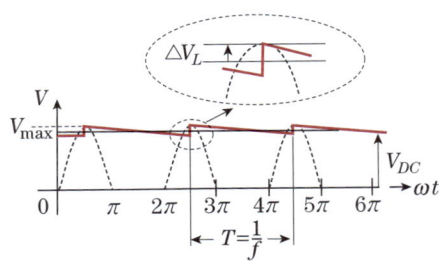

図7-16 半波整流回路の近似波形

と式 (7-28) から式 (7-30) が得られます．

$$V_{dc} = V_{\max} - \triangle V_L$$
$$= V_{\max} - \frac{I_{dc}}{2fC} \quad (7\text{-}30)$$

また，以上の結果からコンデンサ入力形半波整流回路のリプル率 γ は，式 (7-10) から交流成分の $\dfrac{実効値}{直流成分}$ なので，式 (7-29) と $R_L = \dfrac{I_{dc}}{V_{dc}}$ の関係から，式 (7-31) となります．

$$\gamma = \frac{\triangle V_{L\text{rms}}}{V_{dc}} = \frac{I_{dc}}{2\sqrt{3}fCV_{dc}}$$
$$= \frac{1}{2\sqrt{3}fCR_L} \quad (7\text{-}31)$$

例題 7-3 図 7-13 に示すコンデンサ入力形半波整流回路のダイオードの逆耐電圧は，トランスの二次側交流電圧 V_m に対していくら必要になるか．

解答 コンデンサ入力形半波整流回路は，ダイオードのアノード（A）がカソード（K）に対して正電位となるのは，図 7-15 のように充電電流が流れる期間になります．それ以外の期間は，アノードの電位がカソードの電位より低くなり，ダイオードには逆方向の電圧がかかることになります．したがって，充電されたコンデンサの電圧を V_d とすると，負の半周期の最大値 $-V_m$ のときには，ダイオードには，$V_m + V_d ≒ 2V_m$ の逆電圧がかかることになります．このことから，高電圧の場合にはダイオードには逆電圧の高いものを選ぶ必要があります．

例題 7-4 図 7-13 のコンデンサ入力形の半波整流回路のコンデンサ C = 1000μF，負荷抵抗 100Ω の場合のリプル率 γ はいくらになるか．ただし，入力電圧の周波数は 50Hz とします．

解答 式 (7-31) から，

$$\gamma = \frac{\triangle V_{L\text{rms}}}{V_{dc}} = \frac{1}{2\sqrt{3}fCR_L}$$
$$= \frac{1}{2\sqrt{3} \times 50 \times 1000 \times 10^{-6} \times 100}$$
$$= 0.058 \rightarrow 5.8 [\%]$$

全波整流回路とコンデンサ入力形を組み合わせた場合の回路を **図 7-17**，**図 7-18** に示します．どちらの場合も，コンデンサに充電される期間が半波整

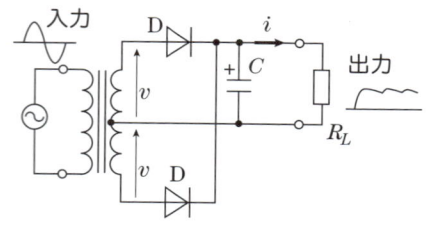

図 7-17 全波整流と平滑回路

流回路の2倍となるのでリプル成分が低下して，より直流に近くなることが分かります．全波整流回路の平滑出力波形を図7-19に示します．

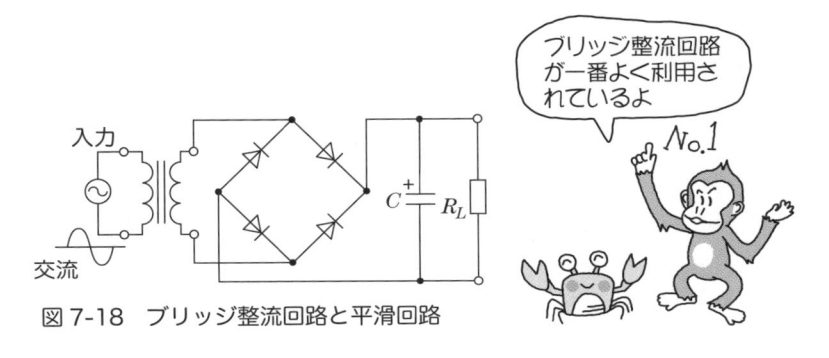

図7-18 ブリッジ整流回路と平滑回路

図7-19 全波整流の平滑出力波形

7-2 安定化回路

(1) 安定化回路

安定化回路は，平滑回路で直流化された出力に残ったリプル分の抑制や，負荷による電圧の変動を防止し電圧を安定化させる回路です．安定化の方式によって，**図7-20**のように，電圧の変動を回路の電圧降下で制御する**リニアレギュレータ方式**と，電圧の断続により平均値の電圧を制御する**スイッチングレギュレータ方式**があります．リニアレギュレータ方式には**シリーズレギュレータ方式**（図7-21）と**シャントレギュレータ方式**（図7-22）があります．一方，スイッチングレギュレータ方式は，電圧を変換することからコンバータとも呼ばれ，非絶縁型の**チョッパ形**と絶縁型である**コンバータ形**に分けられます．表7-1に，現在の安定化のおもな方式であるシリーズレギュレータ方式とスイッチングレギュレータ方式の比較を示します．ここでは，この2種類の安定化回路について説明します．

(2) シリーズレギュレータ方式

シリーズレギュレータ方式は，トランジスタやFETなどの半導体をあた

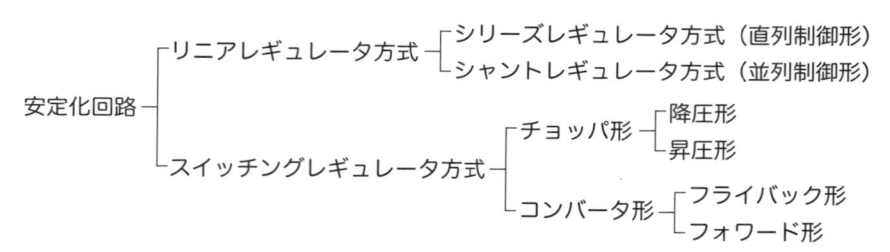

図7-20 安定化の方式

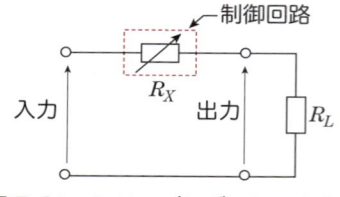

図7-21 シリーズレギュレータ方式

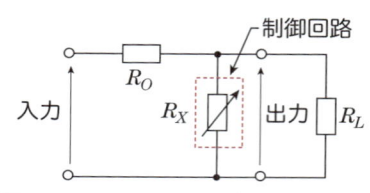

図7-22 シャントレギュレータ方式

表 7-1　安定化回路の比較

項目＼方式	シリーズレギュレータ方式	スイッチングレギュレータ方式
効率	悪い（40%～55%）	良い（60%～95%）
重量	重い（トランスが必要）	シリーズレギュレータ方式の1/10～1/2
大きさ	大きい（トランスが必要）	シリーズレギュレータ方式の1/10～1/3
回路構成	比較的簡単	複雑
入力電圧範囲	狭い（広くすると効率低下）	広い
雑音	小さい（0.5～2mV_{RMS}）	大きい（10～100mV_{P-P}）
電圧変動の応答	速い（約10μs～1ms）	普通（約0.5～10ms）
安定度	良い	普通
価格	安い	高い

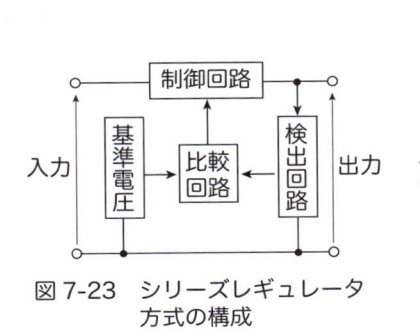

図 7-23　シリーズレギュレータ方式の構成

図 7-24　シリーズレギュレータ方式の例

かも可変抵抗のように利用し，発生する電圧降下を制御して一定の電圧となるように安定化します．基本的な構成例を図 7-23 に示します．この回路では，基準電圧と出力から検出回路で取り出した電圧を比較回路で比較し，その差がなくなるように制御回路を制御して出力電圧を一定とします．ここでは，図 7-24 に示す回路の動作の概要を，入力電圧が一定で出力電圧が降下した場合について説明します．

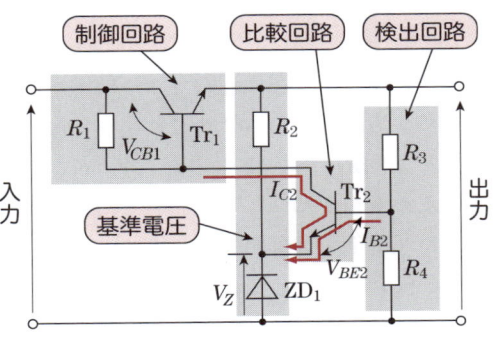

① 出力電圧が降下すると R_3，R_4 による分圧電圧が低下し，Tr_2 のベース電位が低下します．

② Tr_2 のエミッタ電位はツェナーダイオード ZD_1 で一定電圧 V_Z のままなので，Tr_2 のベース-エミッタ間電圧 V_{BE2} が減少します．

③ V_{BE2} の減少により Tr_2 のベース電流 I_{B2} が減少するので，Tr_2 のコレクタ電流 I_{C2} が減少します．

④ I_{C2} による抵抗 R_1 の電圧降下が

減少するので，Tr_1 のコレクターベース間の電位差 V_{CB1} が減少します．

⑤ 入力電圧が一定なので，抵抗 R_1 の電圧降下の減少分だけ，Tr_1 のベース電位が上昇し，Tr_1 のエミッタ電位も上昇することになり，結局，出力電圧が上昇し設定値電圧に戻ります．

このように，出力電圧が低下すると安定化回路は変動を防止するように動作し，負荷に一定の電圧を供給することができます．逆に，出力電圧が上昇した場合には，上記と逆の方向に動作して，出力電圧はやはり一定となります．この回路では，トランジスタ Tr_1 があたかも可変抵抗として働いて発生する電圧降下を制御することで，出力電圧の安定化を図っています．

(3) スイッチングレギュレータ方式

トランジスタや FET などの半導体をスイッチング素子として電圧の ON/OFF により断続し，ON の期間にコイルに蓄えたエネルギーを OFF の期間に負荷に放出し，その ON/OFF の比率を制御することで一定の電圧となるように安定化します．スイッチングレギュレータ方式は，電圧降下をジュール熱として放出するシリーズレギュレータ方式とは異なり，高速なスイッチングにより入力電圧をパルスに変換し，これを平滑して安定した直流電圧を得ます．電力の損失を少なくできるため，高効率の電源とすることができます．これを **PWM（パルス幅変調：図 7-25）** といいます．また，その形式から入力電流の全部，または一部が負荷に流れる非絶縁型の**チョッパ形**と，入力側と出力側では電流のループが別個である絶縁型である**コンバータ形**に分けられます．また，チョッパ形は，**降圧形**と**昇圧形**に分けられ，コンバータ形は，**フライバック形**と**フォワード形**に分けられます．

(a) チョッパ形

チョッパ形は**図 7-26** (a)の降圧形と図 7-26(b)の昇圧形があります．降圧形は**図 7-27** のように，$t_{(0)}$ で出力電圧 V_o が低下すると，スイッチを ON とし，負荷 R_L に電流 i_q（実線）が流れると同時に，インダクタンス L にエネルギーを蓄積し，コンデンサ C を再充電します．$t_{(1)}$ で出力電圧 V_o が規定値に上昇しスイッチを OFF とすると，インダクタンス L の蓄積時とは逆の起電力となり蓄積されたエネ

$$V_{o(avg)} = V_{IN} \times \frac{t_{(on)}}{T}$$

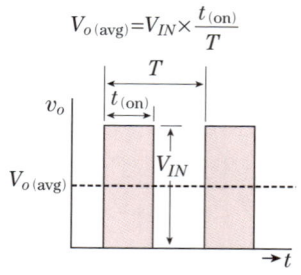

図 7-25　PWM 方式の波形

ルギーをダイオードDで電流として負荷に流します（破線）．出力電圧はコンデンサCとインダクタンスLの働きで平滑されます．また，LCでフィルタが構成されるため，リプル除去の働きもあります．

ここで用いるダイオードを特に**フライホールダイオード**といい，順方向電圧降下が少なくスイッチング動作の速い**高速リカバリーダイオード**や**ショットキーダイオード**を用います．また，降圧形のレギュレータは入力電圧よりも出力電圧が低くなるので**ステップダウン・レギュレータ**ともいいます．出力電圧 V_o は式（7-32）で示されます．

$$V_o = V_{IN} \times \frac{t_{(on)}}{T} \qquad (7\text{-}32)$$

次に，昇圧形は，図7-26(b)のように，スイッチがONのときはインダクタンスLに電流が流れエネルギーを蓄積しますが，そのときダイオードDは導通しないので，負荷へはコンデンサCに蓄積された電荷による電流が流れます（点線）．スイッチがOFFのときは，インダクタンスLの蓄積時とは逆の起電力となり，この逆起電力と入力電圧が重畳された電圧が昇圧され，ダイオードDが導通しCを充電すると同時に，負荷に電流を供給します．負荷にかかる電圧 v_o は式（7-33），式（7-34）のようになります．

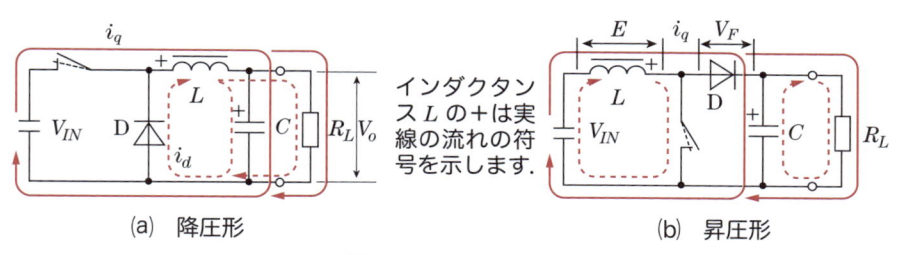

(a) 降圧形　　(b) 昇圧形

図 7-26　チョッパ形

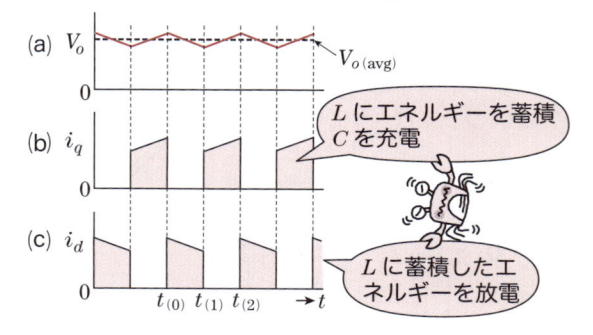

図 7-27　降圧形の各波形

$$V_o = V_{IN} + E - V_F \qquad (7\text{-}33)$$

ただし，E は，インダクタンス L の逆起電力，V_F は，ダイオード D の順方向電圧を示します．

$$V_o = V_{IN} \times \frac{T}{T - t_{(on)}} \qquad (7\text{-}34)$$

ただし，T は，繰返し周期，$t_{(on)}$ は，ON の時間を示します．

(b) コンバータ形

図 **7-28** のフライバック形は，トランスをチョークとして使用します．スイッチが閉じると，一次側のトランスの電流が増加しコア内にエネルギーが蓄えられます．そして，スイッチが開くと，そのコア内のエネルギーが二次側に放出され，コンデンサ C を再充電します．一次巻線のスイッチが ON のときには一次電流は増加しますが，二次側はダイオードが逆バイアスされているので二次電流は流れません．スイッチが OFF になるとトランスが磁場を維持しようとして，極性が反転し二次電流が流れます．

なお，負荷にかかる電圧 v_o は，式 (7-35) のようになります．ただし，N_1，N_2 はトランスの一次巻線，二次巻線の巻数を示します．

$$V_o = V_{IN} \times \frac{N_2}{N_1} \times \frac{t_{(on)}}{T - t_{(on)}} \quad (7\text{-}35)$$

図 **7-29** の**フォワード形**は，比較的大きな電力の電源に用いられます．スイッチを閉じると，一次側の電流が増加し，二次側の電流も増加し，ダイオード D_1 を通してインダクタンス L とコンデンサ C に流れます．OFF になると，インダクタンス L からダイオード D_2 を通してコンデンサ C が充電されます．この形式はコンデンサが連続的に充電されるため，リプルが小さくなります．なお，負荷にかかる電

図 7-28 フライバック形

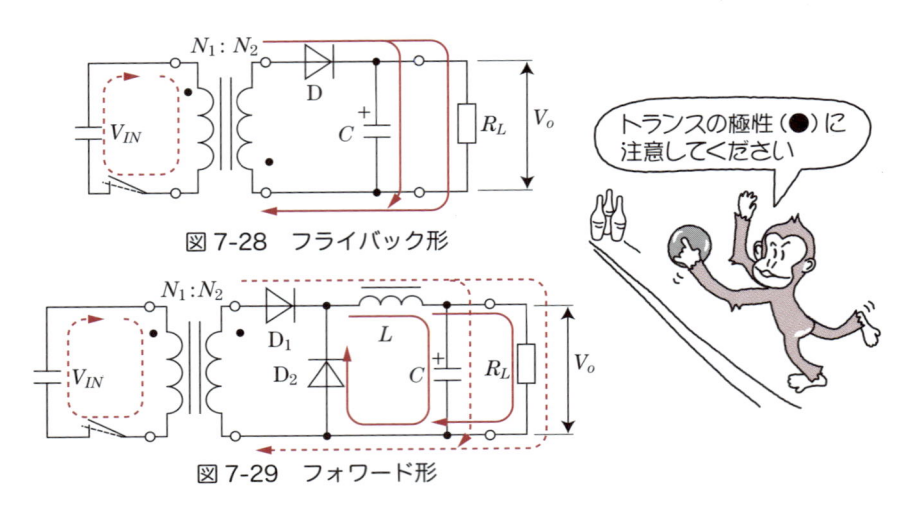

図 7-29 フォワード形

圧 V_o は式（7-36）のようになります．

$$V_o = V_{IN} \times \frac{N_2}{N_1} \times \frac{t_{(on)}}{T} \qquad (7-36)$$

(c) スイッチングレギュレータの動作

スイッチングレギュレータ方式の基本的な構成図を図 7-30 に，等価回路を図 7-31，等価回路の波形を図 7-32 に示します．基本的な動作をこの等価回路を基に説明します．まず，基準電圧 E_s より V_o が下がると，パルス制御部は変化分を増幅した E_c からパルス波形 V_b を出力します．t_{ON} で V_b がスイッチング回路の Tr に加わり，ベース電流が増加することで Tr が ON となり，V_o を E_s まで上昇させます．しかし，Tr が ON になるまで遅れ時間 t_{d1} がかかって，V_b は t_{ON} となるので，E_s より低下してから V_o は上昇を始めます．

逆に，V_o が上昇して E_s に達した場合にも，同じように Tr が OFF になるまで遅れ時間 t_{d2} がかかって，V_b は t_{OFF} となるので，E_s より増加してから V_o は下降を始めます．これらの動作を繰り返し V_o の安定化を図ります．

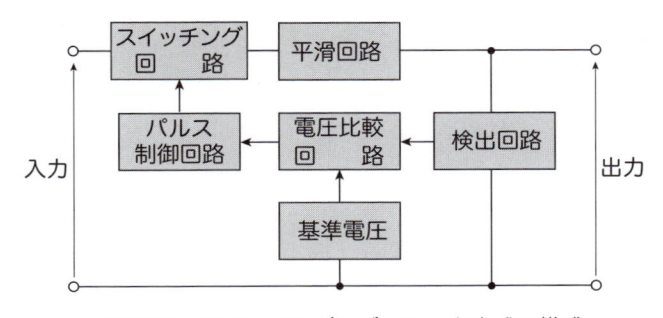

図 7-30 スイッチングレギュレータ方式の構成

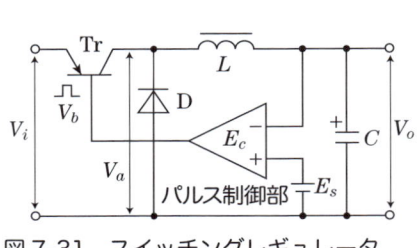

図 7-31 スイッチングレギュレータ方式の等価回路

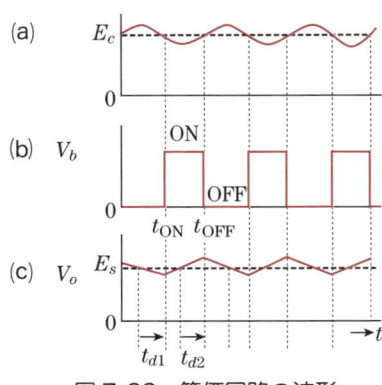

図 7-32 等価回路の波形

具体的な回路例を**図 7-33** に示します．基本的な動作は**図 7-24** のシリーズレギュレータ方式と同様です．

電圧の変動の検出・電圧比較などはシリーズレギュレータ方式と変わりませんが，制御用のトランジスタをパルス幅制御回路の出力で ON/OFF のスイッチング動作をさせる点が異なります．

(4) 電源用 IC

シリーズレギュレータ方式，スイッチングレギュレータ方式のどちらの安定化回路も，比較的構成が複雑で様々な部品を組み合わせて製作します．このことから，一から作るのは技術的にも難しく，経費もかかるので，安定した電圧を作る方法としてはやや難易度が高くなります．しかし，実際の回路では安定した電圧を簡便に作りたい場合があります．そこで，これまで説明した安定化回路の機能を組み込んだ**電源用 IC** がよく用いられます．様々な電源用 IC が製品化されていますが，ここでは代表的な **3 端子レギュレータ**を紹介します．外観は**図 7-34** に示すようにトランジスタと同じような形状で，電流容量の大きなものはパワートランジスタと同じような形状です．出力電圧が固定式と可変式があり，出力電圧より高い電圧を入力電圧として供給する必要があります．代表的

図 7-34　外観

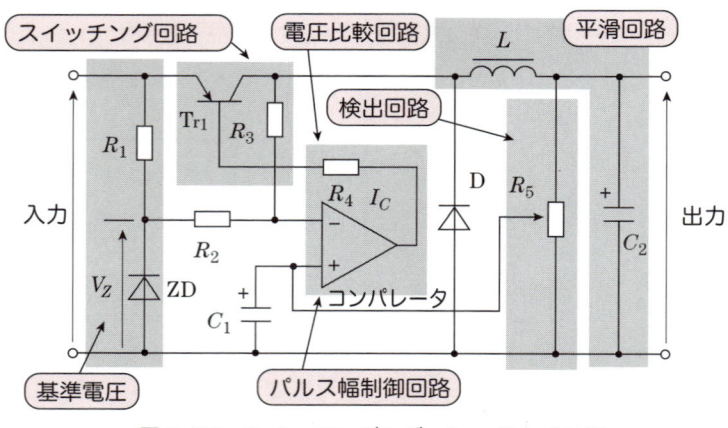

図 7-33　スイッチングレギュレータ方式の例

第 7 章　電源回路

な78シリーズの例の接続を**図7-35**に示します．コンデンサ C_1, C_2 は発振防止用で，0.1μF程度とします．78シリーズは，正電源の安定化用ですが，負電源については79シリーズがあります．それぞれのシリーズは，その形名によって，**表7-2**のように分類されます．表の○○は安定化した出力電圧の値を示しています．例えば，7805は出力電圧5V，最大出力電流1.0Aの3端子レギュレータになります．

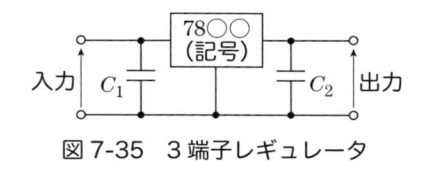

図7-35　3端子レギュレータ

表7-2　3端子レギュレータの種類

78シリーズ（正電源用）		79シリーズ（負電源用）	
表示	最大出力電流	表示	最大出力電流
78○○	1.0A	79○○	1.0A
78M○○	0.5A	79M○○	0.5A
78N○○	0.3A	79N○○	0.3A
78L○○	0.1A	79L○○	0.1A

章末問題 7

1 次の語句を説明しなさい．
　(1) 鉄損　　(2) 銅損　　(3) 直流偏磁

2 図 7-36 のようなコンデンサ入力形の回路のリプル率を計算しなさい．

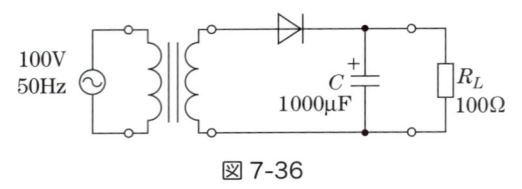

図 7-36

3 スイッチングレギュレータ方式とシリーズレギュレータ方式の特徴をまとめて比較しなさい．

4 図 7-37 のシリーズレギュレータ方式の安定化電源回路の検出回路，基準電圧，比較回路，制御回路は，おもにどの部品に対応しているか答えなさい．また，出力電圧が上昇した場合の動作を説明しなさい．

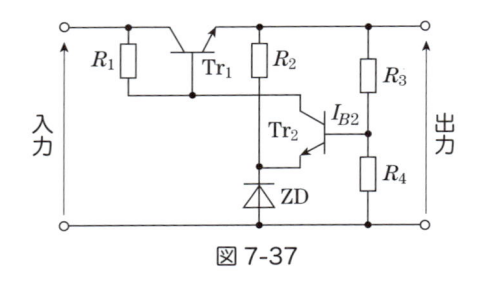

図 7-37

章末問題の解答

<章末問題 1 の解答>

1 4，真性，V，n

2 価電子帯，伝導帯，禁制帯はいずれもエネルギーバンド図における領域を表すもので，最外殻電子である価電子が存在する領域を価電子帯，自由電子の存在できる領域を伝導帯，両領域の間の電子が存在できない領域を禁制帯といいます．

3 真性半導体は非常に純度が高いため，安定しており，常温ではキャリアがほとんど存在しないので，低温においては絶縁体となりますが，熱，光や電界などのエネルギーが外部から加わった場合だけ，価電子の一部が原子核の束縛を離れて，キャリアとして働きます．したがって，キャリアとなる不純物を少数加え不純物半導体とすることで，正孔や自由電子が生じるので電流が流れやすくなります．

4 図 1-19 (a) から，

$$\frac{E}{R} = \frac{3\text{V}}{75\Omega} = 40\text{[mA]}, \quad 傾き -\frac{1}{R} = -\frac{1}{75\Omega}$$

したがって，式 (1-5) から，1V における I_D は，

$$I_D = -\frac{1\text{V}}{75\Omega} + \frac{3\text{V}}{75\Omega} = \frac{2\text{V}}{75\Omega} = 26.7\text{[mA]}$$

となるので，負荷線は図 1 のように描くことができます．したがって，特性曲線との交点 Q の動作点で $I_{DQ} = 30\text{mA}$，$V_{DQ} = 0.75\text{V}$ となります．また，動作抵抗 r_D は，

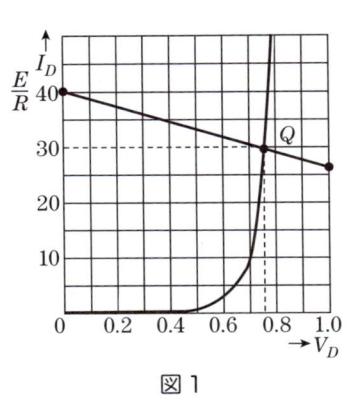

$$r_D \fallingdotseq \frac{26}{30\text{mA}} \fallingdotseq 0.87\text{[\Omega]}$$

図 1

5 n チャネルの接合形 FET のドレイン電流 I_D は V_{DS} の上昇に比例して増加し，ある電圧に達すると電流は飽和してほぼ一定となります．このときの電圧をピンチオフ電圧 V_P といいます．

6 どちらのもシリコン単結晶の製造法．CZ 法は，引き上げ法ともいい，グラファイト製のるつぼで溶かした Si をゆっくりと引き上げます．FZ 法は，浮遊帯溶

融法ともいい，コイルのヒータでシリコンの一部を溶かしながら不純物を移動させて純度を上げる方法です．一般的には，CZ法が多く用いられます．

<章末問題2の解答>

1 バイアス電源，動作点，負荷線，0.6，結合コンデンサ

2 図2のように，すべての電源の向きと電流の向きを逆にします．

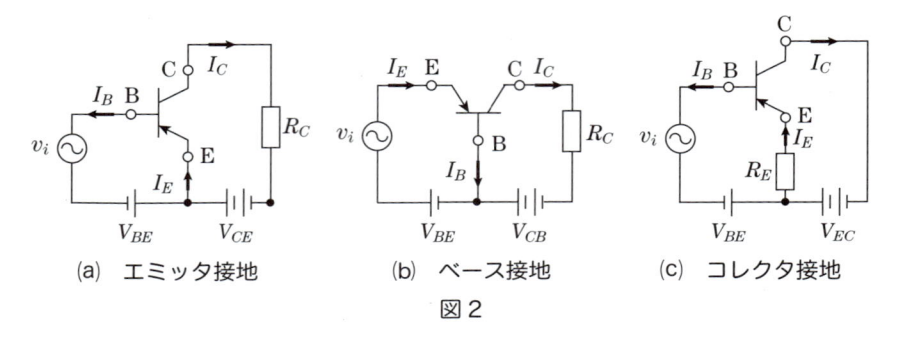

(a) エミッタ接地　　(b) ベース接地　　(c) コレクタ接地

図2

3 表2-6 hパラメータの換算式から，ベース接地のh定数は，

$$h_{ib} = \frac{h_{ie}}{1+h_{fe}} = \frac{12 \times 10^3}{1+300} \fallingdotseq 39.9 \,[\Omega]$$

$$h_{fb} = -\frac{h_{fe}}{1+h_{fe}} = -\frac{300}{1+300} \fallingdotseq -0.997$$

$$h_{rb} = \frac{h_{ie}h_{oe}}{1+h_{fe}} - h_{re} = \frac{12 \times 10^3 \times 50 \times 10^{-6}}{1+300} - 2.5 \times 10^{-4} = 17.4 \times 10^{-4}$$

$$h_{ob} = \frac{h_{oe}}{1+h_{fe}} = \frac{50 \times 10^{-6}}{1+300} = 0.166 \times 10^{-6} = 0.166 \,[\mu S]$$

同様に，コレクタ接地のh定数は，

$$h_{ic} = h_{ie} = 12 \,[k\Omega]$$
$$h_{fc} = -(1+h_{fe}) = -(1+300) = -301$$
$$h_{rc} = 1 - h_{re} = 1 - 2.5 \times 10^{-4} \fallingdotseq 1$$
$$h_{oc} = h_{oe} = 50 \,[\mu S]$$

4 負荷抵抗のないときの等価回路は，図3のようになります．

$$R_B{}' = \frac{R_A R_B}{R_A + R_B}$$

図 3

まず，

$$R_B{}' = \frac{R_A R_B}{R_A + R_B} = \frac{8 \times 21}{8 + 21} = 5.79 \text{ (k}\Omega\text{)}$$

表 2-5 から，

$$\therefore \quad A_v = -\frac{h_{fe}}{h_{ie}} R_C = -\frac{180}{2.4 \text{k}\Omega} \times 5.1 \text{k}\Omega = -382.5$$

$$i_b = \frac{R_B{}'}{h_{ie} + R_B{}'} i_i = \frac{R_B{}'}{h_{ie} + R_B{}'} i_i$$

$$\therefore \quad A_i = \frac{i_o}{i_i} = \frac{i_o}{i_b} \cdot \frac{i_b}{i_i} = h_{fe} \cdot \frac{R_B{}'}{h_{ie} + R_B{}'} = 180 \times \frac{5.79}{2.4 + 5.79} = 127.3$$

$$\therefore \quad R_i = \frac{h_{ie} R_B{}'}{h_{ie} + R_B{}'} = \frac{2.4 \times 5.79}{2.4 + 5.79} = 1.70 \text{ (k}\Omega\text{)}$$

$$\therefore \quad R_O = R_C = 5.1 \text{ (k}\Omega\text{)}$$

次に，負荷抵抗 R_L を接続したときの等価回路は図 4 のようになります．

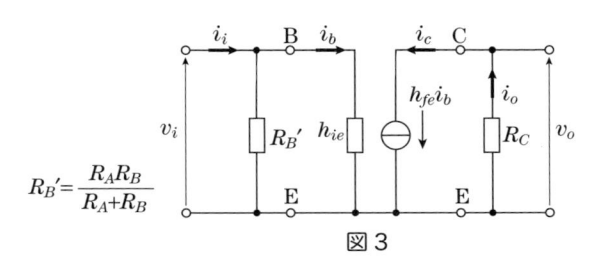

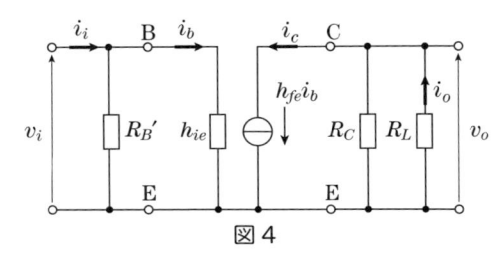

図 4

$$v_o = -h_{fe} i_b \frac{R_C R_L}{R_C + R_L}$$

$$\therefore \quad A_v = \frac{v_o}{v_i} = -h_{fe} i_b \frac{R_C R_L}{R_C + R_L} \div h_{ie} i_b = -\frac{180}{2.4} \times \frac{5.1 \times 5.1}{5.1 + 5.1} = -191.25$$

■ 章末問題の解答 ■

$$i_o = h_{fe} i_b \frac{R_C}{R_C + R_L}$$

$$\therefore A_i = \frac{i_o}{i_i} = \frac{i_o}{i_b} \cdot \frac{i_b}{i_i} = h_{fe} \cdot \frac{R_C}{R_C + R_L} \cdot \frac{R_B{'}}{h_{ie} + R_B{'}} = \frac{h_{fe}}{h_{ie}} \cdot \frac{R_C}{R_C + R_L} \cdot R_i$$

$$= \frac{180}{2.4} \times \frac{5.1}{5.1 + 5.1} \times 1.70 = 63.75$$

5 周波数が高くなるにつれて，浮遊容量，内部容量やミラー効果による影響が大きくなり，また，h_{fe} も周波数が高くなるにつれて減少するので増幅度が低下します．

6 66頁を参照．

＜章末問題３の解答＞

1

$$A_f = \frac{A_v}{1 + A_v \beta} = \frac{1000}{1 + 1000 \times 0.001} = 500$$

$$G_f = 20 \log_{10} |A_f| = 20 \log_{10} 500 = 54.0 \text{(dB)}$$

$$F = 20 \log_{10} |1 + A_V \beta| = 20 \log_{10} 2 = 6.0 \text{(dB)}$$

2

図5

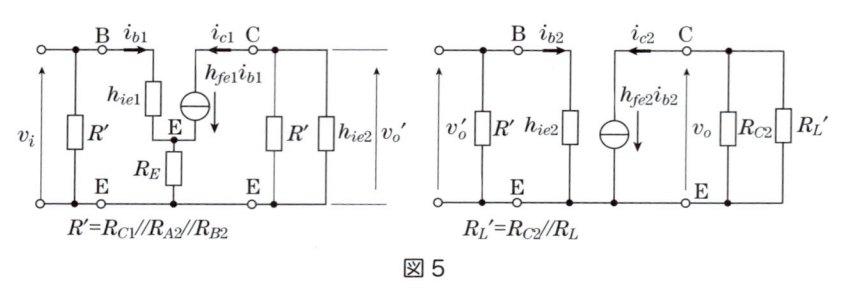

(1) 負帰還をかけない場合の増幅度 A_0

$$R' = \frac{1}{\frac{1}{R_{C1}} + \frac{1}{R_{A2}} + \frac{1}{R_{B2}}} = \frac{1}{\frac{1}{15 \times 10^3} + \frac{1}{13 \times 10^3} + \frac{1}{68 \times 10^3}} \fallingdotseq 6.3 \text{(k}\Omega\text{)}$$

$$R_{L1}{'} = R' // h_{ie2} = \frac{R' \times h_{ie2}}{R' + h_{ie2}} = \frac{6.3 \times 10^3 \times 3.5 \times 10^3}{6.3 \times 10^3 + 3.5 \times 10^3} = 2.25 \text{(k}\Omega\text{)}$$

$$R_L' = R_{C2} // R_L = \frac{4.7 \times 10^3 \times 3 \times 10^3}{4.7 \times 10^3 + 3 \times 10^3} = 1.83 \, [\text{k}\Omega]$$

$$A_{01} = \frac{h_{fe1} R_{L1}'}{h_{ie1} + h_{fe1} R_E} = \frac{200 \times 2.25 \times 10^3}{12 \times 10^3 + 200 \times 100} = 14.1$$

$$A_{02} = \frac{h_{fe2}}{h_{ie2}} R_L' = \frac{120}{3.5 \times 10^3} \times 1.83 \times 10^3 = 62.7$$

$$\therefore \quad A_0 = A_{01} \times A_{02} = 14.1 \times 62.7 = 884.1$$

(2) R_f により負帰還をかけた場合の増幅度 A_f
$R_E \ll R_f$, $R_L' \ll R_f$ から,

$$\beta = \frac{R_E}{R_f + R_E} = \frac{100}{38 \times 10^3 + 100} = 0.00262$$

$$A_f = \frac{A_0}{1 + \beta A_0} = \frac{884.1}{1 + 0.00262 \times 884.1} = 266.6$$

3

(1) 式 (3-45) より,

$$P_{O\max} = \frac{V_{CC}^2}{2R_L} = \frac{9^2}{2 \times 600} = 0.0675 \, [\text{W}] = 67.5 \, [\text{mW}]$$

(2) $I_{Cm} = \dfrac{V_{CC}}{R_L} = \dfrac{9}{600} = 0.015 \, [\text{A}] = 15 \, [\text{mA}]$

(3) 式 (3-43) で, $I_{Cm} \fallingdotseq I_{CC}$ とすると,
 $P_{DC} = V_{CC} \times I_{Cm} = 9\text{V} \times 15\text{mA} = 135 \, [\text{mW}]$

(4) $P_{C\max} = P_{DC} - P_{O\max} = 135\text{mW} - 67.5\text{mW} = 67.5 \, [\text{mW}]$

(5) 式 (3-46) より,

$$\eta = \frac{P_{O\max}}{P_{DC}} = \frac{67.5\text{mW}}{135\text{mW}} = 0.5 \quad \rightarrow \quad 50 \, [\%]$$

4

(1) 巻数比 n から, $R_{cc} = n^2 R_S = 4^2 \times 8 = 128 \, [\Omega]$

(2) $R_L = \left(\dfrac{n}{2}\right)^2 R_S = \left(\dfrac{4}{2}\right)^2 \times 8 = 32 \, [\Omega]$

(3) 式 (3-53) より,

$$P_{O\max} = \frac{V_{CC}^2}{2R_L} = \frac{9^2}{2 \times 32} = 1.27 \, [\text{W}]$$

章末問題の解答

(4) $I_{Cm} = \dfrac{V_{CC}}{R_L} = \dfrac{9}{32} = 0.28 \text{(A)}$

(5) 式（3-49）から，

$$P_{DC} = V_{CC} \times \dfrac{2}{\pi} I_{Cm} = 9 \times \dfrac{2}{\pi} \times 0.28 = 1.6 \text{(W)}$$

(6) 式（3-54）から，

$$\eta = \dfrac{P_{O\max}}{P_{DC}} = \dfrac{1.27}{1.6} \fallingdotseq 0.79$$

5 式（3-72）と式（3-80）から単同調増幅回路の周波数帯域が複同調増幅回路の周波数帯域より $\sqrt{2}$ 倍になります．

＜章末問題 4 の解答＞

1 発振回路の発振の振幅が成長するためには，入力電圧よりも帰還電圧の振幅が大きくなる必要があるので，ループゲイン $A\beta$ について，$A\beta > 1$ を満たす必要があり，これを振幅成長条件（振幅条件）といいます．帰還入力が増大するとやがて増幅器が飽和し増幅度が減少すると，帰還率は一定であることから，$A\beta = 1$ を満たすときに発振は一定となります．これを発振条件（バルクハウゼンの発振条件）といいます．

2 式（4-18）から，

$$f = \dfrac{1}{2\pi\sqrt{L\left(\dfrac{C_1 C_2}{C_1 + C_2}\right)}} = \dfrac{1}{2\pi\sqrt{10 \times 10^{-6} \times \dfrac{100 \times 10^{-12} \times 100 \times 10^{-12}}{100 \times 10^{-12} + 100 \times 10^{-12}}}} = 7.1 \text{(MHz)}$$

3 発振周波数 f は，式（4-57）から，

$$f = \dfrac{1}{2\pi CR} = \dfrac{1}{2\pi \times 0.01 \times 10^{-6} \times 16 \times 10^3} \fallingdotseq 995 \text{(Hz)}$$

増幅度は A_v は，式（4-55）から，

$$A_v = \left(\dfrac{1}{3} - \dfrac{R_4}{R_3 + R_4}\right)^{-1} = \left(\dfrac{1}{3} - \dfrac{100}{5 \times 10^3 + 100}\right)^{-1} \fallingdotseq 3.19$$

4 $T = 1.4CR = 1.4 \times 0.01 \times 10^{-6} \times 10 \times 10^3 = 140 \text{(μs)}$

$\therefore \quad f = \dfrac{1}{T} = \dfrac{1}{140 \times 10^{-6}} = 7.1 \text{(kHz)}$

5 (a) 遅相形移相回路

$$f = \frac{\sqrt{6}}{2\pi CR} = \frac{\sqrt{6}}{2\pi \times 1000 \times 10^{-12} \times 10 \times 10^3} \fallingdotseq 39 \text{(kHz)}$$

(b) ウィーンブリッジ発振回路の移相回路

$$f = \frac{1}{2\pi CR} = \frac{1}{2\pi \times 1000 \times 10^{-12} \times 5 \times 10^3} \fallingdotseq 31.8 \text{(kHz)}$$

＜章末問題 5 の解答＞

1 式（5-8）から被変調波電力 $P_m = P_C\left(1 + \dfrac{m^2}{2}\right)$ なので,

$$P_m = 100 \times \left(1 + \frac{0.6^2}{2}\right) = 118 \text{(W)}$$

また，搬送波と両側波帯の電力比は， $P_C : (P_{S1} + P_{S2}) = 1 : \dfrac{m^2}{2}$ なので,

$$P_{S1} = P_{S2} = 100 \times \frac{0.6^2}{4} = 9 \text{(W)}$$

2

(1) 信号波の振幅に比例してパルスの幅を変化させる方式です．pulse width modulation の略称で，PDM（pulse duration modulation）と呼ぶこともあります．

(2) 信号波の標本化パルスを量子化 → 符号化し連続変調波とする方式です．pulse code modulation の略称です．

3 式（5-14）から変調指数 k は,

$$k = \frac{\triangle \omega}{p} = \frac{\triangle f}{f_s} = \frac{75}{15} = 5$$

ベッセル関数のグラフから，
$J_0(5) = -0.178$, $J_1(5) = -0.328$
$J_2(5) = 0.047$, $J_3(5) = 0.365$
$J_4(5) = 0.391$, $J_5(5) = 0.261$

各スペクトルを絶対値で図示すると，図 6 のようになります．

式（5-25）から，占有帯域幅 B は,

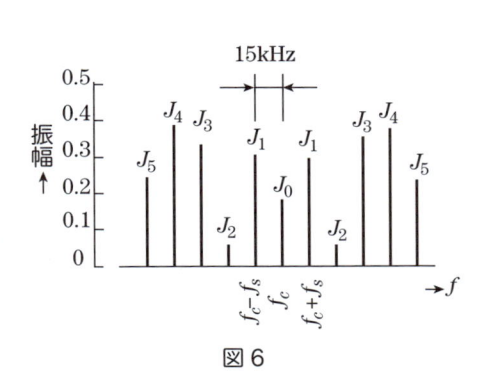

図 6

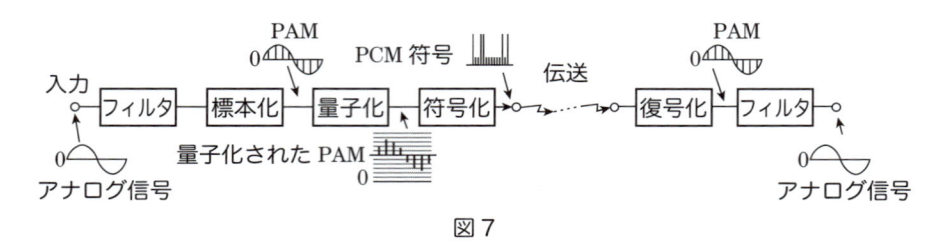

$$B = 2(f_s + \triangle f) = 2(15 + 75) = 180 \text{[kHz]}$$

4

図7に示すブロック図（入力 → フィルタ → 標本化 → 量子化 → 符号化 → 伝送 → 復号化 → フィルタ → アナログ信号）

図7

5 163ページ参照．

<章末問題6の解答>

1
① 増幅度が極めて大きい．
② 入力インピーダンスが非常に高い．
③ 出力インピーダンスが非常に低い．
④ 周波数帯域がDC～数十MHzと広い．

2

① オペアンプの入力段の差動増幅回路では，使用されるトランジスタの特性を完全に同一にはできないので，同じ振幅，位相の信号を同時に加えたとしても出力はゼロとはなりません．2つの入力端子に同相信号を加えたときの増幅度と差動信号を加えたときの増幅度の比を同相信号除去比（CMRR）といいます．これが大きな値であるほど，高性能な差動増幅回路であることを示します．

② オペアンプの入力インピーダンスが非常に大きいのにもかかわらず，負帰還をかけたオペアンプの（−）−（+）間の入力端子が短絡したように見えることをいいます．

③ オペアンプは，各ベース−エミッタ間の電圧 V_{BE} の差やバイアス電流 I_B の違いにより初段の差動増幅回路のバランスが完全にはならないので，入力電圧をゼロにしても出力電圧がゼロとならずわずかに出力されます．これをオフセット電圧といいます．

④ 現実のオペアンプでは，入力電圧が急激に変化すると，出力電圧がその

変化に追従できなくなります．このときの1μs当たりの出力電圧の変化率を表したものをスルーレートと呼びます．

3

・図6-35；加算回路

$V_o = -(V_a + V_b + V_c)$　ただし，$R_a = R_b = R_c = R_f$，$R_1 = R_a // R_f$

・図6-36；減算回路

$V_o = \dfrac{R_f}{R_a}(V_b - V_a)$　ただし，$R_a = R_b$，$R_1 = R_f$

4

① （×）　フィードバックがなければイマジナリショート状態とならない．

② （○）　回路によって入力インピーダンスは無限大とはならない．

③ （×）　オペアンプの微分回路の実用回路は，帰還抵抗と並列にコンデンサを接続する．

④ （○）　オペアンプの積分回路の実用回路は，帰還抵抗をコンデンサと並列に接続する．

⑤ （○）　オペアンプを動作させるためには入力部の差動増幅器にバイアス電流を流す必要がある．

5　反転増幅回なので，増幅度は次のように求められます．

$|A_v| = \dfrac{10\mathrm{k}\Omega}{1\mathrm{k}\Omega} = 10$

したがって，出力オフセット電圧は，

$2\mathrm{mV} \times 10 = 20 \,[\mathrm{mV}]$

となります．

また，R_1の値は，900Ωとします．

$R_1 = \dfrac{1 \times 10}{1 + 10} = 0.9 \,[\mathrm{k}\Omega] = 900 \,[\Omega]$

＜章末問題7の解答＞

1

(1) 鉄損は，鉄心にコイルを巻き，交流で磁化したときに失われる電気エネルギーを表します．

(2) 銅損は，負荷電流が流れてコイルの導線の抵抗によって失われる電気エ

ネルギーを表します．

(3) 半波整流器回路のように，トランスの二次側コイルに一方向の電流（直流）しか流れない場合に，鉄心が磁気飽和を起こし，損失が増大し利用率が低下する現象を直流偏磁といいます．

2 コンデンサ入力形半波整流回路のリプル率 γ は，式（7-31）から，

$$\gamma = \frac{\triangle V_{Lrms}}{V_{dc}} = \frac{1}{2\sqrt{3}fCR_L} = \frac{1}{2\sqrt{3} \times 50 \times 1000 \times 10^{-6} \times 100} \fallingdotseq 0.058 \rightarrow 5.8 (\%)$$

3 表 7-1 参照．

4 検出回路：R_3, R_4，基準電圧：ZD_1，比較回路：Tr_2，制御回路：Tr_1

出力電圧が上昇した場合の動作は，7-2 安定化回路の(2)のシリーズレギュレータ方式（213 ページ）の①〜⑤を参考にすること．

<参考文献>

- 堀桂太郎：アナログ電子回路の基礎，東京電機大学出版局
- 堀桂太郎：オペアンプの基礎マスター，電気書院
- 大類重範：アナログ電子回路，日本理工出版会
- 押山保常　他：改訂 電子回路，コロナ社
- 松浦真人：やさしい電気の基礎マスター，電気書院
- 飯髙成男：電気・電子の基礎マスター，電気書院
- 赤羽進　他：電子回路(1) アナログ編，コロナ社
- 角田秀夫：オペアンプの基本と応用，東京電機大学出版局
- 森崎弘：改訂 電子デバイス入門，技術評論社
- 岡村迪夫：OPアンプ回路の設計，CQ出版社
- 岡村迪夫：続OPアンプ回路の設計，CQ出版社
- 鈴木雅臣：続トランジスタ回路の設計，CQ出版社
- 齋藤忠雄：電子回路入門，昭晃堂
- 玉井輝雄：図解による半導体デバイスの基礎，コロナ社
- 長谷川彰：改訂スイッチング・レギュレータ設計ノウハウ，CQ出版社
- 清水和男：安定化電源回路の設計，CQ出版社
- 立川巌：FETの使い方，CQ出版社
- 粉川昌巳：電磁気学の基礎マスター，電気書院
- 藤井信生：ハンディブック電子，オーム社
- 飯髙成男　他：絵ときでわかるトランジスタ回路，オーム社
- 大熊康弘：図解でわかるはじめての電子回路，技術評論社
- 角田秀夫：リニア集積基礎回路，東京電機大学出版局
- 久保大次郎：トランジスタ回路の簡易設計，CQ出版社
- 和泉勲：わかりやすい電子回路，コロナ社
- 山口次郎　他：半導体工学，オーム社
- 国島保治：よくわかる最新電子回路の基本と仕組み，秀和システム
- A.J.DEKKER：電気物性論入門，丸善

索　引

〈数字〉

1 電源方式 ･････････････････････････ 55
2 電源方式 ･････････････････････････ 55
3 端子レギュレータ ･･････････････ 218
3 点接続発振回路 ････････････････ 124

〈英字・ギリシャ字〉

AB 級バイアス ･････････････････････ 106
A 級電力増幅回路 ･････････････････ 103
A 級動作 ･･････････････････････････ 102
B 級電力増幅回路 ･････････････････ 104
B 級動作 ･･････････････････････････ 102
B 級プッシュプル ･････････････････ 104
CMRR ････････････････････････････ 186
CZ 法（引き上げ法）･･･････････････ 30
C 級電力増幅回路 ･････････････････ 110
C 級動作 ･･････････････････････････ 102
DEPP ･････････････････････････････ 108
e ･･･････････････････････････････････ 14
f_a ･･････････････････････････････････ 79
f_b ･･････････････････････････････････ 80
FET の 3 定数 ･･･････････････････････ 49
FM ･･･････････････････････････････ 152
f_T ･･････････････････････････････････ 80
FZ 法（浮遊帯溶融法）･････････････ 30
h_{fb} ･････････････････････････････････ 44
h_{fe} ･････････････････････････････････ 56

h_{FE} ･････････････････････････････ 56, 61
HP 形 ････････････････････････････ 129
h 定数 ････････････････････････････ 41
h パラメータ ･･･････････････････ 41, 43
h パラメータの換算式 ････････････ 48
IC ･････････････････････････････････ 30
I_{DSS} ･･･････････････････････････････ 24
LC 発振回路 ･･････････････････････ 124
LP 形 ････････････････････････････ 129
LSB ･････････････････････････････ 150
LSI ･････････････････････････････････ 31
npn 形 ･･･････････････････････････････ 15
n 形半導体 ･････････････････････････ 5
n チャネル ････････････････････････ 22
OTL 回路 ････････････････････････ 107
PAM ･････････････････････････････ 169
PCM ･････････････････････････････ 169
pnp 形 ････････････････････････････ 15
pn 接合 ･････････････････････････････ 8
PPM ･････････････････････････････ 169
PWM ･･････････････････････ 169, 214
p 形半導体 ･････････････････････････ 5
p チャネル ････････････････････････ 22
Q_0 ･････････････････････････････････ 113
RC 移相発振回路 ･････････････････ 129
RC 結合増幅回路 ･･････････････････ 71
RC 発振回路 ･･････････････････････ 129
SEPP ････････････････････････････ 108

S/N 比	170
SR	187
USB	150
V_{Tn}	25
V_{Tp}	25
α 遮断周波数	79
β 遮断周波数	80
δ	114
τ	209

〈あ〉

アクセプタ	6
アクセプタ準位	6
アノード	8
安定化回路	200, 212
安定指数	61
安定抵抗	57

〈い〉

移相回路	129
移相形発振回路	131
位相変調	148, 152, 155
位相変調指数	155
位相補償用コンデンサ	188
イマジナリアース	178
イマジナリショート	176, 177, 178
インピーダンスマッチング	82

〈う〉

ウィーンブリッジ発振回路	134

〈え〉

エッチング	31
エネルギーギャップ	3
エミッタ	15
エミッタ接地増幅率	44
エミッタ接地方式	18, 36, 37
エミッタホロワ	38
エミッタホロワ増幅回路	96
演算増幅器	174
エンハンスメント	22
エンハンスメント形	24
エンハンスメント形の MOS 形 FET	28

〈お〉

オクテット則	3
オフセット電圧	183

か

拡散	8
拡散電位	10
拡散電流	8
拡散法	31
角度変調	152
加算回路	189
カソード	8
活性領域	111
カットオフ電圧	24
価電子	3
価電子帯	3

可変コンデンサ……………………… 112
過変調………………………………… 149
可変容量ダイオード…………… 11, 158
緩衝増幅器……………………… 97, 179
間接周波数変調回路………………… 157

〈き〉

帰還量………………………………… 89
逆相増幅回路………………………… 176
逆方向電圧…………………………… 11
逆方向飽和電流……………………… 12
キャリヤ……………………………… 3
共有結合……………………………… 3
許容コレクタ損失曲線……………… 111
禁制帯………………………………… 3

〈く〉

空乏層………………………………… 9
クラップ発振回路……………… 127, 158
クロスオーバひずみ………………… 106

〈け〉

ゲート………………………………… 22
ゲート・カットオフ電圧…………… 27
ゲート接地方式……………………… 39
ゲート・ピンチオフ電圧………… 24, 27
結合係数……………………………… 118
結合コンデンサ………………… 36, 58, 71
減算回路……………………………… 190
減算回路……………………………… 183
検波…………………………………… 162

検波効率……………………………… 166

〈こ〉

降圧形………………………………… 214
高域遮断周波数……………………… 73
高周波増幅回路……………………… 112
高速リカバリーダイオード………… 215
降伏現象……………………………… 13
降伏電圧……………………………… 12
交流抵抗……………………………… 12
固定バイアス回路………………… 55, 65
コルピッツ発振回路………………… 126
コレクタ……………………………… 15
コレクタ遮断電流………………… 60, 111
コレクタ接地方式………………… 36, 38
コレクタ損失………………………… 101
コレクタ変調回路…………………… 157
コレクタ飽和電圧…………………… 111
コンデンサ入力形…………………… 208
コンデンサ入力形半波整流回路…… 208
コンデンサマイク…………………… 159
コンバータ…………………………… 200
コンバータ形………………… 212, 214, 216
コンプリメンタリ回路……………… 108

〈さ〉

再結合………………………………… 9
最大許容電圧………………………… 110
最大コレクタ損失…………………… 111
最大コレクタ電流…………………… 110
最大周波数偏移……………………… 155

最大定格	110
最適動作点	73
差動増幅回路	179, 182
サンプリング	170

〈し〉

しきい値電圧	25
自己バイアス回路	56, 66
自乗検波	162
下側波帯	150
実効 Q	116
時定数	144, 209
遮断周波数	79, 80
遮断領域	111
シャントレギュレータ方式	212
集積回路	30
自由電子	3
周波数条件	123
周波数スペクトル	150
周波数偏移	152
周波数変調	148, 152
周波数変調回路	157
周波数弁別器	164
出力特性	19, 27
受動素子	41
順方向電圧	10
昇圧形	214
小信号電流増幅率	56
少数キャリヤの注入	11
上側波帯	150
ショットキーダイオード	215
シリーズレギュレータ方式	212
信号対雑音比	89, 170
真性半導体	3
進相形	129
伸張回路	171
振幅条件	123
振幅制限回路	167
振幅成長条件	123
振幅変調	148, 149
振幅変調回路	157

〈す〉

水晶振動子	137
水晶発振	137
スイッチ作用	15, 22
スイッチング動作	142
スイッチングレギュレータ方式	212, 214
スタガ同調	164
スタガ同調増幅回路	118
ステップダウン・レギュレータ	215
スルーレート	187
スレッショルド電圧	25

〈せ〉

正帰還	88
正帰還増幅回路	122
正孔	3
静電誘導	117
静特性	18, 26
静特性曲線	18, 26

整流回路・・・・・・・・・・・・・・・・・・・・・・・・13, 201
整流効率・・・・・・・・・・・・・・・・・・・・・・・・・・・・・203
整流作用・・・・・・・・・・・・・・・・・・・・・・・・・・・8, 13
整流方程式・・・・・・・・・・・・・・・・・・・・・・・・・・・・12
積分回路・・・・・・・・・・・・・・・・・・・・・・・・・・・・・192
積分形・・・・・・・・・・・・・・・・・・・・・・・・・・・・・・・129
絶縁ゲート・・・・・・・・・・・・・・・・・・・・・・・・・・・・22
接合形 FET ・・・・・・・・・・・・・・・・・・・・・・22, 23
線形検波・・・・・・・・・・・・・・・・・・・・・・・・・・・・・163
線形変調・・・・・・・・・・・・・・・・・・・・・・・・・・・・・157
線形領域・・・・・・・・・・・・・・・・・・・・・・・・・・・・・・27
全波整流回路・・・・・・・・・・・・・・・・・・・・・・・・・204
全波倍電圧整流回路・・・・・・・・・・・・・・・・・・208
占有周波数帯域幅・・・・・・・・・・・・・・・・・・・・・150

〈そ〉

相互インダクタンス・・・・・・・・・・・・・・・・・・・126
相互コンダクタンス・・・・・・・・・・・・・・・・・・・・49
増幅回路・・・・・・・・・・・・・・・・・・・・・・・・・・・・・・34
増幅作用・・・・・・・・・・・・・・・・・・・・・・・・・・・・・・22
増幅度・・・・・・・・・・・・・・・・・・・・・・・・・・・・・・・・49
双峰特性・・・・・・・・・・・・・・・・・・・・・・・・・・・・・118
ソース・・・・・・・・・・・・・・・・・・・・・・・・・・・・・・・・22
ソース接地方式・・・・・・・・・・・・・・・・・・・・・・・・38
ソースホロワ・・・・・・・・・・・・・・・・・・・・・39, 53
側波帯・・・・・・・・・・・・・・・・・・・・・・・・・・・・・・・150
疎結合・・・・・・・・・・・・・・・・・・・・・・・・・・・・・・・118

〈た〉

ターマン発振回路・・・・・・・・・・・・・・・・・・・・・132
ダーリントン接続・・・・・・・・・・・・・・・・・・・・・・97

ダイアゴナルクリッピング・・・・・・・・163
帯域幅・・・・・・・・・・・・・・・・・・・・・・・・・・・73, 115
ダイオード・・・・・・・・・・・・・・・・・・・・・・・・・・・・・8
ダイヤモンド構造・・・・・・・・・・・・・・・・・・・・・・3
多段増幅回路・・・・・・・・・・・・・・・・・・・・・・・・・71
単安定型マルチバイブレータ・・・・・・196
タンク回路・・・・・・・・・・・・・・・・・・・・・・・・・・157
単同調増幅回路・・・・・・・・・・・・・・・112, 115
単峰特性・・・・・・・・・・・・・・・・・・・・・・・・・・・・・118

〈ち〉

遅相形・・・・・・・・・・・・・・・・・・・・・・・・・・・・・・・129
チャネル・・・・・・・・・・・・・・・・・・・・・・・・・・・・・・23
中性領域・・・・・・・・・・・・・・・・・・・・・・・・・・・・・・・9
チョーク入力形・・・・・・・・・・・・・・・・・・・・・・208
直接結合増幅回路・・・・・・・・・・・・・・・・・・・・・85
直接周波数変調回路・・・・・・・・・・・・・・・・・157
直流電流増幅率・・・・・・・・・・・・・・・・・56, 61
直流偏磁・・・・・・・・・・・・・・・・・・・・・・・・・・・・・204
直列帰還・・・・・・・・・・・・・・・・・・・・・・・・・・・・・・91
直列注入・・・・・・・・・・・・・・・・・・・・・・・・・・・・・・91
直列入力形ターマン発振回路
・・・・・・・・・・・・・・・・・・・・・・・・・・・・・・132, 133
チョッパ形・・・・・・・・・・・・・・・・・・・・・・212, 214

〈つ〉

ツェナー効果・・・・・・・・・・・・・・・・・・・・・・・・・13
ツェナーダイオード・・・・・・・・・・・・14, 213

〈て〉

低域遮断周波数・・・・・・・・・・・・・・・・・・・・・・・73

定電圧ダイオード………………	14
デシベル………………………	80
鉄損……………………………	201
テブナンの定理………………	59
デプレッション…………………	22
デプレッション形………………	26
デプレッション形の MOS 形 FET…	28
電圧帰還特性……………………	20
電圧帰還バイアス回路…………	57
電圧変動率………………………	204
電圧ホロワ………………………	179
電位障壁…………………………	9
電界効果トランジスタ…………	22
電気二重層………………………	9
電源回路…………………………	200
電源用 IC ………………………	218
電子の電荷量……………………	12
電磁誘導…………………………	117
伝達特性…………………………	27
伝導帯……………………………	3
伝導チャネル……………………	23
伝導電子…………………………	3
電流帰還バイアス回路…………	57
電流伝達特性……………………	19
電力効率…………………………	103
電力増幅回路……………… 101, 104, 108

〈と〉

等価インダクタンス……………	161
等価回路…………………………	41
等価キャパシタンス……………	160

動作点………………………	13, 35
動作量……………………………	45
同相信号除去比…………………	186
同相増幅回路……………………	178
銅損………………………………	201
同調回路…………………………	112
動抵抗……………………………	12
動特性……………………………	18
ドープ……………………………	4
ドナー……………………………	5
ドナー準位………………………	5
トランジション周波数…………	80
トランジスタ………………	15, 22
トランジスタの型名……………	20
トランス…………………………	200
トランス結合増幅回路…………	82
ドリフト…………………………	179
ドリフト電流……………………	10
ドレーン…………………………	22
ドレーン接地増幅回路…………	53
ドレーン接地方式………………	39
ドレーン抵抗……………………	49

〈な〉

ナイキストの標本化定理………	170
雪崩現象…………………………	13

〈に〉

入力オフセット電圧……………	184
入力オフセット電流……………	183
入力特性…………………………	18

入力バイアス電流特性……………… 186

〈ね〉

ネイピア数……………………………… 14
ネガティブフィードバック……… 88

〈の〉

能動素子………………………………… 41

〈は〉

バーチャルショート………………… 178
ハートレー発振回路………………… 126
バイアス電源…………………………… 35
バイアス補償抵抗…………………… 185
倍電圧整流回路……………………… 207
バイパスコンデンサ…………… 58, 71
ハイブリッドIC……………………… 30
バイポーラ……………………………… 22
バイポーラトランジスタ………… 16
発振回路………………………………… 122
発振条件………………………… 123, 124
発振領域………………………………… 138
バッファ…………………………… 97, 179
バリアブルコンデンサ…………… 112
バリコン………………………………… 112
バリスタダイオード……………… 107
バルクハウゼンの発振条件……… 123
パルス位置変調……………………… 169
パルス振幅変調……………………… 169
パルス幅変調………………… 169, 214
パルス符号変調……………………… 169

パルス変調…………………………… 169
搬送波………………………………… 148
反転層…………………………… 25, 26
反転増幅回路……………………… 176
半導体…………………………………… 2
半導体の型名の付け方…………… 21
半波整流回路……………………… 201
半波倍電圧整流回路……………… 208

〈ひ〉

ピアス B-E 形 ……………………… 138
ピアス C-B 形 ……………………… 139
非安定型マルチバイブレータ…… 195
比検波回路………………………… 167
ひずみ………………………………… 89
非直線量子化……………………… 171
非反転増幅回路…………………… 178
微分回路……………………………… 190
微分形………………………………… 129
標本化………………………… 169, 170
ピンチオフ電圧………………… 24, 25

〈ふ〉

フェルミ準位………………………… 6
フォスター・シーレ周波数弁別回路
……………………………………… 165
フォトリソグラフィ……………… 31
フォワード形………………… 214, 216
負荷 Q ……………………………… 116
負荷線…………………………… 13, 35
負帰還………………………………… 88

復号化………………………………	171
復調…………………………………	162
復同調周波数弁別回路……………	164
複同調増幅回路………………113,	117
符号化………………………………	171
不純物半導体………………………	4
不純物密度…………………………	16
プッシュプル回路…………………	108
フライバック形……………………	214
フライホールダイオード…………	215
ブリッジ整流回路…………………	206
ブレークダウン電圧………………	12

〈へ〉

平滑回路……………………200,	208
平均値検波…………………………	163
並列帰還……………………………	91
並列共振インピーダンス…………	113
並列共振周波数……………………	113
並列注入……………………………	91
並列入力形ターマン発振回路……	132
ベース………………………………	15
ベース接地電流増幅率……………	44
ベース接地の電流増幅率…………	44
ベース接地方式………………36,	37
ベース・バイアス電源……………	35
ベッセル関数…………………152,	154
変圧回路……………………………	200
変圧器………………………………	200
変調…………………………………	148
変調指数……………………………	152

変調度………………………………	149

〈ほ〉

包絡線検波回路……………………	163
飽和電流……………………………	24
飽和領域………………………27,	111
ホール………………………………	3
保護ダイオード……………………	141
保護抵抗……………………………	209
ボルツマン定数……………………	12
ボルテージ・ホロワ………………	179

〈ま〉

マルチバイブレータ………………	140

〈み〉

密結合………………………………	118
脈流……………………………13,	200
ミラー効果…………………………	79

〈む〉

無ひずみ最大出力…………………	83
無負荷 Q …………………………	114
無名数………………………………	41

〈も〉

モノリシック IC …………………	30

〈ゆ〉

ユニポーラ…………………………	22

〈り〉

リアクタンストランジスタ………　159
理想電圧源……………………………　42
理想電流源……………………………　42
離調度………………………………… 114
リニアレギュレータ方式………… 212
リプル率……………………… 203, 210
流通角………………………………… 102

量子化………………………………… 170
量子化雑音…………………………… 170
両波整流回路………………………… 205
臨界結合……………………………… 118

〈る〉

ループゲイン………………………… 123
ループ利得……………………………　89

―― 監修者略歴 ――

堀　桂太郎（ほり　けいたろう）
学歴　日本大学大学院　理工学研究科　博士後期課程　情報科学専攻修了　博士（工学）
現在　国立明石工業高等専門学校　電気情報工学科　教授
〈主な著書〉
図解 VHDL 実習（森北出版）
図解 PIC マイコン実習（森北出版）
H8 マイコン入門（東京電機大学出版局）
ディジタル電子回路の基礎（東京電機大学出版局）
アナログ電子回路の基礎（東京電機大学出版局）
オペアンプの基礎マスター（電気書院）
PSpice で学ぶ電子回路設計入門（電気書院）
よくわかる電子回路の基礎（電気書院）
など多数

―― 著者略歴 ――

船倉　一郎（ふなくら　いちろう）
学歴　関西大学　工学部　電子工学科卒業
現在　兵庫県立飾磨工業高等学校長
〈主な著書〉
図解 Inventor 実習 第 2 版（森北出版）共著
入門　ロボット制御のエレクトロニクス（オーム社）共著
工業技術基礎，情報技術基礎，精選情報技術基礎（以上，実教出版「文部科学省検定教科書」）共著

©Ichiro Funakura 2009

基礎マスターシリーズ
電子回路の基礎マスター

2009年　2月25日　　第1版第 1 刷発行
2017年　2月24日　　第1版第 2 刷発行

監修者　堀　　桂　太　郎
著　者　船　倉　一　郎
発行者　田　中　久　喜

発　行　所
株式会社　電気書院
ホームページ　www.denkishoin.co.jp
（振替口座　00190-5-18837）
〒101-0051　東京都千代田区神田神保町1-3 ミヤタビル2F
電話(03)5259-9160／FAX(03)5259-9162

印刷　株式会社 シナノ パブリッシング プレス
Printed in Japan／ISBN 978-4-485-61006-0

・落丁・乱丁の際は，送料弊社負担にてお取り替えいたします。
・正誤のお問合せにつきましては，書名・版刷を明記の上，編集部宛に郵送・FAX (03-5259-9162) いただくか，当社ホームページの「お問い合わせ」をご利用ください。電話での質問はお受けできません。また，正誤以外の詳細な解説・受験指導は行っておりません。

JCOPY〈(社)出版者著作権管理機構 委託出版物〉
本書の無断複写（電子化含む）は著作権法上での例外を除き禁じられています。複写される場合は，そのつど事前に，(社)出版者著作権管理機構（電話: 03-3513-6969, FAX: 03-3513-6979, e-mail: info@jcopy.or.jp）の許諾を得てください。また本書を代行業者等の第三者に依頼してスキャンやデジタル化することは，たとえ個人や家庭内での利用であっても一切認められません。

本当の基礎知識が身につく
基礎マスターシリーズ

- ●図やイラストを豊富に用いたわかりやすい解説
- ●ユニークなキャラクターとともに楽しく学べる
- ●わかったつもりではなく，本当の基礎力が身につく

オペアンプの基礎マスター
堀 桂太郎 著
- A5 判
- 212 ページ
- 定価＝本体2,400円＋税
- コード 61001

多くの電子回路に応用されているオペアンプ．そのオペアンプの応用を学ぶことは，同時に，電子回路についても学ぶことになります．

電磁気学の基礎マスター
堀 桂太郎 監修
粉川 昌巳 著
- A5 判
- 228 ページ
- 定価＝本体2,400円＋税
- コード 61002

電気・電子・通信工学を学ぶ方が必ず習得しておかなければならない，電気現象の基本となる電磁気学をわかりやすく解説しています．電磁気の心が分かります．

やさしい電気の基礎マスター
堀 桂太郎 監修
松浦 真人 著
- A5 判
- 252 ページ
- 定価＝本体2,400円＋税
- コード 61003

電気図記号，単位記号，数値の取り扱い方から，直流回路計算，単相・三相交流回路の基礎的な計算方法まで，わかりやすく解説しています．

電気・電子の基礎マスター
堀 桂太郎 監修
飯髙 成男 著
- A5 判
- 228 ページ
- 定価＝本体2,400円＋税
- コード 61004

電気・電子の基本である，直流回路／磁気と静電気／交流回路／半導体素子／トランジスタ＆IC増幅器／電源回路をわかりやすく解説しています．

電子工作の基礎マスター
堀 桂太郎 監修
櫻木 嘉典 著
- A5 判
- 242 ページ
- 定価＝本体2,400円＋税
- コード 61005

実際に物を作ることではじめてつかめる"電気の感覚"．ロボットの製作を通してこの感覚を養えるよう，電気・電子の基礎技術，製作過程を丁寧に解説しています．

電子回路の基礎マスター
堀 桂太郎 監修
船倉 一郎 著
- A5 判
- 244 ページ
- 定価＝本体2,400円＋税
- コード 61006

電気・電子・通信工学のみならず，情報・機械・化学工学など，エレクトロニクス社会に欠かすことのできない電子回路技術の基本を，幅広く，わかりやすく解説．

燃料電池の基礎マスター
田辺 茂 著
- A5 判
- 142 ページ
- 定価＝本体2,000円＋税
- コード 61007

電気技術者のために書かれた，目からウロコの1冊．燃料電池を理解するために必要不可欠な電気化学の基礎から，燃料電池の原理・構造まで，わかりやすく解説しています．

シーケンス制御の基礎マスター
堀 桂太郎 監修
田中 伸幸 著
- A5 判
- 224 ページ
- 定価＝本体2,400円＋税
- コード 61008

シーケンス制御は，私たちの暮らしを支える縁の下の力持ちのような存在．普段，意識しないからこそ難しく感じる謎が，読み進むにつれ段々と解けていくよう解説．

半導体レーザの基礎マスター
伊藤 國雄 著
- A5 判
- 220 ページ
- ＝本体2,400円＋税
- コード 61009

現代の高度通信社会になくてはならないデバイスである半導体レーザについて，光の基本特性から，発行の原理，特性，製造方法・応用に至るまでわかりやすく解説しています．

全国の書店でお買い求めいただけます．書店にてのお買い求めが不便な方は，電気書院営業部までご注文ください．（電話＝03-5259-9160　ホームページ＝http://www.denkishoin.co.jp）

専門書を読み解くための入門書

スッキリ！がってん！シリーズ

※続刊刊行中

スッキリ！がってん！無線通信の本

ISBN987-4-485-60020-7
B6判164ページ／阪田　史郎［著］
本体1,200円＋税（送料300円）

無線通信の研究が本格化して約150年を経た現在，無線通信は私たちの産業，社会や日常生活のすみずみにまで深く融け込んでいる．その無線通信の基本原理から主要技術の専門的な内容，将来展望を含めた応用までを包括的かつ体系的に把握できるようまとめた1冊．

スッキリ！がってん！二次電池の本

ISBN987-4-485-60022-1
B6判132ページ／関　勝男［著］
本体1,200円＋税（送料300円）

二次電池がどのように構成され，どこに使用されているか，どれほど現代社会を支える礎になっているか，今後の社会の発展にどれほど寄与するポテンシャルを備えているか，といった観点から二次電池像をできるかぎり具体的に解説した，入門書．

実践!! ベクトル図活用テクニック
描けばわかる電力システム

■ISBN978-4-485-66545-9／A5判・286ページ／小林邦生 著／本体 2,800円＋税■

電気技術者や学生に向けた，ベクトル図の実践的かつ効果的な活用テクニックをまとめた解説書です．

ベクトル図は，方程式も細かな計算も必要ありません．図形を描き，変形し，イメージするだけで結論に達することができます．

電験やエネ管の受験者にも役立つよう，電力系統にまつわる現象をわかりやすく解説しています．

本書を通じて，ベクトル図の新たな一面に触れられてはいかがでしょうか．

■目次一覧■

1　電気ベクトル図を体得しよう
ベクトル図ってなんだっけ
電気回路とベクトル図の関係
いろんな回路のベクトル図を描いてみよう
円円対応を使ってベクトル軌跡を使いこなそう

2　交流電力とベクトル図～有効・無効電力の意味～
有効電力・無効電力を考える
三相交流電力を計算しよう
電力計測のベクトル図
三相交流回路における無効電力の問題点と瞬時空間ベクトル図
三相瞬時有効・無効電力の計算例と解析

3　送配電設備のベクトル図～電圧調整機能と，高め解・低め解～
電力系統という大きな回路を計算するには
送配電設備の等価回路とベクトル図の特徴
潮流の大きさとベクトル図
電圧調整設備（電力用コンデンサ）の機能と効果
電圧調整設備（タップ切換変圧器）の機能と効果
タップの逆動作現象を考える
P-V カーブとベクトル図

4　負荷設備のベクトル図～三相誘導電動機と電圧不安定現象～
日本の電力負荷の種類と特徴
誘導電動機のベクトル図と円線図
運転方法とベクトル図の変化
電圧低下時の誘導電動機の運転特性
誘導電動機の相互作用と電圧不安定現象

5　発電設備のベクトル図～同期発電機の安定度と AVR・PSS の効果～
発電機の種類と特徴
同期発電機の等価回路とベクトル図の特徴
電圧補償機能（AVR）とベクトル図
発電機の安定度問題とは
ベクトル図を使って安定度を考えよう
過渡安定度
系統安定化装置（PSS）とベクトル図

■内容見本■

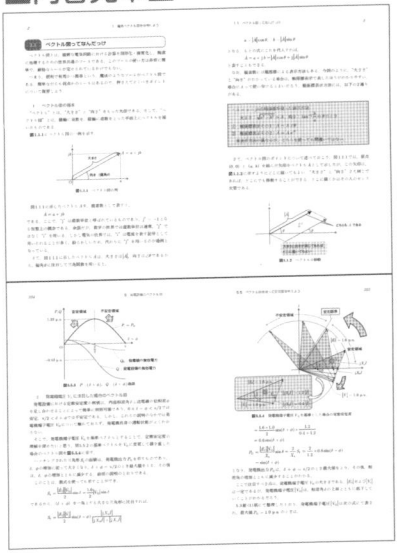

選りすぐりのテーマでわかりやすい
知りたかった電気のおはなし

石橋千尋・石割三千雄・川北敏博・杉本浩一 著
ISBN978-4-485-66527-5
A5判／206頁／定価=本体1,600円+税

電気が初めての方から，ベテランの方まで，今までの不思議や疑問が，簡潔にかつイラストで理解できるようになります．

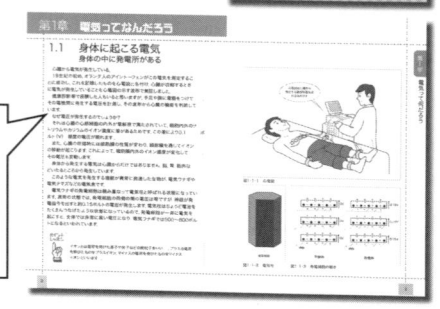

●目次

第1章 電気ってなんだろう
身体に起こる電気／物質に起こる電気／自然界に起こる電気／家庭に来ている電気／エネルギーとしての電気／情報としての電気／電気には直流と交流がある／電気には基本となる法則がある／電気の大きさや量の測定／電気には品質がある

第2章 電気を安全に使うためには
電気で生じるトラブルとは／漏電はこうして防ぐ／感電はこうして防ぐ／電磁界の影響は／自分でできる電気器具の修理は／自分で行ってよい電気工事の範囲は／停電時の処置の仕方／電気の正しい使い方／電気器具の定格とは／電気器具のアースはなぜ必要か

第3章 電気を上手に使うために
電気で生じるトラブルとは／漏電はこうして防ぐ／感電はこうして防ぐ／電磁界の影響は／自分でできる電気器具の修理は／自分で行ってよい電気工事の範囲は／停電時の処置の仕方／電気の正しい使い方／電気器具の定格とは／電気器具のアースはなぜ必要か

第4章 省エネルギー実践教室
やがてなくなるエネルギー資源／省エネルギーはなぜ必要／エネルギーの使い方のチェック／キッチンの省エネルギー／リビングの省エネルギー／水回りの省エネルギー／電気暖房器具の省エネルギー／照明の省エネルギー

第5章 身近な発電所
発電所のしくみを考えてみよう／マイクロ水力発電所ってなに／たくさん使われているディーゼル発電所／ガスタービン発電所の特徴は／一般家庭でも設置しやすい風力発電所／身近になった太陽光発電所／化学反応で発電する燃料電池／発電所を作るには

第6章 マイパソコンを作ってみよう
パソコンの構成／パソコンの主なパーツとケースの選定／マザーボード／CPUってなに／メインメモリ／HDとHDドライブ／CD-ROMとCD-ROMドライブ／FDとFDドライブ／ビデオカード／サウンドカード／キーボードとマウス／パソコンの顔・ディスプレイ

第7章 インターネットの世界
インターネットってなに／WWWってなに／電子メール／いろいろ選べる通信回線／パソコンをインターネットに接続／わが家にLANを作ってみよう／今後期待されるIP電話／ホットスポットとPDA／実現が期待されるネット家電／暗号化技術

第8章 IT（情報技術）とデジタル技術
電波と無線通信／電波で信号を送る方法／デジタル方式の利点／携帯電話とPHS／テレビ地上波放送のデジタル化／BS放送とCS放送／GPS（全地球測位システム）とカーナビ／AV記録メディア／ホームシアターを作ってみよう

第9章 注目の電気現象
第10章 電気応用機器
第11章 医療機器と電気
第12章 電気関係の資格とビジネス